Data Visualization

数据可视化

李伊　主编
林华珍 周凡吟 戴家佳 武装 副主编

~联合出版~

·北 京·

图书在版编目(CIP)数据

数据可视化/李伊主编.--北京:首都经济贸易大学出版社,2020.1
ISBN 978-7-5638-3050-3

Ⅰ.①数… Ⅱ.①李… Ⅲ.①软件工具—程序设计—教材
Ⅳ.①TP311.561

中国版本图书馆 CIP 数据核字(2019)第 282770 号

数据可视化
李 伊 主 编
林华珍 周凡吟 戴家佳 武 装 副主编
Shuju Keshihua

责任编辑 徐燕萍
封面设计 风得信·阿东 FondesyDesign
出版发行 首都经济贸易大学出版社
地 址 北京市朝阳区红庙(邮编 100026)
电 话 (010)65976483 65065761 65071505(传真)
网 址 http://www.sjmcb.com
E-mail publish@cueb.edu.cn
经 销 全国新华书店
照 排 北京砚祥志远激光照排技术有限公司
印 刷 北京玺诚印务有限公司
开 本 710 毫米×1000 毫米 1/16
字 数 299 千字
印 张 17
版 次 2020 年 1 月第 1 版 2020 年 1 月第 1 次印刷
书 号 ISBN 978-7-5638-3050-3
定 价 42.00 元

编　委　会

（按姓氏汉语拼音排序）

总序

当前,以人工智能和大数据技术为代表的新一轮科技革命正在重塑全球的社会经济结构,“数据”是这个过程中最重要、最有活力的生产要素。如何高效发挥大数据的作用并实现其价值,成为社会各界必须面临和思考的重要问题。除实验、理论和仿真之外,新的科学研究范式——“数据科学”因此应运而生。数据科学与大数据技术同人工智能一道,将成为改变人类社会活动和改变世界的新引擎。

世界主要发达国家已把发展数据科学与大数据技术作为提升国家竞争力、维护国家安全的重大战略,加紧出台了规划和政策,围绕核心技术、顶尖人才、标准规范等强化部署,力图在新一轮国际科技竞争中掌握主导权。2015 年 8 月,我国国务院印发的《关于促进大数据发展行动纲要》明确了发展大数据的指导思想、发展目标和发展任务,标志着大数据正式上升为国家核心战略。同年 10 月,《中共中央关于制定国民经济和社会发展第十三个五年规划的建议》提出要“实施国家大数据战略,推进数据资源开放共享”,标志着大数据正式成为“十三五”规划的核心内容。2016 年的政府工作报告中也专门提出“促进大数据、云计算、物联网广泛应用”,这就意味着自 2014 年首次进入政府工作报告以来,大数据连续三年受到我国政府的高度关注。在党的十九大报告中,习总书记强调要推动互联网、大数据、人工智能和实体经济深度融合,在中高端消费、创新引领、绿色低碳、共享经济、现代供应链、人力资本服务等领域培育新增长点,形成新动能。2017 年,国务院印发的《新一代人工智能发展规划》中指出,要抢抓人工智能发展的重大战略机遇,构筑我国人工智能发展的先发优势,加快建设创新型国家和世界科技强国,并提出了我国人工智能发展的重点任务之一就是加快培养人工智能高端人才。然而在我国数据科学与大数据技术、人工智能领域发展过程中仍旧面临着众多制约因素。

在国务院印发的《新一代人工智能发展规划》的重点任务中,明确提出要研究统计学习基础理论、不确定性推理与决策、分布式学习与交互、隐私保护学习、小样本学习、深度强化学习、无监督学习、半监督学习、主动学习等学习理论和高效模型,并统筹布局概率统计、深度学习等人工智能范式的统一计算框架平台和人工智能创新平台。

数据科学与大数据技术是一个需要具备多方面学科知识背景并涉及多个应用领域的交叉专业。当前我国共有280多所高校在工学和理学学科门类中开设数据科学与大数据技术本科专业，培养掌握统计学、计算机科学、数学等主要知识、符合国家发展战略的重大需求的高级人才。相对于其他成熟的本科专业，数据科学与大数据技术人才的稀缺成为制约大数据领域发展的重要因素，是当前亟须解决的重大问题。

数据科学与大数据技术本科专业的建设实际上是一场教育革命，是受业界需求驱动形成的，其理论基础、课程体系和知识结构框架均处于探索阶段。但有一点非常明确，"实践"是学习该专业最重要、最高效的方式，这也成为本套教材——"普通高等教育数据科学与大数据技术专业'十三五'规划教材"的编写导向。这不仅需要学生夯实统计学、应用数学以及计算机科学等学科的基础，也需要学生具备大数据所服务行业的相关知识积累和实践经验。只有掌握多学科融会贯通的能力，才能真正成为一个有思想的数据科学家。

为了探索学科人才培养模式，北京大学、中国人民大学、中国科学院大学、中央财经大学和首都经济贸易大学在2014年共同搭建了"大数据分析硕士"培养协同创新平台。在不断的摸索中，一套科学完整的课程体系逐渐建立起来。随后，相关课程也在全国多所院校中实施，成为我国大数据技术高端人才培养体系的蓝本。

为紧跟科学技术的发展潮流，引领中国大数据理论、技术、方法与应用，在北京大数据协会及相关机构的组织下，开展了教材编写的大量前期国内外调研工作，并于2017年6月在云南举办了"第一届全国数据科学与大数据技术本科专业建设研讨会"，展示了调研成果，为中国数据科学与大数据技术人才培养奠定了基础。为进一步厘清该专业的培养方案和课程内容建设的目标和路径，从培养方案、课程体系、培养过程、教材建设等方面深入交流探讨，于2019年5月在北京召开了"第二届全国数据科学与大数据技术本科专业建设研讨会"，会上正式发布了本套系列教材。

本套教材凝聚了全国相关院校数据科学与大数据技术领域著名专家和学者的智慧和力量。在教材编写过程中更加关注的是数据分析思想的引导，体现数据分析的艺术，侧重于从数据和案例出发，厘清数据分析的基本思路，这样能够让读者更好地理解各种假设、公式、定理和模型背后的逻辑。为了结合现实需求，每本教材均配套相关的Python编程代码，让读者在练中学、学中练的过程中夯实基础，积累经验，提升竞争力。尽管编写人员投入了大量的心血，但教材内容还需不断突破和完善，希望能够得到各位专家和同行的批评指正，共同实现此套教材满足教学需求的编写宗旨。

本套系列教材是集体创作的成果。感谢编委会成员和其他编写人员的辛勤付出，以及北京大学出版社和首都经济贸易大学出版社的大力支持。希望此套教材能对广大教师和学生及各数据科学领域的从业人员具有重要的参考价值。

北京大数据协会会长

纪宏

2019年9月

目　录

前言 …………………………………………………………………………… (1)

第一部分　数据可视化概论

1　数据可视化在 DIKW 体系中的作用 ………………………………………… (3)

1. 1　DIKW 体系 ……………………………………………………………… (3)

1. 2　数据可视化的作用 ……………………………………………………… (6)

2　数据可视化的价值 ………………………………………………………… (11)

2. 1　什么是数据可视化 ……………………………………………………… (11)

2. 2　数据可视化的历史 ……………………………………………………… (12)

2. 3　数据可视化的优势 ……………………………………………………… (18)

2. 4　数据可视化的应用场景 ………………………………………………… (22)

第二部分　如何做好数据可视化

3　什么是好的数据可视化 …………………………………………………… (27)

4　数据可视化的一般流程 …………………………………………………… (31)

4. 1　数据收集、处理与分析 ………………………………………………… (31)

4. 2　数据可视化展示 ………………………………………………………… (34)

4. 3　数据可视化叙事 ………………………………………………………… (41)

5　数据可视化基础图像与展示 ……………………………………………… (42)

5. 1　比较与排序图像 ………………………………………………………… (42)

5. 2　局部与整体关系图像 …………………………………………………… (47)

5. 3　分布图像 ………………………………………………………………… (50)

5.4 相关图像 …… (52)
5.5 网络关系图像 …… (54)
5.6 位置与地理特征图像 …… (57)
5.7 时间趋势图像 …… (57)

6 使用数据可视化讲述故事 …… (62)
6.1 主动式叙事 …… (63)
6.2 互动式叙事 …… (66)

7 常用数据可视化工具 …… (74)
7.1 Tableau …… (74)
7.2 R …… (78)
7.3 D3.js …… (80)

第三部分 Python 使用基础

8 开始使用 Python IDE …… (85)
8.1 Python 3.x 与 Python 2.x …… (85)
8.2 交互式工具 …… (86)
8.3 Python 中常用的 IDE …… (89)
8.4 使用 Python 进行可视化作图 …… (100)
8.5 交互式可视化包简介 …… (101)

9 Python 数据结构基础 …… (103)
9.1 列表 …… (103)
9.2 堆栈 …… (104)
9.3 元组 …… (106)
9.4 集合 …… (107)
9.5 队列 …… (108)
9.6 字典 …… (111)
9.7 树 …… (112)

10 使用 NumPy 和 SciPy 库 …… (112)
10.1 NumPy 中的数组 …… (117)

10.2 NumPy 常用函数 …… (118)
10.3 SciPy 常用函数 …… (124)
10.4 Python 的性能增强 …… (126)

第四部分 使用 Python 进行基础数据可视化

11 使用 matplotlib 绘制数据可视化基础图形 …… (131)
11.1 折线图 …… (131)
11.2 直方图 …… (133)
11.3 核密度估计图 …… (135)
11.4 柱状图与条形图 …… (136)
11.5 饼图 …… (139)
11.6 热力图 …… (140)
11.7 散点图 …… (141)
11.8 矩阵图 …… (143)
11.9 三维曲面图 …… (145)

12 使用 pyecharts 绘制数据可视化基础图形 …… (147)
12.1 pyecharts 快速入门 …… (147)
12.2 pyecharts 中的图表类型 …… (150)
12.3 pyecharts 中的配置选项 …… (152)

13 基础数据可视化案例 …… (155)
13.1 我国各地区经济发展水平可视化分析 …… (155)
13.2 成都天津两市空气质量可视化分析 …… (160)
13.3 全球自杀人数可视化分析 …… (166)
13.4 各国奥运会奖牌可视化分析 …… (172)
13.5 文本数据可视化分析 …… (183)
13.6 股票价格可视化分析 …… (189)

第五部分 数据可视化建模

14 统计学习模型 …… (201)
14.1 K-近邻算法 …… (201)

14.2 逻辑斯谛回归 …………………………………… (205)
14.3 支持向量机 …………………………………… (208)
14.4 集成学习 …………………………………… (211)
14.5 主成分分析 …………………………………… (213)
14.6 K-均值聚类算法 …………………………………… (217)

15 图论与网络模型 …………………………………… (222)
15.1 无向图与有向图 …………………………………… (223)
15.2 图的集聚系数 …………………………………… (226)
15.3 常见的网络优化问题 …………………………………… (227)
15.4 社交网络分析 …………………………………… (236)
15.5 Networkx 工具包 …………………………………… (247)

参考资料 …………………………………… (254)

前　　言

随着大数据时代的到来，高素质的数据人才变得奇货可居，因此，培养数据科学的专业人才已经成为各大高校的当务之急。2016 年 2 月，北京大学、对外经济贸易大学、中南大学首次成功申请到“数据科学与大数据技术”本科新专业。2017 年 3 月，第二批 32 所高校获批。截至 2018 年 3 月，已有 283 所高校获批建设数据科学相关专业。在数据科学相关专业雨后春笋般出现后，人才培养的问题已经列入议事日程。

在数据科学相关专业课程中，数据可视化是最为基础也是最为实用的课程之一。与此同时，在各大企业的数据分析师岗位中，利用数据可视化做好数据展示也是其中最为重要的岗位职责。而放眼国内，适合高校数据科学相关专业的数据可视化教材却是凤毛麟角。出版本书的初衷便是希望为各大高校本科低年级学生提供适合的数据可视化入门教材。

数据可视化主要旨在借助于图形化手段，清晰有效地传达与沟通数据信息。本书的主要内容包括数据可视化的基础知识、可视化工具的入门和使用，以及基于数据建模的可视化。通过本书，读者不仅可以对数据可视化的基本图形和功能进行充分了解，还可以通过不同的可视化工具对可视化进行实现。另外，数据建模和可视化是密不可分的，因此，本书也会介绍部分常用的数据建模方法使其能与数据可视化相结合。

1. 本书的组织结构

本书一共分为五个部分。其中，第一部分为数据可视化概论，主要介绍数据可视化在数据科学中的作用以及数据可视化的价值；第二部分为如何做好数据可视化，主要介绍什么是好的数据可视化、数据可视化的一般流程、数据可视化基础图像与展示、使用数据可视化讲述故事，以及常用数据可视化工具；第三部分为 Python 使用基础，主要为零基础的 Python 使用者提供入门知识，包括如何使用 Python IDE、Python 数据结构基础，以及如何使用 NumPy 和 SciPy 库；第四部分为使用 Python 进行数据可视化，主要介绍如何使用 matplotlib 库和 pyecharts 库实现基本的数据可视化操作，以及部分数据可视化实例；第五部分为数据可视化建模，扩展性地介绍常用的数据建模方法，包括统计学习模型、网络模型。本书前四部分主要由林华珍教授,周凡吟副教授,李伊副教授编写;第五部分主要由戴家佳副教授,武装副教授编写。

2. 目标读者与基础知识要求

本书的目标群体为各大高校数据科学相关专业低年级学生。本书作为基础入门教材,第一部分至第四部分不需要过于复杂的理论基础,适合本科一二年级的学生学习。第五部分为进阶部分,需要读者具有一定的高等数学、统计学相关知识基础,适合本科三四年级学生以及研究生学习。对于初学者,推荐着重学习本书前四部分的内容。

3. 书中的代码

本书案例大部分代码使用 Python 语言编写,也有部分使用 JavaScript。本书代码的实现需要提前安装和加载相应的库文件。建议读者在熟悉 Python 的编程语法基础上自己尝试编写相应程序以实现各种可视化需求,本书的程序仅作参考。

4. 补充阅读

本书作为入门教材无法覆盖数据可视化的所有知识。因此,作为补充,推荐大家阅读下列书籍:

数据科学新手:

《数据可视化之美》(Julie Steele, Noah Iliinsky 编,祝洪凯,李妹芳译)

《鲜活的数据:数据可视化指南》(Nathan Yau 著,向怡宁译)

工具类可视化工具:

《Tableau 数据可视化从入门到精通》(王国平编著)

《人人都是数据分析师 TABLEAU 应用实战》(刘红阁,王淑娟,温融冰著)

编程类可视化工具:

《R 数据可视化手册》(Winston Chang 著,肖楠,邓一硕,魏太云译)

《Python 数据可视化编程实战》(米洛万诺维奇著,颛清山译)

交互式数据可视化工具:

《精通 D3.js 交互式数据可视化高级编程》(吕之华著)

第一部分　数据可视化概论

当今互联网和社交媒体的普及使得数据出现了爆发式的增长。根据国际数据公司(IDC)的估算,仅到2015年为止,全球的数据增长速度已是2012年的两倍,年数据总量已经达到惊人的5.6ZB($1ZB = 1024^3$ TB)。照此速度,将会有异常庞大的数据等待我们处理和利用。我们将如何面对这样的数据风暴呢?

有研究发现,大脑处理视觉的速度比文字快6万倍,这使人更容易利用可视化来理解数据的意义。数据中包含的结构、趋势和相关信息很难通过文字描述被察觉,但它们在可视化图表中却一目了然。随着数据量的扩大和数据结构的复杂化,如何进行可视化对我们来说仍然是极大的挑战,而这正是本书希望帮助大家解决的问题。在此之前,让我们首先了解一下数据可视化的价值以及它是如何帮助我们了解这个世界的。

本部分由两章组成,将主要介绍以下内容:

- DIKW 体系
- 数据可视化的作用
- 什么是数据可视化
- 数据可视化的历史
- 数据可视化的优势
- 数据可视化的应用场景

 1 数据可视化在 DIKW 体系中的作用

几千年来,人类的智慧从未停止发展与更新的脚步。例如,20 世纪末到 21 世纪初,得益于互联网的蓬勃发展,企业的决策不再仅仅依赖于管理者的经验和远见。一种通过收集、处理、分析数据从而帮助企业进行决策的新兴模式应运而生。与此同时,像谷歌、百度、腾讯、脸谱网这样拥有大规模数据资源的互联网企业开始利用数据获得前所未有的发展。正是这些依靠数据进行决策的模式和拥有数据资源的互联网企业所获得的成功促进着数据科学技术的发展,从而推动着大数据时代的到来。那么,人们是如何利用数据来创造新的智慧呢?

在回答这个问题之前,我们必须首先搞清楚几个重要的概念:数据、信息、知识、智慧。这四个概念可以帮助我们了解数据这个原材料如何最终变成人类的智慧,它们是进行数据可视化的出发点。与此同时,我们需要知道这些概念之间是如何进行转换的,这样才能清楚知道数据可视化在其中起到的作用。

1.1 DIKW 体系

"数据"、"信息"、"知识"和"智慧"这四个词来源于 DIKW 体系(分别代表 Data, Information, Knowledge, Wisdom)。DIKW 体系的来源可以追溯至托马斯·斯特尔那斯·艾略特所写的诗《岩石》。在首段,他写道:"我们在哪里丢失了知识中的智慧? 又在哪里丢失了信息中的知识?"哈蓝·克利夫兰据此于 1982 年 12 月在《未来主义者》杂志中的文章《资讯有如资源》的基础上构建了这个体系。后来这个体系得到米兰·瑟兰尼及罗素·艾可夫不断的扩展。DIKW 体系将数据、信息、知识、智慧纳入一种金字塔形的层次体系(如图 1-1 所示),每一层相比下层都赋予了新的特质。我们从原始观察及量度中获得数据;给数据赋予知识体系和背景获得了信息;分析信息间的关系并在行动上应用信息产生了知识;智慧更加关注未来,它是对知识的归纳和升华。

对于数据、信息、知识和智慧的定义非常多,并且大部分都不尽相同。我们这里将从数据科学、计算机科学以及统计学的综合角度去分析和解释它们。在

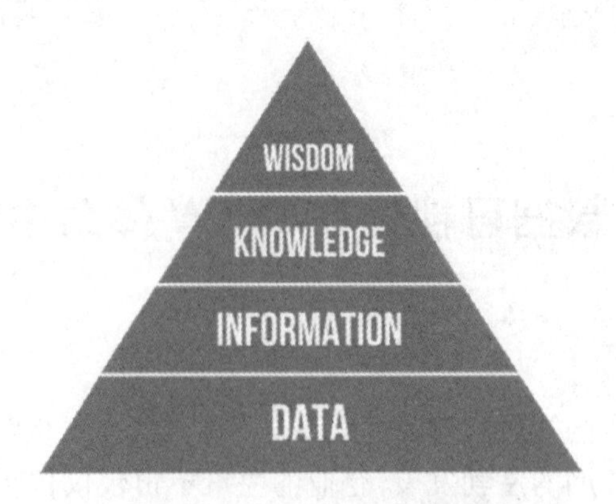

图 1-1　DIKW 金字塔体系

对它们进行逐一讨论之前，我们首先必须明白它们与数据可视化之间的关联：数据可视化的主要目的是从数据或信息中获得智慧，也就是获得数据背后隐藏的真理。对以上四个概念的分析，很多来源于传统的心理学或认知科学，大家可以找到很多相关文献，但本书提到的这四个概念均是在数据科学的背景下进行讨论的。

1. 1. 1　数据

数据是什么？这个问题归根结底需要由使用它的人来回答。虽然数据和稍后讨论的信息在某种意义上有一定的关联性，但实际上数据无外乎就是客观事实的某种数字化表达。数据就像积木一样，通过不同方式进行组织和搭建后，将变成信息来帮助我们回答相应的问题。例如，当我们看到数字"15,2019,1,15,37. 5"时，我们很难看出它们的含义。但如果我们得知"小明，15 岁，2000 年 1 月 15 日体温为 37. 5 摄氏度"，这些数字（数据）就变得有意义了，我们称之为信息。数据有时候看起来非常简单，但庞大且无规律。这些离散无意义的数据无法直接用于获得知识，更重要的是这些数据之间并没有任何结构与关系。

数据的收集、传输、储存方式根据不同数据类型和表达方式而各不相同。例如数据可由表格形式（Excel，数据库）、文本形式（PDF，Word）、图像形式、音频或视频形式、网络形式等不同类型进行表达和存储。

1. 1. 2　信息

信息是经过处理用于回答实际问题的数据。只有当赋予数据实际背景或应用场景从而让数据有一定的含义和关联时，数据才能变成信息。问题背景对于数据来说尤为重要，没有它，数据只是一些毫无意义的数学符号。只有当这些数据用于描述一个客观事物或客观事物之间的关系，形成有逻辑的数据流，它们才能被称为信息。例如,我们获得历年全国各大城市经济总量的数据后,这些信息就可以帮助我们回答很多问题,例如“哪个城市是经济增长最快的中西部城市”。每个城市每年的信息都是数据的一部分。我们可以通过所有城市的数据获得综合的信息,例如“珠海是 2018 年经济增长最快的大城市,名义增速达到 15.7%”。

除此之外,事实上信息还包含一个非常重要的特性:时效性。例如新闻说北京气温 18 摄氏度,这个信息对我们是无意义的,它必须说明是今天或明天北京气温 18 摄氏度。再例如公司通告说,在三楼会议室开会,这个信息也是无意义的,它必须告诉我们是哪天的几点钟在三楼会议室开会。信息的时效性对于我们使用和传递信息有重要的意义。它提醒我们,如果失去信息的时效性,信息就不完整,甚至会变成毫无意义的数字。所以我们认为:信息是具有时效性的有一定含义的、有逻辑的、经过加工处理的、对决策有价值的数据。图 1-2形象地展示了从数据到信息的转变过程。

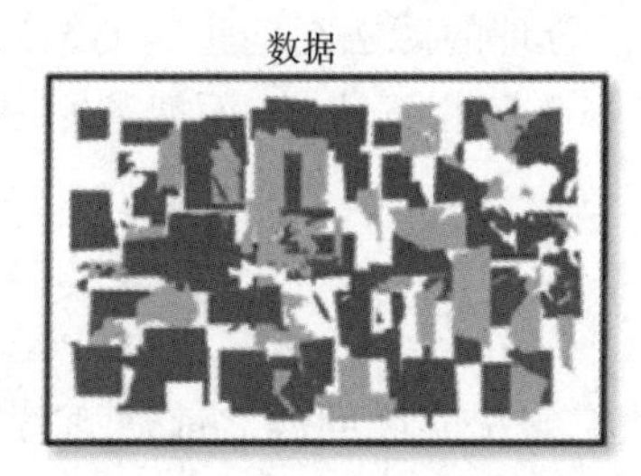

图 1-2　数据到信息的转换

1.1.3　知识

当我们在理解信息的基础上,对信息进行必要的组织和分析,从而利用它们来指导决策时,知识就出现了。获得知识不单单需要数据和信息,还需要从实际经验中获得获取知识的技能。知识包含了做出正确决策的能力和执行这种能力的技能。更好地利用数据信息的关键是将数据提供的信息关联起来。我们通过比较从历史信息中获得的结果以及识别相应的结构来解决问题,而不是对杂乱无章的信息胡乱拼凑和猜测。

信息虽然能展示出数据中一些有意义的东西,但它的价值往往会随着其时效性的丧失开始衰减而最终消失,只有当人们通过归纳、演绎、比较等手段对信息进行挖掘,使其有价值的部分沉淀下来,并与已有的知识体系相结合,这部分有价值的信息才能转变成知识。例如:“北京 7 月 1 日,气温为 30 度;12 月 1 日气温为3度”。这些信息一般会在时效性消失后，变得没有价值，但当人们对这些信息进行归纳和对比后，就会发现北京每年的7月气温会比较高，12月气温比较低，于是总结出一年有春、夏、秋、冬四个季节。这时候，信息就被沉淀下来变成了知识。图1-3形象地展示了从数据到信息再到知识的演化过程：

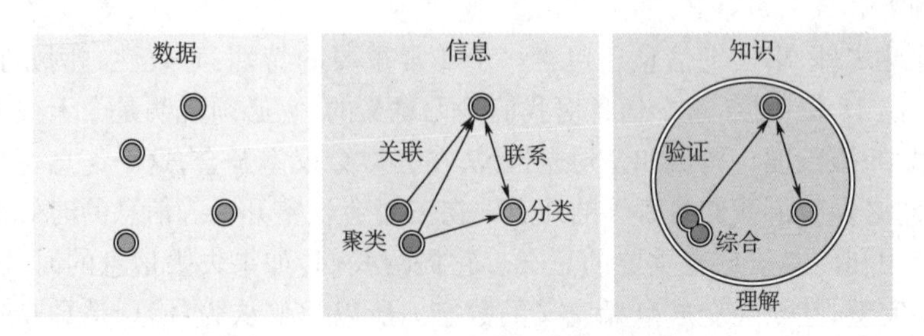

图1-3 从数据到信息到知识的演化过程

知识会在信息的不断重组和技术方法的不断改进过程中不断进化。知识就像路标，将从数据中获得的历史信息通过合理的算法指向正确的结果。与此同时，新的知识也来源于对已有知识的可视化和相互比较，而智慧则是打开未来知识之门的钥匙。

1.1.4 智慧

在我们讨论什么是智慧以及如何利用它解决实际问题之前，我们先看看人们是如何获得智慧的。20世纪末，随着数据的爆发式增长，很多企业和组织已经开始利用手中的数据和信息并使之展示出它们的价值。这时候，它们都意识到数据分析在帮助优化和实现决策的过程中起到的重要作用。数据分析利用数学算法搭建起了数据与智慧之间的桥梁。

我们可以通过一个简单的类比来了解什么是智慧：数据提供的信息就像被打乱的魔方，当它没有出现与实际问题相关联的结构或没有按照实际问题的需要进行排列时，我们将不断变换魔方，尝试将数据转换成与实际问题相关联的样子来更全面深入地理解它，直到魔方能被我们熟练地还原时，智慧就出现了。智慧是人类基于已有的知识，针对物质世界运动过程中产生的问题，利用所获得的信息进行分析、对比、演绎，找出问题解决方案的能力。对这种能力的运用能将信息中有价值的部分挖掘出来，并使之成为已有知识架构的一部分。

1.2 数据可视化的作用

通过DIKW体系，我们已经了解到人们如何从数据中最终获得智慧。那么,在此演进过程中,数据可视化又扮演着什么样的角色呢?数据可视化是数据的眼睛,也是通往智慧之路的明灯,正是由于它的存在,我们才可以在庞大的数据海洋中找到一条通往智慧的捷径。接下来,我们将分别介绍数据可视化如何帮助我们从数据中获得信息,从信息中提炼知识,从知识中找到智慧。

1.2.1　从数据到信息

数据可以描述自然或社会现象,帮助我们回答关于这些现象的问题。数据要转化为信息,需要经过数据收集、数据处理、数据组织以及数据存储等过程。在这些过程中,保证数据的准确性以及完整性尤为重要,否则,基于数据获得的结果也不可能准确和完整。

在数据的收集和处理过程中,不可避免地会出现疏漏和错误。例如,若原始数据来源于人工的获得与录入,那么不可避免地会出现录入错误的情况,如将 100.5 错录为 10.5 等。若有些数据需要通过对不同数据来源及不同格式的数据进行整合,在此过程中不同数据的单位就可能会被错误合并。在海量数据中,我们如何找到这些错误或不合理的数据呢?数据可视化可以帮上大忙。我们通过以下例子来说明这一点。

钻石是最为昂贵的珠宝之一。为了了解不同钻石的价格规律,我们收集了 53 940 颗不同钻石的数据,其中包括每颗钻石的参考价格、4C 标准(切工 Cut,净度 Clarity,颜色 Color,克拉 Carat)以及钻石的尺寸(长 x,宽 y,高 z)。数据来自 R 软件 ggplot2 包。由于数据为人工收集,因此我们需要验证数据的正确性。通过绘制钻石宽度的直方图(如图 1-4 所示)可以清晰地发现,某些钻石的宽度为 0,而某些钻石的宽度异常大(58.9mm, 31.8mm)。通过调出相应数据我们可以发现,其中有 7 颗宽度为 0 的钻石,其尺寸数据应为缺失值。而通过进一

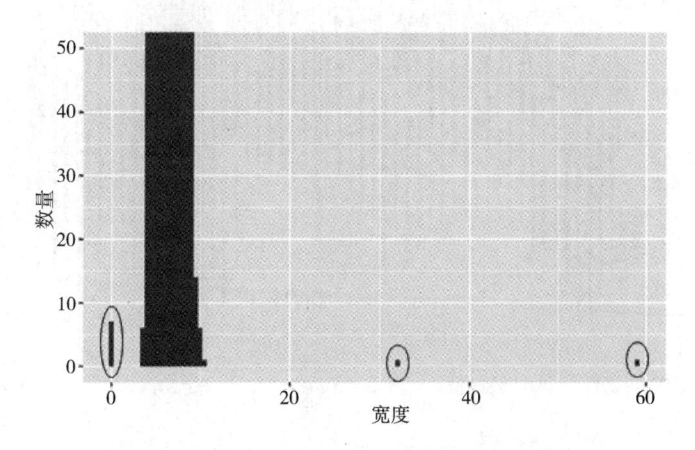

图 1-4　利用数据可视化发现数据中的异常值

步与其他正常钻石尺寸对比，有两颗宽度异常大的钻石很可能是宽度小数点错标，真实宽度很可能为 5. 89mm 和 3. 18mm。

从以上例子我们可以看到，数据可视化可以帮助我们很好地筛选异常数据，使得数据的准确性有所提高，大大减少数据失真带来的误差。

1. 2. 2 从信息到知识

信息是可测度和量化的。它具有一定的形态，是可被访问、生成、储存、传播、搜索、简化以及复制的。它可根据其容量或数量进行量化。而知识往往是定性的，信息转化为知识需要借助相应的算法。知识就像是食谱，能让我们将信息做成面包，当然，这时候我们的原材料是面粉和酵母。从另一个角度来看，知识是数据和信息的结合，并在此基础上借助经验和专业知识进行归纳和总结。我们用一个形象的类比来形容信息和知识的内在联系：一门课程的教材给我们提供所学知识的必要信息，而老师通过讨论帮助学生更好地理解知识。这种讨论的形式帮助学生获得课程的知识。

从信息到知识的过程中，需要对信息进行高度的提炼和归纳总结，而数据可视化可以很好地帮助我们对数据的形态进行必要的展示，使得我们更容易从中找到规律，获得知识。例如，通过绘制 2013 年纽约每日出发航班总量的折线图（如图 1-5 所示），可以清晰地发现航班数量具有一定的周期性，通过分析，我们发现航班数量的周期极有可能为一周。接下来，我们进一步绘制工作日及周末每天的航班箱线图（如图 1-6 所示），便可验证上述分析，并可进一步分析获得结论：由于纽约出发航班多为商务人士乘坐，因此周六的航班数量会显著地少于其他日期。我们通过回归分析排除工作日和周末对航班数量的影响，进一

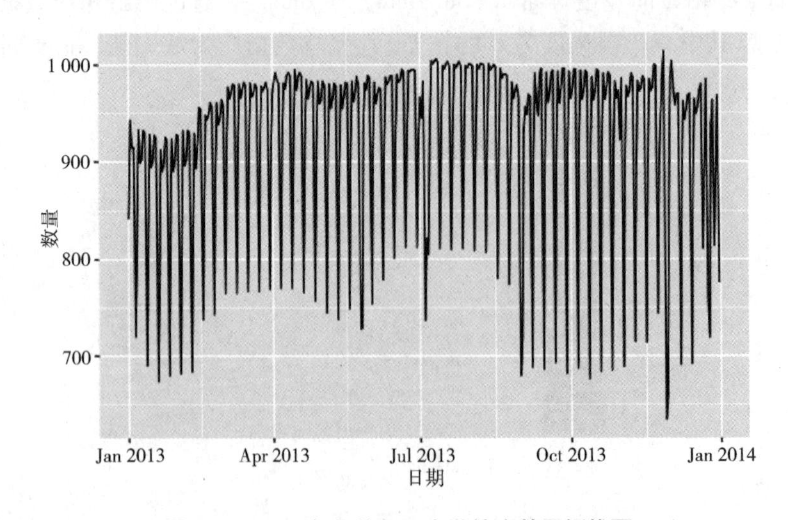

图 1-5 2013 年纽约每日出发航班总量折线图

步绘制排除工作日和周末影响后的航班数量折线图(如图 1-7 所示),我们可以发现,法定节假日的航班数量也会与平时有显著差异。

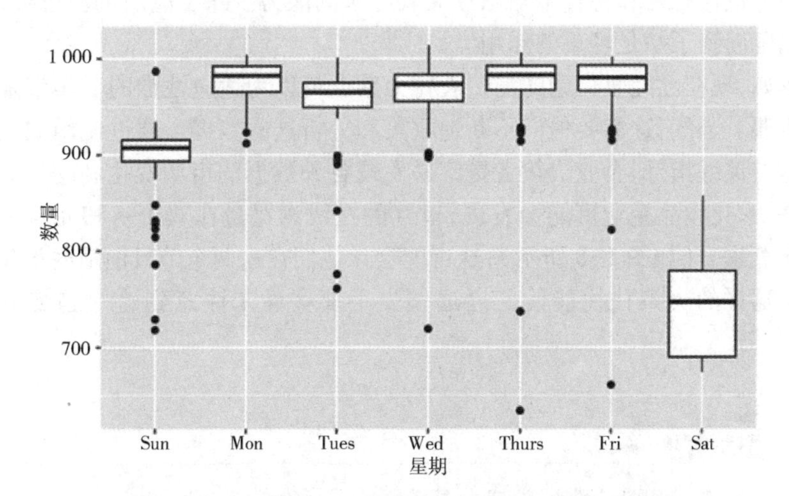

图 1-6　2013 年纽约工作日及周末每日航班数箱线图

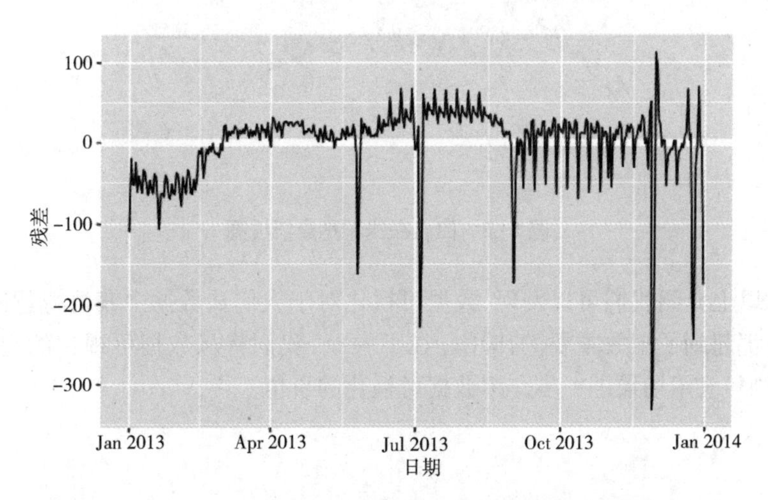

图 1-7　2013 年纽约排除工作日和周末影响后的每日航班数折线图

通过以上例子,我们发现,利用数据可视化,结合算法与专业知识,便可以从海量信息中挖掘出有价值的知识和结论。在此过程中,数据可视化可以很好地引导我们建立适当的模型来挖掘出信息中的宝藏。

1.2.3　从知识到智慧

要将知识转化为智慧,需要对知识进行整合与分析。智慧意味着我们已经找到一类问题普适的答案，并意识到需要如何行动。获得信息和知识相对容易，我们可以利用现有的技术和方法，但获得智慧却非常困难。获得智慧需要更新的创造性思维和将各个知识点关联起来的能力。除了应用创新思维，数据可视化也起到了举足轻重的作用。

例如，现在已经收集到的消费者行为数据可以为适应性强的公司带来许多新的机遇。当然，这需要他们不断地收集和分析这些数据。通过使用数据可视化来监控关键指标，企业决策者更容易发现各种数据的市场变化和趋势。具体来说，一家化妆品企业可能会发现，口红的在线浏览量在双十一和元旦前都会出现显著攀升（如图 1-8 所示），这可能会让他们在这两个节日前适时推出新的产品。这样的决策往往能使其远远领先于那些尚未注意到这一趋势的竞争对手。

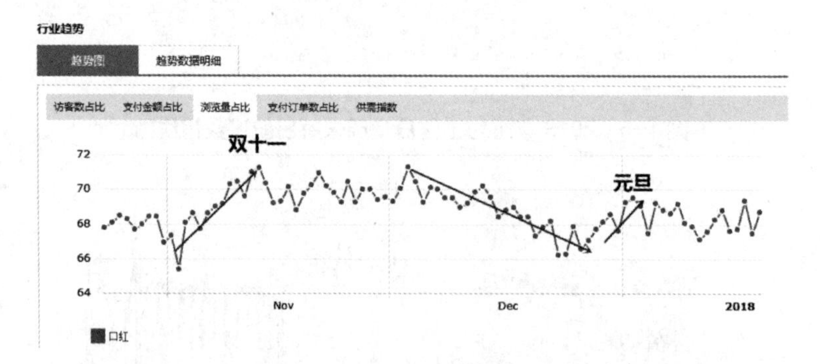

图 1-8　口红在线浏览量折线图

从以上介绍我们可以发现，数据可视化对于人们从数据中获得智慧的每一个环节都起到了至关重要的作用。在下一章，我们将从数据可视化的定义、历史、优势和应用场景进一步介绍数据可视化的价值。

2 数据可视化的价值

在信息化高速发展的今天,数据已经出现在我们生产生活中的各个角落。我们已经开始有意识地利用数据来获得更多的智慧。从上一章我们已经看到,在利用数据获得智慧的过程中,数据可视化发挥着至关重要的作用。那么,什么是数据可视化?它是如何发展而来的?相比其他方法它的优势何在?我们会在哪些地方使用它?这一章我们将回答这些问题。

2.1 什么是数据可视化

数据可视化的范畴分为狭义的数据可视化和广义的数据可视化。我们常常听说的数据可视化,大多指狭义的数据可视化。Julie Steele 在他所著的《数据可视化之美》中提到:"数据可视化和信息可视化是两个相近的专业领域名词。狭义上的数据可视化指的是将数据用统计图表方式呈现,而信息可视化则是将非数字的信息进行可视化。前者用于传递信息,后者用于表现抽象或复杂的概念、技术和信息。而广义上的数据可视化则是数据可视化、信息可视化以及科学可视化等等多个领域的统称。"

科学可视化、信息可视化、数据可视化并没有严格的界限(见图 2-1),但三者各有不同的关注点。科学可视化是科学中的一个跨学科研究与应用领域,主要关注三维现象的可视化,如建筑学、气象学、医学或生物学方面的各种系统,重点在于对体、面以及光源等的逼真渲染。科学可视化是计算机图形学的一个子集,是计算机科学的一个分支。信息可视化与科学可视化的差别在于,科学可视化处理的数据具有天然几何结构(如磁感线、流体分布等),信息可视化处理的数据具有抽象数据结构,它关注于将抽象的概念转化成为可视化信息。数据可视化和信息可视化较为类似,数据可视化将数据库中每一个数据项作为单个图元元素表示,大量的数据集构成数据图像,同时将数据的各个属性值以多维数据的形式表示,可以从不同的维度观察数据,从而对数据进行更深入的观察和分析。而信息可视化,旨在把数据资料以视觉化的方式表现出来。信息可视化是一种将数据与设计结合起来的有利于个人或组织简短有效地向受众传播信息的数据表现形式。

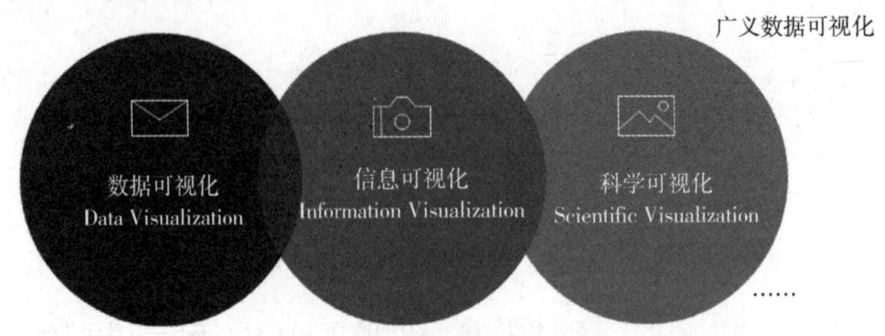

图 2-1　数据可视化分类

总结起来，科学可视化主要展现天然的几何结构；数据可视化展现数据主要是为了深入分析，发现规律；信息可视化更注重于方便地向受众展示抽象数据提供的信息（见图 2-2）。本书主要介绍狭义的数据可视化方法，也会兼顾部分信息可视化的内容。

图 2-2　科学可视化，数据可视化与信息可视化

2.2　数据可视化的历史

数据可视化的历史悠久，最早用墙上的原始绘图和图像、表中的数字以及黏土上的图像来呈现信息。它们并没有被称为数据可视化，却为数据可视化的发展奠定了基础。计算机的出现使得真正的数据可视化变为现实，而互联网时代的到来为数据可视化插上了翅膀。

2.2.1　计算机出现前的数据可视化

在巴比伦时代早期，图片被绘制在黏土上，随后被渲染在纸草上。那些图的目标是给人们提供对信息的定性理解。众所周知，作为一种信息的可视化展示，我们对图片的理解是一种本能，因此理解过程非常轻松。

本节将给大家介绍四位数据可视化历史上的“里程碑式人物”①

（1）威廉·普莱菲（William Playfair，1759—1823）

普莱菲是苏格兰的工程师、政治经济学家。他生于1759年9月22日。当时欧洲正处于启蒙运动时期，是艺术、科学、工业与商业的黄金发展时代。他是家里的第四个儿子，哥哥们分别是苏格兰著名建筑家、数学家。他师从Andrew Meikle，脱粒机的发明者。维基百科上说，他曾当过造水车木匠、工程师、绘图员、会计、发明家、银匠、商人、投资经纪人、经济学家、统计学家、小册子作者、翻译家、出版人、投机者、罪犯、银行家、热心的保皇党人、编辑、敲诈者、记者。但是他最著名的身份是统计制图法的创始人。他创造了世界上第一张有意义的线图、条形图、饼图和面积图。这四种图表类型直到现在都是最常用的图表类型。

图2-3是威廉·普莱菲绘制的条形图，出现在他主编的《商业与政治图集》（*Commercial and Political Atlas*）中。

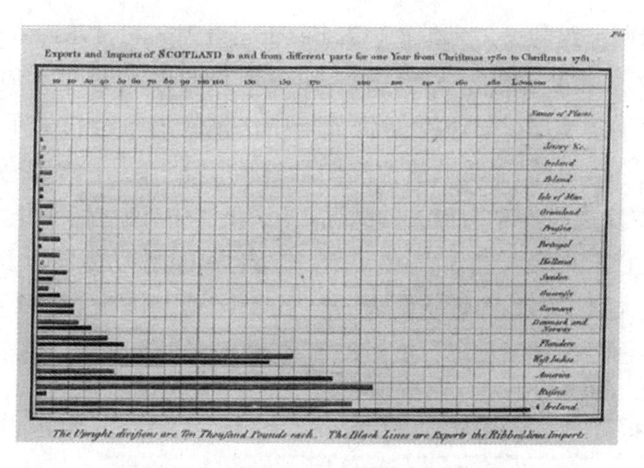

图2-3 威廉·普莱菲绘制的条形图

图2-4（右）是1801年威廉·普莱菲在出版的《统计摘要》（*Statistical Breviary*）中绘制的世界上第一张饼图，阐述的是土耳其帝国当时在欧洲、非洲、亚洲占有的领土面积。

作为一个既懂统计学（身份：统计学家）又富有游说技巧（身份：热心的保皇党人、敲诈者、编辑、记者、出版人），同时还有创新精神（身份：发明家），还会绘画（身份：绘图员）的人，被点亮了一身的技能点，“统计制图法之父”这一称呼非他莫属。当然，最重要的就是，他坚信：图表比数据表更有表现力。

① 来源于：https://blog.csdn.net/kMD8d5R/article/details/79674666

图 2-4 威廉 · 普莱菲和他绘制的饼图

(2)查尔斯 · 约瑟夫 · 米纳德(Charles Joseph Minard,1781—1870)

相信很多人都见过图 2-5,该图被 Edward Tufte 认为是史上最杰出的统计图。它的名字叫作《1812—1813 对俄战争中法国人力持续损失示意图》,也被简称为《拿破仑行军图》或《米纳德的图》,这张图表描绘了拿破仑的军队自离开波兰—俄罗斯边界后军力损失的状况,在这张图中,通过两个维度,呈现了六种资料:拿破仑军队的人数、行军距离、温度、经纬度、移动方向以及时间—地域关系。现在,大家更熟悉的带状图表的名字叫作"桑基图",然而,它比米纳德的图晚了 30 年,而且,只用于解释能量的流动。

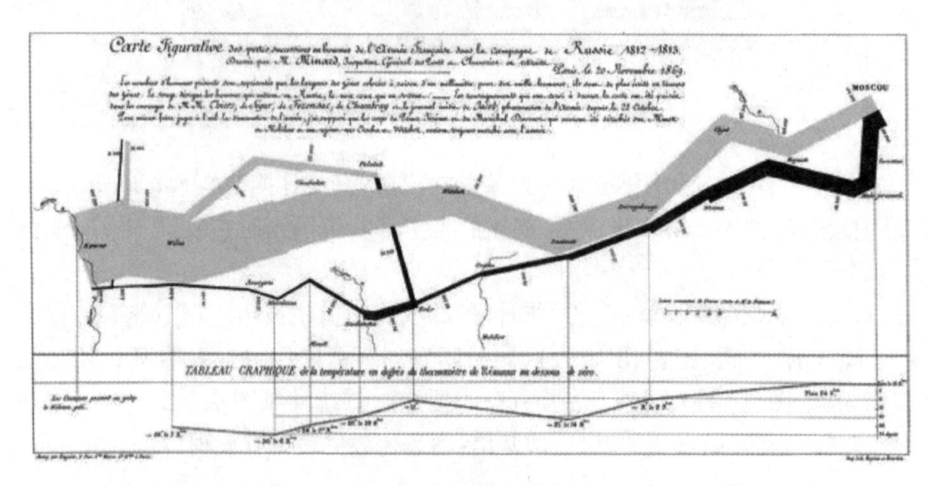

图 2-5 1812—1813 对俄战争中法国人力持续损失示意图

米纳德的成就不只是一张行军图，他还是首个把饼图与地图结合在一起的人（如图 2-6 所示），而且是第一个在地图上加流线（如图 2-7 所示）的人。米纳德的作品受欢迎到什么程度呢？相传，在米纳德的法文讣告中提到，1850—1860 年间，法国政府部门的官员希望在自己的画像中，出现米纳德画的图表。

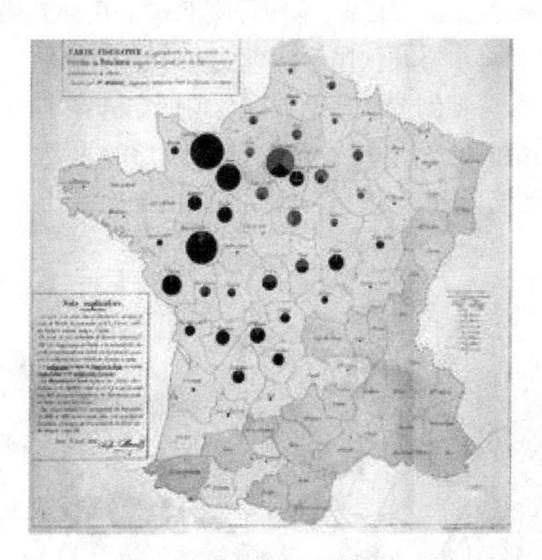

图 2-6　米纳德绘制的带饼图的地图

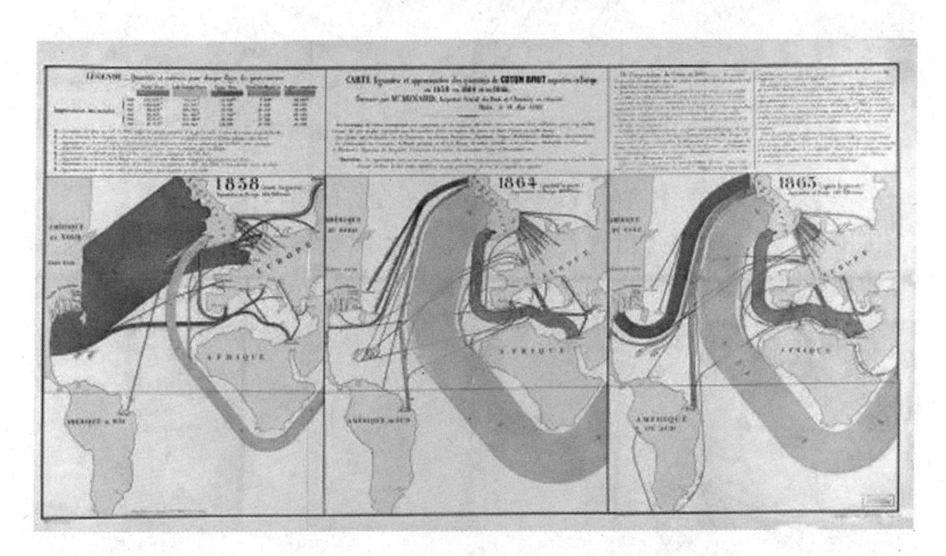

图 2-7　米纳德绘制的带流线的地图

（3）约翰 · 斯诺（John Snow，1813—1858）

每一种图表类型的诞生，都是出自明确而迫切的需要。约翰 · 斯诺医生是英国麻醉学家、流行病学家，曾经当过维多利亚女王的私人医师，被认为是麻醉医学和公共卫生医学的开拓者。1854 年,伦敦西部西敏市苏活区爆发霍乱,当时许多医生认为霍乱和天花是由“瘴气”或从污水及其他不卫生的东西中产生的有害物所引起的。然而,约翰·斯诺通过调查,证明了霍乱是由被粪便污染的水传播的。

他将苏活区的地图与霍乱数据结合在一起(图 2-8),锁定了霍乱的流行来源地——百老大街(Broad Street)水泵。随即,他推荐了几种实用的预防措施,如清洗肮脏的衣被、洗手和将水烧开饮用等,取得了良好的效果。那时候,没有 GIS,地图都靠手绘,约翰·斯诺却创造性地把数据与地图结合在一起。这充分说明了一件事:每一种图表类型的诞生,都是由于明确而迫切的需要。所以当你需要在已知的图表类型中进行选择时,先想想自己要解决的到底是什么问题。

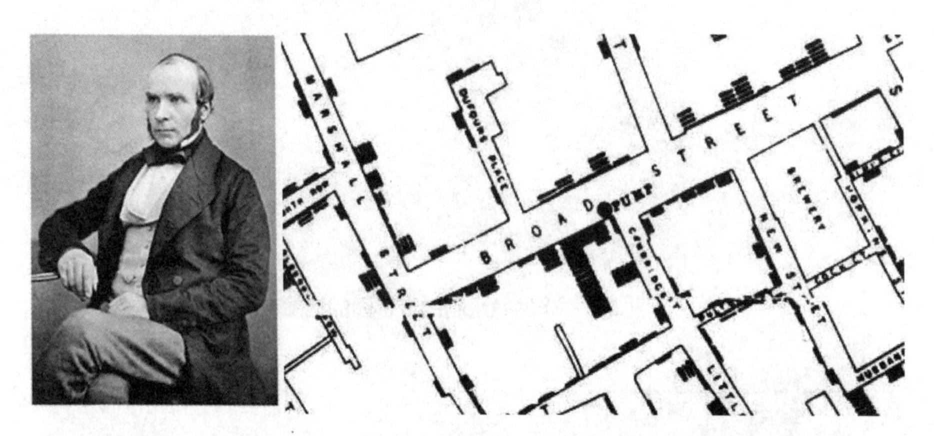

图 2-8　英国医生约翰·斯诺与他绘制的西敏市苏活区霍乱爆发示意图

(4)弗罗伦斯·南丁格尔(Florence Nightingale,1820—1910)

佛罗伦斯·南丁格尔出现在了数据可视化中,会不会有点怪呢?但是,如果你曾用过玫瑰图(图 2-9),或者南丁格尔图,就应该知道:首先,它是以自己

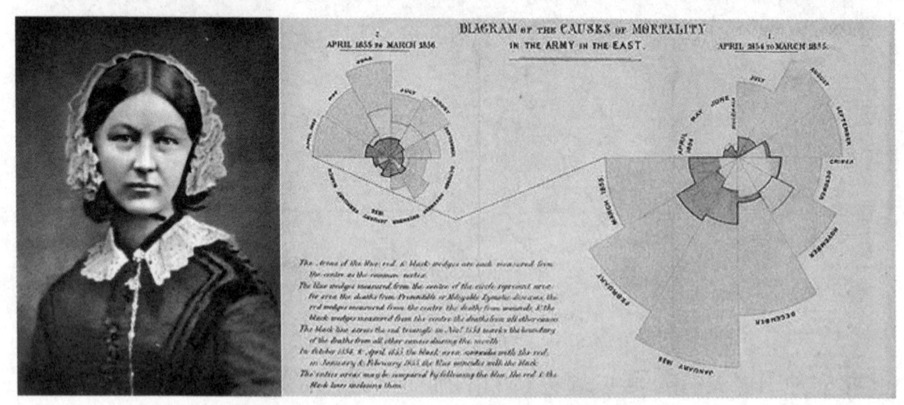

图 2-9　统计学家南丁格尔和她绘制的玫瑰图

的缔造者命名的；其次，这位南丁格尔，就是大家熟悉的白衣天使南丁格尔。

在克里米亚战争期间，南丁格尔通过搜集数据，发现很多人死亡的原因并非是战死沙场，而是因为在战场外感染了疾病，或是在战场上受伤没有得到适当的护理而致死。为了解释这个原因并降低英国士兵的死亡率，她绘制了这张著名的图表——玫瑰图，并于1858年递到了维多利亚女王手中。一个切角是一个月，其中面积最大的蓝色块，代表着可预防的疾病。

这个图表真的很厉害，为什么呢？第一，它用面积直观地表现出了一个时间段内几种死因的占比，让任何人都能看懂；第二，它还长得很漂亮，像一朵玫瑰花一样。那么我们来想一想，它为什么要长得那么漂亮？因为这张图表的汇报对象以及最终的决策人是维多利亚女王！南丁格尔的故事告诉我们：数据可视化是为了更好地促进行动，所以要让行动的决策者看懂！

2.2.2 计算机出现后的数据可视化

数据可视化的起源，可以追溯到20世纪50年代计算机图形学的早期。当时，人们利用计算机创建出了首批图形图表。

1987年，由布鲁斯·麦考梅克、托马斯·德房蒂和玛克辛·布朗编写的美国国家科学基金会报告*Visualization in Scientific Computing*，对这一领域产生了大幅度的促进和刺激。这份报告强调了新的基于计算机的可视化技术方法的必要性。随着计算机运算能力的迅速提升，人们建立了规模越来越大、复杂程度越来越高的数值模型，从而造就了形形色色体积庞大的数值型数据集。同时，人们不但利用医学扫描仪和显微镜之类的数据采集设备产生大型的数据集，而且还利用可以保存文本、数值和多媒体信息的大型数据库来收集数据。因而，就需要高级的计算机图形学技术与方法来处理和可视化这些规模庞大的数据集。

短语“Visualization in Scientific Computing”，意为“科学计算之中的可视化”，后来变成了“Scientific Visualization”，即“科学可视化”。前者最初指的是作为科学计算之组成部分的可视化，也就是科学与工程实践当中对于计算机建模和模拟的运用。

后来，可视化也日益关注数据，包括那些来自商业、财务、行政管理、数字媒体等方面的大型异质性数据集合。20世纪90年代初期，人们发起了一个新的称为“信息可视化”的研究领域，旨在对于许多应用领域之中抽象的异质性数据集的分析工作提供支持。因此，21世纪的人们正在逐渐接受这个同时涵盖科学可视化与信息可视化领域的新术语“数据可视化”。

一直以来，数据可视化就是一个不断演变的概念，其边界不断地扩大，因而，最好对其加以宽泛的定义。数据可视化指的是通过使用一些较为高级的技术方法，允许利用图形、图像处理、计算机视觉以及用户界面，通过表达、建模以及立体、表面、属性以及动画的显示，对数据加以可视化解释。与立体建模之类的特殊技术方法相比，数据可视化所涵盖的技术方法要广泛得多。

2.3 数据可视化的优势

人类利用视觉获取的信息量，远远超出其他器官。人类的眼睛是一对高带宽巨量视觉信号输入的并行处理器，拥有超强识别能力，配合超过 50% 功能用于视觉感知相关处理的大脑，使得人类通过视觉获取数据比任何其他形式的获取方式更好，大量视觉信息在潜意识阶段就被处理完成，人类对图像的处理速度比文本快 6 万倍。数据可视化正是利用人类这一天生技能来增强数据处理和组织效率的。

20 世纪 20 年代，德国心理学家开始研究人类的感知组织，他们中的先锋就是格式塔理论学家。“格式塔”一词是德语 Gestalt 的音译，意思是“形状”和“图形”。格式塔原理是德国心理学家在研究人类视觉工作原理时观察到的一些现象，即：人类视觉是整体的，我们的视觉系统自动对视觉输入构建结构，并且在神经系统层面上感知形状、图形和物体，而不是只看到互不相连的边、线和区域。例如，当我们描述一棵树，你可以说它有不同的部分，包括树干、树叶、树枝、果实。但当我们观察整棵树时，我们不会意识到这些部分，仅仅将它看作一个整体，也就是一棵树。

由此可见，格式塔是一种描述性的框架，是心理学家对观察到的现象的描述，没有涉及背后的理论，没有对这个现象做出解释。但这并不妨碍其为图形和用户界面设计准则提供有用的基础。格式塔原理包括：接近性原理、相似性原理、连续性原理、封闭性原理、对称性原理、主体/背景原理和共同命运原理。下面逐一进行介绍。①

（1）接近性原理。物体之间的相对距离会影响我们感知它们是否以及如何组织在一起。互相靠近（相对于其他物体）的物体看起来属于一组，而那些距离较远的就不是。比如图 2-10，我们会认为左边是三行，右边是三列。接近性原理的应用是，不必使用分隔线或者分组框对内容进行归类整理，可以直接通过不同对象之间的距离来达到同样的效果，而且界面更整洁，开发难度也相对较低。

（2）相似性原理。相似的物体看起来应该属于同一组。我们会把图 2-11

① 参考：https://www.jianshu.com/p/25f64137505b

图 2-10 格式塔接近性原理

中空心的五角星看作一组,其他实心的看作一组。对比接近性,相似性的特征更强,如果两个物体距离不是很接近,但是有相似的属性,我们也会将其看作是相关的。

图 2-11 格式塔相似性原理

(3)共同命运原理。共同命运是指一起运动的物体会被感知为一组或者有较大的相关性。在一堆图形中,如果有几个做同样的运动,不管位置和形状是否相同,我们都会倾向于将其视为同一组。如图 2-12 所示。

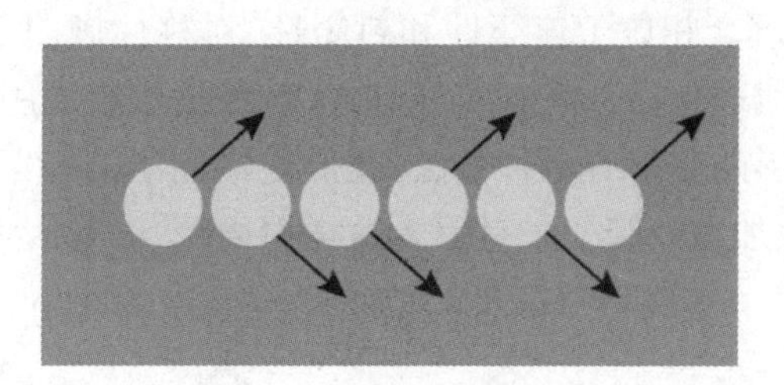

图 2-12 格式塔共同命运原理

(4)连续性原理。连续性原理是指我们的视觉倾向于感知连续的形式而不是离散的碎片。尽管线条受其他线条阻断,却仍像未阻断或仍然像连续的一样为人们所认知到。与前面不同,这个原理与对象分组无关,而是用于感知整个物体的情况。如图 2-13 所示,我们会认为左边是两根线交叉在一起,然后被一个圆形挡住，而不会认为是一个圆和四条线段组成。右边的图也是这样，图中是三段分开的，但是在我们看来就是一条完整的蛇。

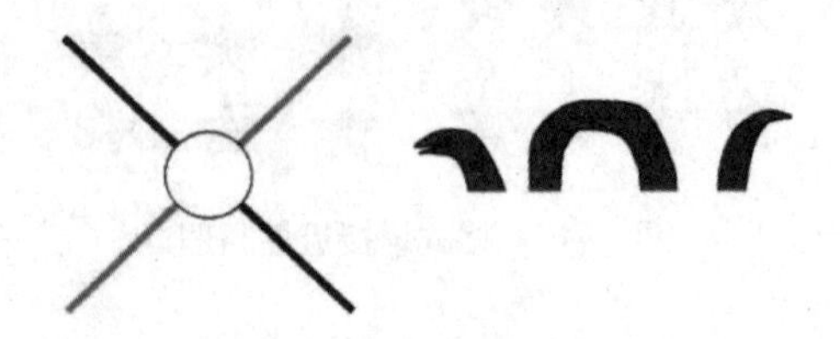

图 2-13　格式塔连续性原理

（5）封闭性原理。我们的视觉系统会自动尝试将敞开的图形关闭起来，从而将其感知为完整的物体而不是分散的碎片。即使一个形状的部分边缘缺失，我们依然能够识别出完整的形状从而忽略掉那些缺失部分。如图 2-14 所示，我们可以观察到一个完整的熊猫而不会因为某些部分的不闭合而将图形分成几个部分。

图 2-14　格式塔封闭性原理

（6）对称性原理。相比于连续性和封闭性，对称性倾向于将整体的东西进行分解，以便更好地理解。分解有多种方式，对称是比较常用的。如图 2-15 所示，对于第一个图形的分解有多种方法，我们更倾向于选择第一种，也就是将其看作是两个矩形叠加在一起。一是因为这样更简单，二是因为这样更对称。

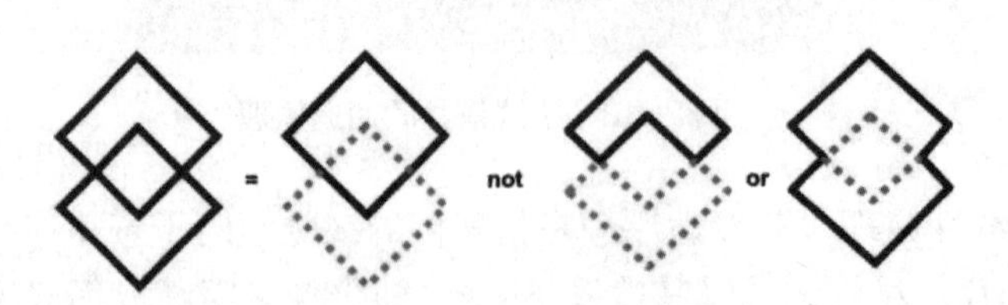

图 2-15　格式塔对称性原理

(7)主体/背景原理。我们的大脑会将视觉区域分为主体和背景,然后主体会占据我们主要的注意力。这个原理也说明了场景的特点会影响视觉系统对场景中主体和背景的解析。如图 2-16(左)所示,我们会认为三角形是主体,而圆形是背景,尽管圆形的面积更大。但有时候,主体与背景并不由场景所决定,而是依赖于观看者的注意力的焦点,图 2-16(右)是很经典的例子。

图 2-16 格式塔主体/背景原理

在实际使用中,格式塔原理的各个部分不是孤立的,而是一起产生作用。同一个可视化设计会涉及多个原理的使用。格式塔原理的另外一个应用,就是用来检测可视化设计结果是否合理。有时候会无意使用了某些原理,从而带来一些错误的信息表达,最好就是能用每个格式塔原理对其进行考量,看是否符合设计的初衷。我们可以用图 2-17 来总结上述的原理。它同时包含了以上提到的大部分原理以及暂时没有提到的其他原理。感兴趣的读者可以阅读其他心理学书籍做进一步了解。

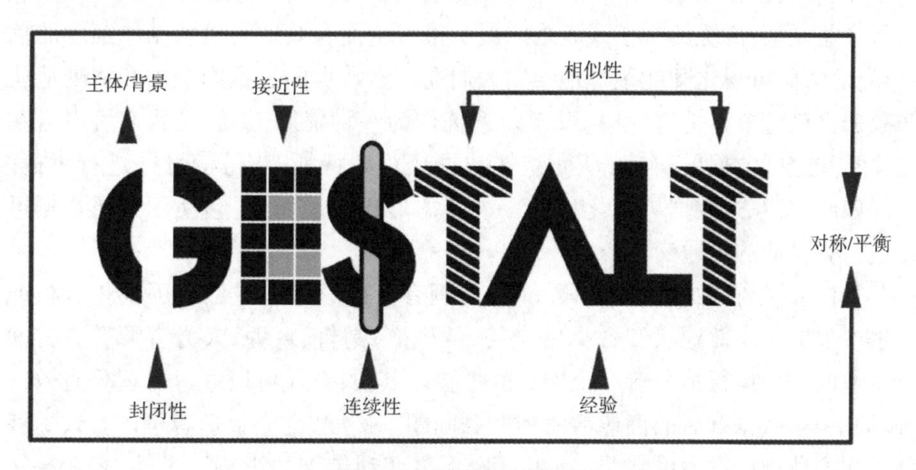

图 2-17 格式塔原理图示

除此之外,数据可视化可以帮助我们处理更加复杂的信息并增强记忆。大多数人对统计数据了解甚少,基本统计方法(平均值、中位数、范围等)并不符合人类的认知天性。一个典型的例子是"安斯库姆四重奏":四组数据的两个变量都有着非常类似的简单统计特征,但当画出散点图之后,我们发现这四组数据其实截然不同。图2-18中,x和y的均值、方差、相关系数、线性回归线以及可决系数均相同,但它们的结构却截然不同。

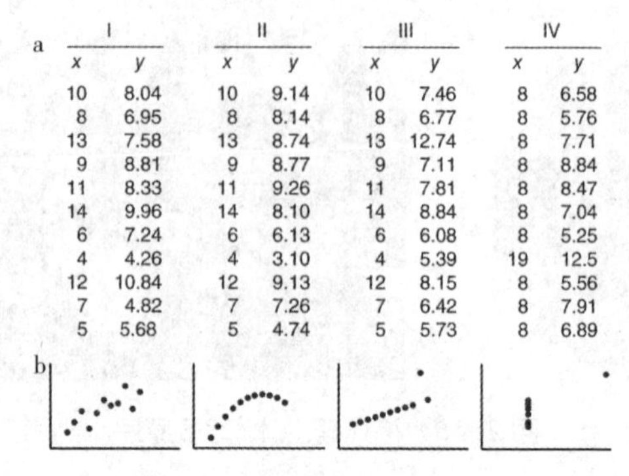

a

I		II		III		IV	
x	y	x	y	x	y	x	y
10	8.04	10	9.14	10	7.46	8	6.58
8	6.95	8	8.14	8	6.77	8	5.76
13	7.58	13	8.74	13	12.74	8	7.71
9	8.81	9	8.77	9	7.11	8	8.84
11	8.33	11	9.26	11	7.81	8	8.47
14	9.96	14	8.10	14	8.84	8	7.04
6	7.24	6	6.13	6	6.08	8	5.25
4	4.26	4	3.10	4	5.39	19	12.5
12	10.84	12	9.13	12	8.15	8	5.56
7	4.82	7	7.26	7	6.42	8	7.91
5	5.68	5	4.74	5	5.73	8	6.89

图2-18 安斯库姆四重奏

2.4 数据可视化的应用场景

数据可视化可以应用在任何我们希望通过数据看到更多知识和价值的地方。总的来说,可视化在组织数据和展示数据价值上都能起到重要作用。在过去,数据的容量和多样性并没有太多挑战。因此,认知和分析数据是很直接的。如今,随着数据在无数的研究和实践领域呈现爆发式增长,维度逐渐丰富,关联关系日益复杂,传统的文字或表格的展示很难全面有效地突出数据中蕴含的信息和规律,而可视化却能很好地帮助人们在探索数据的过程中全面和清晰地认知数据。在整个分析过程中,可视化系统作为一种辅助工具,让我们可以自主地探索和挖掘数据的价值,从而认知数据全貌和特征,获得信息并进行决策。正因如此,交互式数据可视化作为一种新的形式应运而生,它使用户与数据可以进行更灵活的沟通交流。

具体来说,在数据认知阶段,企业管理者可以通过BI报表、可视化看板或者生产大屏等高效地认知数据的全貌,从生产、销售、财务、人力资源等各方面对企业的整体运行情况有一个宏观的把控。其次,企业可以通过可视化有效地理解和洞察数据背后的商业活动和业务问题。例如,企业管理者可以有效地评估某次商业推广产生的效果,或者某次人事变动带来的影响。另外,企业决策者可以通过数据可视化敏锐地发现数据的特征,如规律、趋势、异常等。例如,当企业运行出现某些异常情况,可以尽早介入,防止情况的恶化。

在利用数据可视化进行数据展示时,我们需要着重关注以下三点。

第一,强调差异和对比。可视化最大的优势便是能够凸显差异,方便对比。在对比过程中,我们很容易发现业务提升的机会点。例如,当我们发现某产品更受年轻消费者青睐,那么在进行商业推广时,就可以选择更受年轻消费者欢迎的方式。

第二,注重呈现趋势,表达对未来的预测,支撑对未来的规划发展政策或预警方案。数据可视化不仅能展示现在,还能通过趋势揭示未来。例如,汽车企业可以通过发现 SUV 车型的持续热销而提前制定相应的发展规划。

第三,关注规律或异常,帮助用户找到支持或推翻所提假设的证据从而改进他们现有的模型或策略。很多时候,可视化是从一个问题或假设出发的,而不是泛泛地展示数据。例如,我们关注大量的广告投入是否可以有效地改善销量。那么我们就需要在建模的基础上展示各类广告投入的效果,为决策者提供参考。

第二部分　如何做好数据可视化

通过第一部分的讲述，我们已经了解了数据可视化在帮助人们获得智慧的过程中起到的作用，以及数据可视化的存在价值。由于数据可视化的应用范围非常广泛，理论上有着成百上千种对数据进行可视化的方式。但在某种意义上，只有极少的方法能让我们从数据可视化中发现一些新的结论与规律。数据可视化并不像看起来那么简单，它是一门需要无数次训练与经验积累的艺术。就像绘画一样，没有人能在一天内成为绘画大师，而是需要经历千锤百炼才可能达到。

那么如何才能做好数据可视化呢？本部分将系统地分享做好数据可视化的思路和步骤。主要包括以下内容：

- 什么是好的数据可视化
- 可视化的一般流程
- 数据可视化基础图像与展示
- 具有故事性的数据可视化
- 常用数据可视化工具

3 什么是好的数据可视化

当计算机领域在很多方面致力于用自动化替代人类判断时,数据可视化却反其道而行之,它是为数不多的并非用于替代人类的设计。实际上,数据可视化恰恰被用于帮助人类更好地参与整个数据分析过程。数据可视化的受众并不是电脑,而是人类的双眼和大脑。因此,只有适用于人类双眼和大脑的数据可视化才算好的可视化。我们可以从格式塔原理中总结一些经验。例如,根据格式塔相似性原理,在颜色选择时,相似的颜色代表相近的类别,这可以更好地帮助我们理解类别之间的关系。

例如图 3-1 中,上图没有将属于同类型的手机不同系统进行颜色上的归类,从而减弱了比较的作用。下图就通过深色系把 iPhone、Android、WP 版归为一类,从而能很好地与 iPad 版、其他种类比较。(参考:数极客用户行为数据分析)

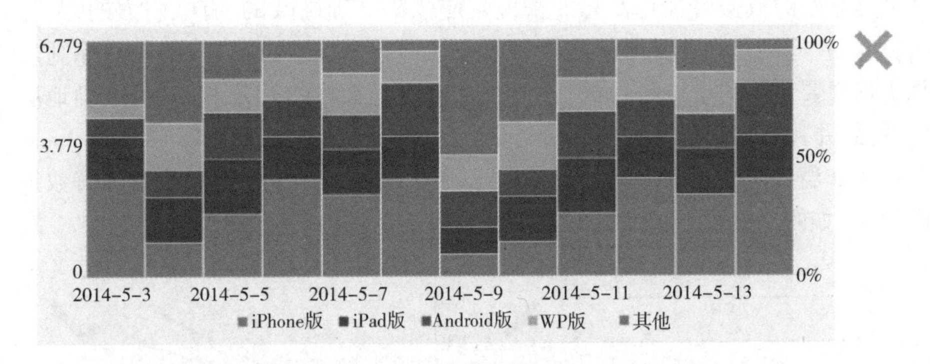

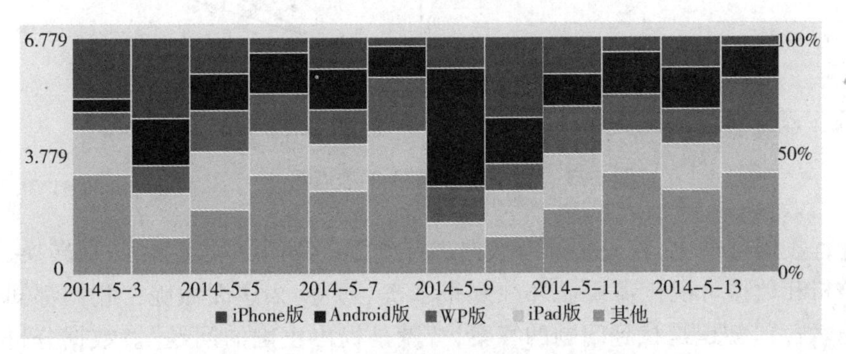

图 3-1 电子产品市场占有率可视化

数据可视化是一门由人类创造、数据驱动、受助于多种计算工具的艺术。画家利用画笔和颜料进行创作，类似的，人们应用数据可视化使用计算机和算法进行创作。可视化既能带来审美愉悦感，又能帮助我们看清某些规律。因此，结合审美和实用的数据可视化才算是可视化中的精品。可很多时候可视化的创造者很难做到两全其美，因此我们需要在两者中进行权衡，最终达到平衡。

例如在绘制柱状图时，建议将柱子的间隔设置为柱宽的1/2，这样更为美观（如图3-2所示）。

图3-2　不同宽度的柱状图

数据可视化是数据分析和研究中找到数据结构与趋势的核心工具。现今，有超过百种不同的可视化展现方法，每一种都以一种特殊的形式来展示数据。虽然有很多表现数据的方法，但很多时候只有屈指可数的方式是有效的。那么什么是有效的数据可视化？总的来说它应该是准确高效的，有吸引力的，并且是易懂的（好的可视化并不一定要很复杂）。使可视化准确高效的核心原则是找出你想要说明的重点是什么，你的受众有着怎么样的背景和水平，准确地展示数据，并且将它们清楚地传达给受众。

例如当我们绘制散点图时，我们可以通过添加趋势线来帮助受众理解数据的规律（如图3-3所示），而不用耗费受众过多的精力。

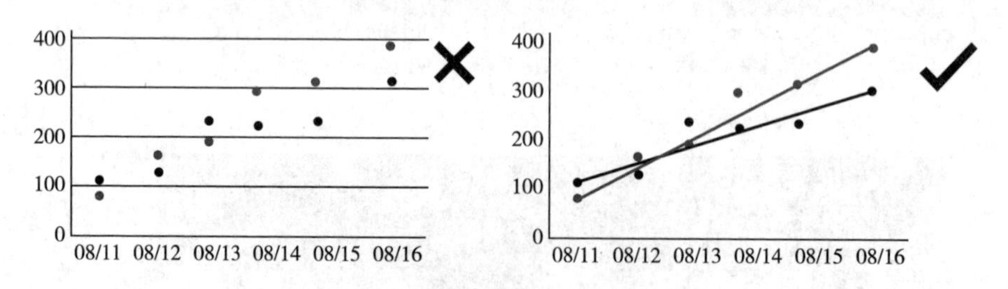

图3-3　添加辅助线前后的散点图

进行数据可视化，首先必须对数据进行分析。我们必须了解，数据转换、数据分析和数据可视化需要循环往复很多次。为什么这么做呢？我们都知道一句名言："知识是找到问题的答案，智慧是提出正确的问题"。数据分析帮助我们更好地了解数据，回应数据给我们提出的问题。进一步的，当数据通过很多不同的方式可视化后，一些新的问题又浮现出来。这正是为什么我们需要重复进行数据分析和数据可视化的原因之一。数据可视化是强大的数据分析工具，但很多时候它并不是一蹴而就的。有时候缺乏必要分析和研究的数据可视化甚至会误导我们得到荒谬的结论。下面用一个简单的例子来对此进行说明。

我们使用前一部分提到的数据：为了了解不同钻石的价格规律，收集53 940颗不同钻石的数据①，其中包括每颗钻石的参考价格（Price）以及4C标准（切工Cut，净度Clarity，颜色Color，克拉Carat）。其中切工、净度和颜色为分级变量，参考价格和克拉为数值变量。

我们使用箱线图（如图3-4所示），来对不同等级的钻石与价格之间的关系进行可视化。

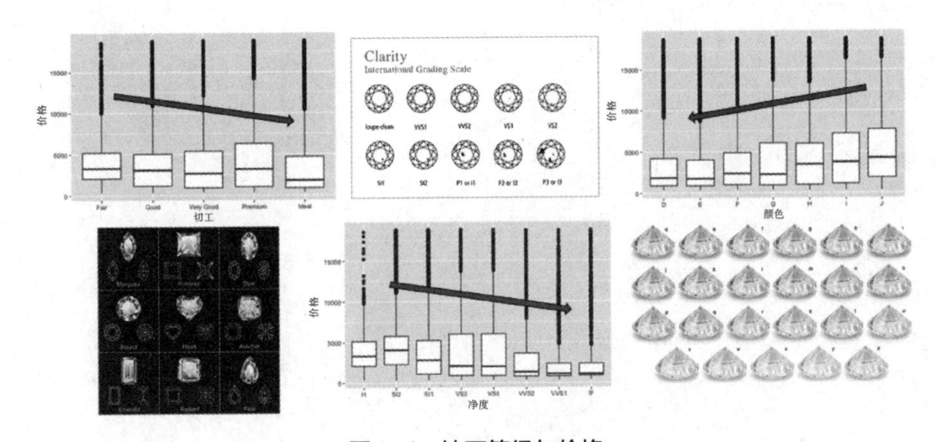

图3-4　钻石等级与价格

从图形中我们惊讶地发现，无论是切工、净度还是颜色，等级越低的钻石价格越昂贵。这与我们实际的认知是不相符的。那么到底问题出在哪里呢？

我们认真思考后发现，其实我们忽略了4C标准中最重要的标准：克拉，也就是钻石的重量。于是我们将克拉的影响从钻石价格中去掉（钻石价格对克拉回归，计算其残差），重新进行可视化（如图3-5所示）。结论发生了改变：等级越高的钻石价格相对越昂贵。

通过上述的可视化，数据分析（回归分析，计算残差），再可视化，我们找到了问题的关键：质量越大的钻石价格越昂贵，而越大的钻石往往更难达到高的

① 数据来源于R软件ggplot2包。

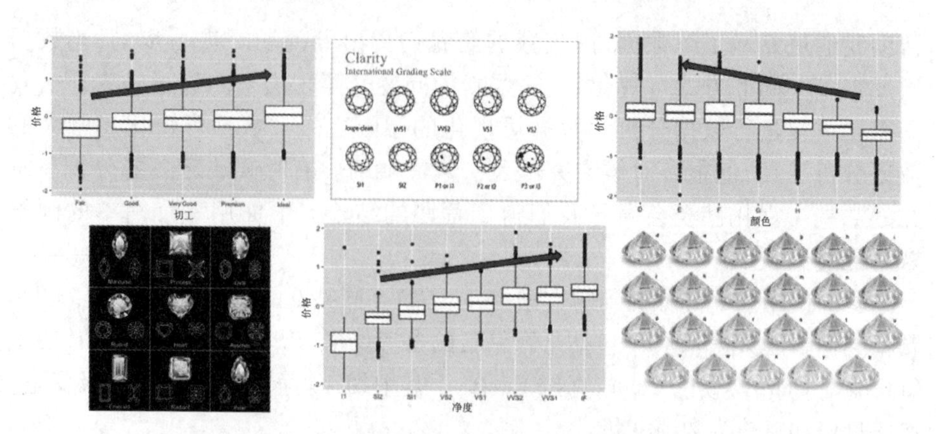

图 3-5　钻石等级与去掉重量影响的价格

等级(切工,净度,颜色)。因此,如果不进行深入的数据分析,我们可能被蒙蔽而得到与事实完全不相符的错误结论。

4 数据可视化的一般流程

数据可视化是一个繁琐的分析流程,整个过程需要结合不同人的技能和专业知识。数据收集者拥有收集数据和分析数据的能力;数学家和统计学家深知可视化的设计原理并能使用这些原理与数据进行沟通;设计者或艺术家(有时候是前端开发者)拥有可视化必要的设计技能;商业分析师了解并更加关注诸如消费者行为模式、异常值、或者突发异常趋势等特征。将这些技能有机地结合起来才能最终完成数据可视化的工作。

数据可视化从收集数据开始,最终通过展示可视化图形来向受众讲述一个有趣的故事。这其中需要经过前期、中期、后期三个阶段。其中,前期为数据准备工作,需要遵循以下的步骤:

- 数据收集:从互联网或者磁盘文件这样的外部资源中获得或收集数据。
- 数据处理:解析并筛选数据。利用程序方法解析、清洗、简化数据。
- 数据分析:分析提炼数据,去掉噪音和不必要的变量并发现数据中的规律。

中期步骤为数据可视化展示,主要利用简单易懂的方法来展示数据的信息和规律。

后期为叙事步骤,主要结合可视化展示向受众讲述有趣的故事。

以上步骤需要循环往复才能最终完成。就如前面章节所讨论的,很多时候,分析和可视化是需要反复迭代的。换句话说,这些步骤的多少是很难提前预测的。

4.1 数据收集、处理与分析

数据收集是一个耗时费力的过程。因此,虽然实际问题中人们往往努力寻求自动采集数据的方式,但是数据的人工采集仍然是很普遍的。现代数据的自动采集往往是通过使用类似传感器的输入设备完成的。例如:利用传感器对海洋温度进行检测;使用传感器检测土壤质量、控制灌溉、施肥等。另一种自动收集数据的方式是通过扫描文档及日志文件完成的,这是一种服务器端数据收集的方式。与此同时,也可以通过人工的方式获得数据,例如,利用网络收集数据并储存到数据库中。现今高效的网络沟通与网络数据共享使得通过网络获得数据成为收集数据的一大主流。传统的数据可视化与可视化分析工具主要针对于单个用户的单机可视化应用。而随着多用户多端口协作的技术进步,基于多端口多用户的大数据分析和实时可视化已成为当今数据可视化发展的方向。

现在的数据由于其庞大的数据量、来源的多元化以及资源与类型的差异性,极容易受到噪音和数据不一致的影响。因此,很多数据预处理技术应运而生,例如:数据清洗、数据整合、数据简化以及数据转换等。数据清洗主要用于去除数据噪音与纠正数据不一致。数据整合则可合并及联合多个数据来源的数据最终使之成为一致的整体,有时也被称为数据仓库。数据简化是一种减少数据容量的技术,主要通过合并、聚合以及删除冗余特征来实现。当数据范围过小时,数据转换是一种优化数据处理与改进可视化准确性及效率的方法。

异常值检测是数据处理的常见技术。异常值检测主要用于识别可能没有处于预期范围与结构中的异常数据。这些异常值也被称为离群值或噪音。例如,信号数据中,一些异常的特殊信号被称为噪音;交易数据中,欺诈交易数据被看作离群值。异常值是不能轻易进行直接删除的。因此,为了保持数据完整性,准确的数据收集方式是必不可少的。当然,事事都具有两面性,从另一个角度看,离群值也有它的价值。例如,有时候我们恰恰希望从海量数据中找到那些存在欺诈的保险申报数据。

在数据可视化前期工作中,数据处理是非常有必要的,尤其是我们关注数据质量的时候。某些数据处理过程有助于修补数据,以更好地了解和分析数据,最常见的包括关联建模与聚类分析等。关联建模是一种最为基础的用于发现变量的属性和结构的建模方法。此过程主要是寻找变量之间的关联性。例如,商场收集消费者购买习惯的数据,用于寻找消费者最为喜欢的畅销商品。聚类分析则是一种发现数据群组关系的方法。这种方法可在数据真实结构未知的情况下找到数据间的相似结构,在机器学习中常被称为一种无监督学习。

数据库管理系统能帮助用户以结构化的格式存储和访问数据。然而,当数据过于庞大而超过内存处理范围时,我们通常使用以下两种方式来结构化数据:

- 在磁盘中使用结构化格式存储大量数据,例如,表格、树或图等。
- 在内存中使用访问更为迅速的数据结构格式用于存储数据。

数据结构由一系列不同的格式组成,这些格式用于结构化数据使之便于存储和访问。一般的数据结构类型包括:数组、文件、表格、结构树、列表、映射等。任何数据结构的设计都是用于组织数据从而达到相应的目的,并使之能流畅地进行存储、访问和操作。数据存储结构的选择和设计主要决定于如何使得算法能够更快地进行访问和运算。

让收集、处理和分析数据变得简洁,往往能使数据可视化展示中使用的数据也更加简单易懂。

4.2 数据可视化展示

数据可视化展示是数据可视化的核心步骤,选择什么样的可视化图像,以及如何展示可视化图像都尤为关键。现今有超过百种不同的可视化展现方法,每一种方法都能通过某个角度展示数据的某些特征。我们进行数据可视化操作时,不仅仅只有柱状图和饼图。缺乏对数据必要的了解和必要的可视化图形选择和规划,都可能导致杂乱图表的堆砌,而不能达到数据可视化的目的。

数据可视化展示的主要流程包括:

- 确定关注的问题
- 选择可视化视角
- 确定变量的个数
- 选择可视化图形
- 图形展示优化(坐标轴及颜色的选择)

科学可视化和信息可视化的主要目的是为了客观地展示具体或抽象的数据,就像对一个人物进行画像,它们呈现的信息通常是客观完整的。而大部分数据可视化的工作都来源于问题的提出。希望通过数据可视化回答的一个或多个问题是引导我们进行数据可视化的方向。对同样的数据,回答不同问题使用的数据可视化图像与展示方法会截然不同。例如,当我们需要对全国各大城市每月空气质量进行可视化时,我们提出的问题可能是:“哪些城市的污染较为严重,哪些城市的污染相对较轻”;或者是“各城市污染情况随时间变化的趋势是什么”;也可能是“不同的污染物指数之间有什么样的关系”等等。回答以上不同问题,我们选择的数据可视化手段是不同的。

当我们确定需要回答的问题后,就需要根据所提问题寻找对数据进行可视化的视角。典型的可视化视角可以分为以下七类:

- 比较与排序
- 局部与整体的关系
- 分布
- 相关性
- 网络关系
- 位置与地理特征

• 时间趋势

不同的可视化视角是选择不同可视化图形的最主要依据。在这一章，我们重点介绍不同视角的区别。具体使用什么可视化图形我们将在下一章详细讲述。

4.2.1 比较与排序

比较与排序主要关注无序或有序的定性数据之间某个定量指标的大小关系。例如，全国各大城市的房价比较。比较和排序可通过很多种方式进行，最为传统的方式是柱状图。柱状图是从相同的基准（横坐标）出发，根据不同的数值来设计柱子长度。然而，这并不一定总是比较和排序最好的方式。例如，图 4-1展示了某商场商品品类排名，这种树图能更好地对不同商品品类的比例进行一目了然的比较和排序。

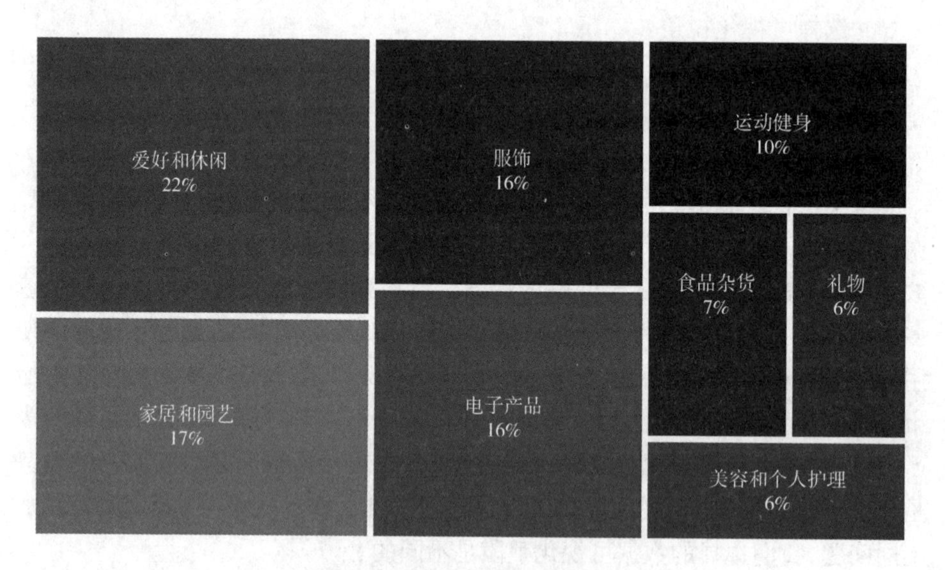

图 4-1 某商场商品品类排名

4.2.2 局部与整体的关系

局部与整体的关系主要关注的是定性数据中的某一类与总体之间的比例关系。饼图是最常用于展示部分与整体关系的方法，但我们也有其他选择。并排柱状图是比较一个组中的不同元素以及比较不同组中元素的可视化方法。然而，分组之后，将组别作为整体进行相互比较变得困难。这就是堆栈柱状图出现的原因。堆栈柱状图可以很好地展示每个组的整体，因为组内的元素是重叠起来的,但是缺点是比较组内的部分变得不那么直观了。图 4-2 是利用堆栈柱状图和并排柱状图来描述钻石不同切工和净度的数量关系。

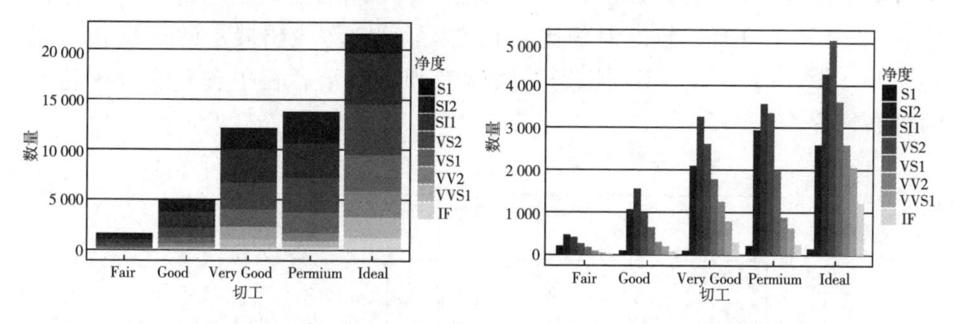

图 4-2 钻石切工和净度的堆栈柱状图和并排柱状图

4.2.3 分布

分布展示了定量数据在其取值范围内的分布特征,因此在数据分析中非常有用。例如,如果我们仅仅关注月收入这个单一特征的分布情况,那么最常用的方法是直方图。直方图类似于柱状图,区别在于柱状图的横坐标表示不同的类别,而直方图的横坐标代表数值的不同区间。因此通常情况下,柱状图中的柱子是分开的,而直方图是连在一起的。直方图的样式除了取决于数据本身以外,还取决于窗宽的选择,也就是每一个柱子代表的数值范围大小。窗宽越小,直方图显示的分布特征越细节;相反,窗宽越大,显示的分布特征越粗略。图 4-3 展示了四种不同窗宽选择下(10 美元、25 美元、50 美元和 100 美元)直方图的样式。

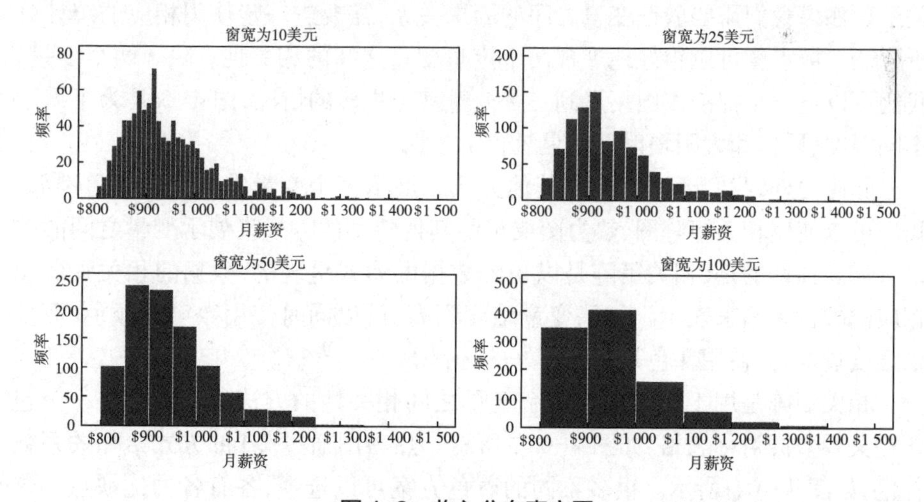

图 4-3 收入分布直方图

如果我们同时关注并希望比较多个变量或者类别的分布,那么直方图就不是一个最好的选择,这时候我们通常使用箱线图。箱线图同时显示各个类别数值变量的中位数,25%和75%分位点,和1.5倍四分位差,以及离群值的信息,非常利于进行比较。但相比于直方图,每个箱线图展示的信息相对粗略一些。图4-4展示了不同性别的吸烟者和不吸烟者在午餐和晚餐中花销的分布情况。

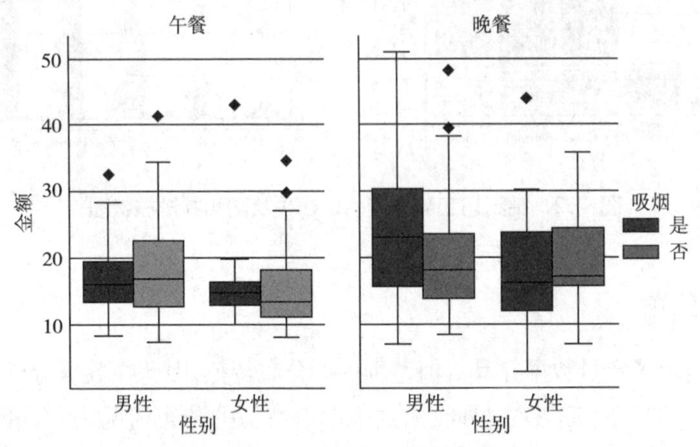

图4-4　午饭及晚餐消费箱线图

4.2.4　相关性

相关性主要关注两个或多个定量变量之间的结构关系。简单的相关分析是描述两个或多个变量关系的很好开端。但统计意义的相关并非一定有因果关系。如果我们需要验证变量之间的因果关系,需要进一步使用相应的统计分析方法。散点图可以很好地展现两个定量变量之间的相关性。除了两个变量,我们可以进一步把散点图拓展到三个变量甚至更多的情况,图4-5是为了展示不同温度、风速和太阳辐射下的臭氧含量数据。

除此之外,我们还可以使用其他方式来展示多个变量的相关矩阵。例如,我们可以使用相关矩阵图、热力图或一些其他特别的方式来展示变量之间的关系。需要强调的是,相关矩阵是以矩阵数据的形式呈现的,数据的相关强弱用相应的颜色区间来表示。如果变量维度不高,可以同时使用数字和颜色,而如果维度过高,只使用颜色是一个更好的选择。

相关矩阵是用于同时观察多个变量之间相关性的方法。其结果是一个包含相关系数的对称表格,如图4-6左所示。热力图通过2D的方式给相关系数着色,如图4-6右所示。很多不同的着色方案可以选择,各有各的优缺点。这

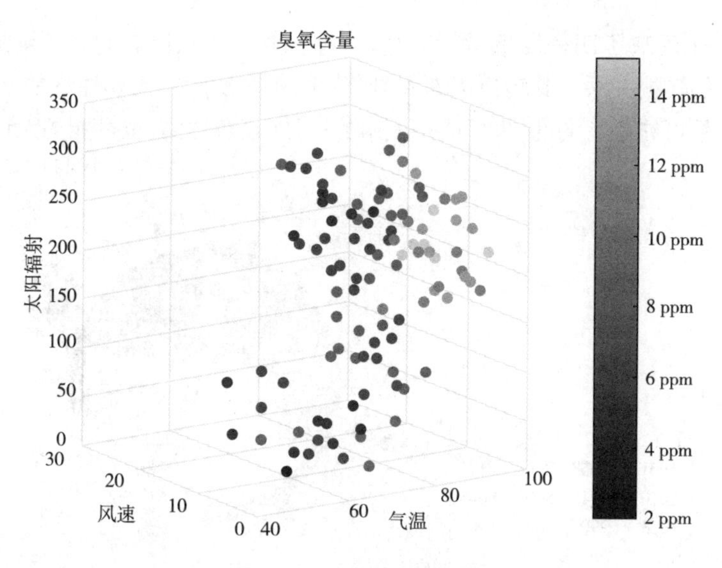

图 4-5 臭氧含量散点图

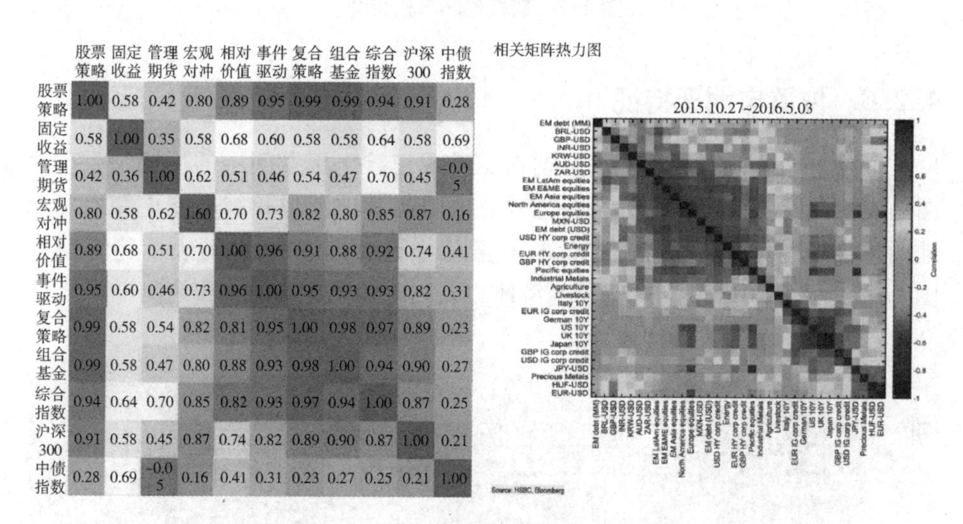

	股票策略	固定收益	管理期货	宏观对冲	相对价值	事件驱动	复合策略	组合基金	综合指数	沪深300	中债指数
股票策略	1.00	0.58	0.42	0.80	0.89	0.95	0.99	0.99	0.94	0.91	0.28
固定收益	0.58	1.00	0.35	0.58	0.68	0.60	0.58	0.58	0.64	0.58	0.69
管理期货	0.42	0.36	1.00	0.62	0.51	0.46	0.54	0.47	0.70	0.45	-0.05
宏观对冲	0.80	0.58	0.62	1.60	0.70	0.73	0.82	0.80	0.85	0.87	0.16
相对价值	0.89	0.68	0.51	0.70	1.00	0.96	0.91	0.88	0.92	0.74	0.41
事件驱动	0.95	0.60	0.46	0.73	0.96	1.00	0.95	0.93	0.93	0.82	0.31
复合策略	0.99	0.58	0.54	0.82	0.81	0.95	1.00	0.98	0.97	0.89	0.23
组合基金	0.99	0.58	0.47	0.80	0.88	0.93	0.98	1.00	0.94	0.90	0.27
综合指数	0.94	0.64	0.70	0.85	0.82	0.93	0.97	0.94	1.00	0.87	0.25
沪深300	0.91	0.58	0.45	0.87	0.74	0.82	0.89	0.90	0.87	1.00	0.21
中债指数	0.28	0.69	-0.05	0.16	0.41	0.31	0.23	0.27	0.25	0.21	1.00

图 4-6 相关矩阵图和相关矩阵热力图

里需要注意，统计中的相关系数仅能反映定量变量之间的线性关系，不能反映非线性关系。

4.2.5 网络关系

与相关性关注变量之间的关系不同，网络关系所关注的是样本或节点之间的关系。反映网络关系的最为常见的图为网络图，但我们也有一些其他常用的图形。例如，关注各种颜色的发色之间的变化关系，我们可以利用和弦图来表示。图 4-7 反映了四种发色：黑色、金色、棕色和红色从原有的发色到最喜欢的发色之间的转换关系。其转换矩阵和图形如图 4-7 所示。需要注意的是，节点之间网络关系可能是有向的，也可能是无向的；可能是有环的，也可能是无环的。

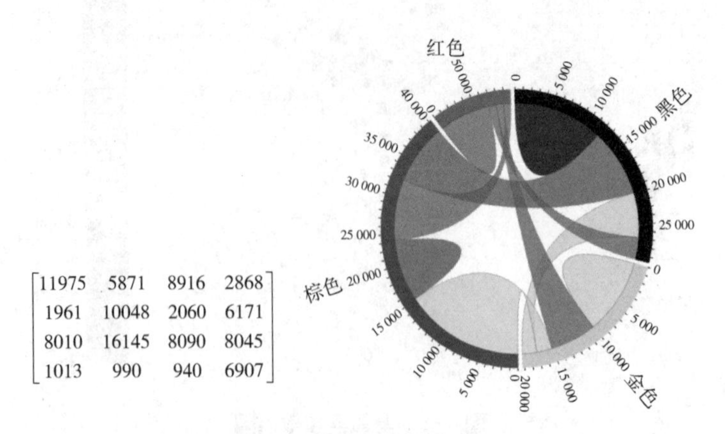

图 4-7 转换矩阵与和弦图

4.2.6 位置与地理特征

位置与地理特征主要反映数据在二维或三维坐标空间中的位置关系。地图是展示位置与地理特征的最好方式。地图与其他图像相结合能更好地展示地图想要告诉我们的信息（例如，柱状图从小到大排序、折线图表示趋势等）。图 4-8 展示了 2011 年全球主要经济体二氧化碳体排放量的分布情况。

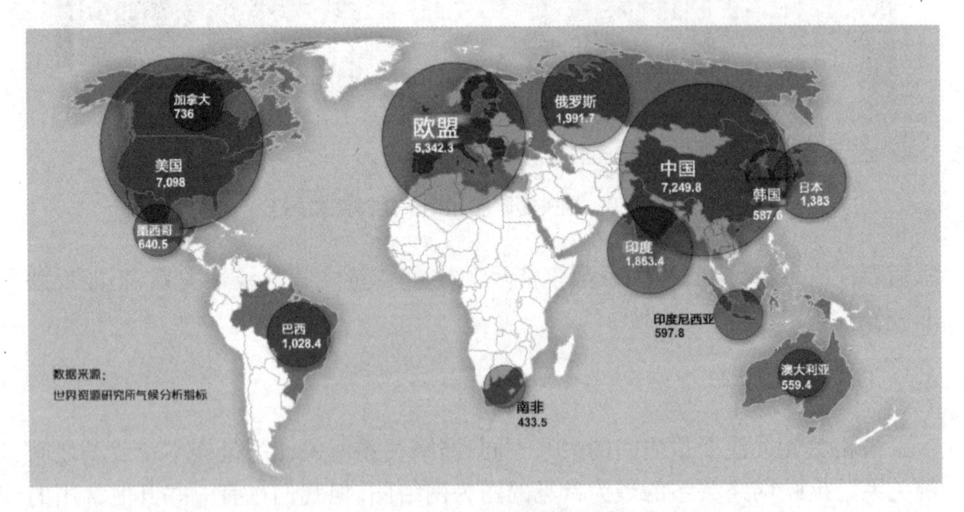

图 4-8 2011 年二氧化碳排放量分布图

4.2.7 时间趋势

时间趋势主要关注定量数据随时间变化的规律。展示时间趋势是数据分析最常见的可视化方法之一。图 4-9 展示了 1950—2010 年美国的取水量趋势数据。图形结合了柱状图和时序图,同时展现取水的用途与取水量的时间变化趋势。我们通过时序图可以很好地对未来的发展趋势进行预测。

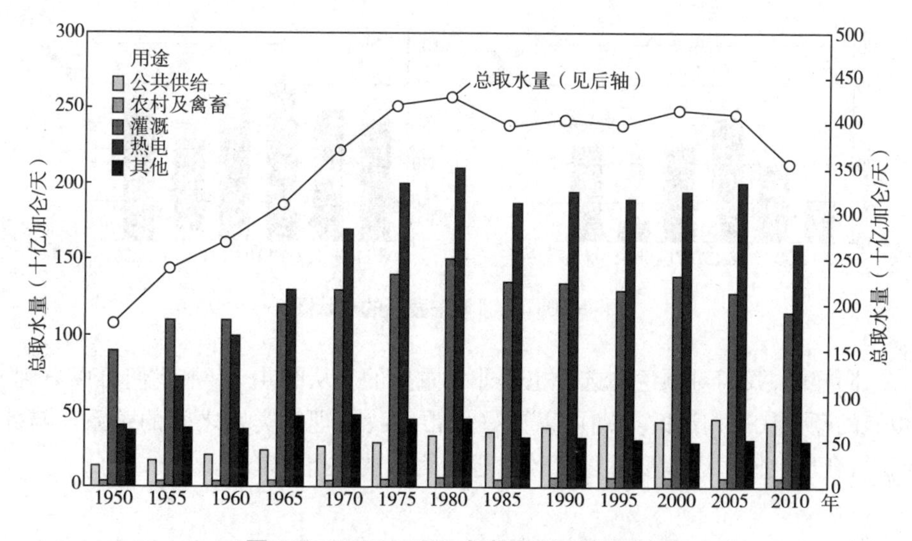

图 4-9　1950—2010 年美国取水量趋势图

从前面六种数据可视化视角的例子中我们不难发现,可视化视角并不一定是唯一的。我们可以将不同视角融合在同一个可视化图形中。例如,图 4-4 的箱线图既可以反映分布,又可以进行比较。而图 4-9 的取水量趋势图中,我们结合柱状图和折线图,既可以反映比较与排序,又可以反映时间趋势。因此,在现实应用中,我们可以从所提问题中凝练出多个视角,并在同一可视化图形中展示多个视角。但需要注意的是,由于人类的视觉注意力有限,可视化图形不宜过于复杂。如果问题需要展示的视角较多,视角之间又相对独立,建议使用不同的可视化图形分别展示。

确定数据可视化视角后,我们需要确定每个可视化视角需要利用哪些变量。这些变量将在可视化图形中以坐标、颜色、大小或者形状的形式展示出来。其中,对于定性变量,通常使用坐标、颜色或形状展示;定量变量通常用坐标、颜色或大小展示。如果不同视角使用相同的变量,我们可以考虑将可视化图形进行合并。例如图 4-9 中不同用水方式和比较以及取水量的趋势这两个视角都用到时间变量,因此我们可以将时间作为横坐标并将柱状图和折线图进行合并展示。

接下来我们就可以通过选择适当的可视化图形进行可视化展示。具体图形的选择我们将在下一章详细介绍。这里需要注意的是,对可视化图形进行优化是非常必要的,其中主要包括坐标轴的优化、颜色以及透明度的优化。

坐标轴的优化对于可视化的展示非常重要,不恰当的坐标轴设定可能会传递不恰当的信息。例如在绘制柱状图时,纵坐标的截断会严重误导受众。在图 4-10 的左图中,数据起始点被截断为从 50 开始。

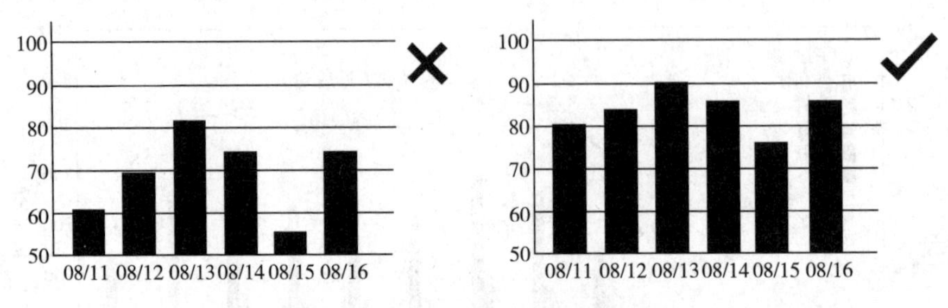

图 4-10　截断与未截断的柱状图

同样的,我们对颜色的选择也是非常重要的。从图 4-11 中我们可以看到,相似的颜色代表相近的类别可以更好地帮助我们理解类别之间的关系。与此同时,合理地使用透明度可以有效地避免信息被遮挡或覆盖。

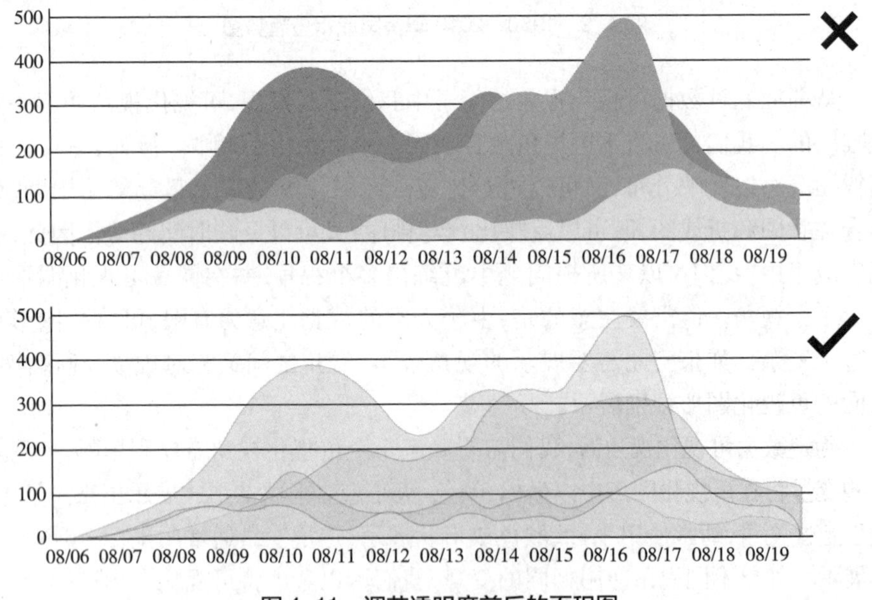

图 4-11　调节透明度前后的面积图

4.3 数据可视化叙事

数据可视化最根本的目的是为了回答某些关于数据的问题。如何将问题的提出和通过数据可视化和数据分析获得的问题答案传达给受众就非常重要了。因此,利用数据可视化叙事的方式直接决定着数据可视化的效果。我们将在第6章为大家展示一些数据可视化的叙事案例,以帮助大家更好地进行数据可视化展示。

5　数据可视化基础图像与展示

我们进行数据可视化的原因之一是确保从数据中获得知识。然而,如果我们对数据的认识有所误差,也许我们根本找不到问题的关键,甚至被数据的表面现象所误导(参见钻石价格的例子)。

当我们进行数据可视化的时候,第一个步骤是搞清楚我们关心什么问题。换句话说,数据可视化能帮我们什么忙?我们还有另外一个挑战,那就是找到合适的作图方法。我们常用的作图方法包括:

- 比较与排序:柱状图,条形图,矩形树图,象柱状图,南丁格尔玫瑰图,漏斗图,瀑布图,马赛克图,雷达图,词云图
- 局部与整体关系:饼图,圆环图,旭日图,矩形树图
- 分布:直方图,核密度估计图,箱线图,小提琴图,热力图,平行坐标图
- 相关性:散点图,气泡图,相关矩阵图,相关矩阵热力图
- 网络关系:网络图,弧形图,和弦图,分层边缘捆绑图,桑基图
- 位置与地理特征:地图,地球图
- 时间趋势:折线图,面积图,主题河流图,日历图,K 线图(蜡烛图)

在上一章我们系统地介绍了数据可视化的一般流程。为了更好地识别数据可视化表达的信息,我们需要再一次强调以下几个问题:

- 我们需要处理几个变量?我们要画什么样的图形?
- 图形的横纵坐标分别代表什么?(对于三维图形,三个坐标分别代表什么?)
- 样本的数据量正常吗?数据容量是否意味着什么?
- 我们是否使用了正确的颜色和透明度?
- 对于时间序列数据,我们关注的是时间趋势还是相关性?

5.1　比较与排序图像

比较与排序主要关注无序或有序的定性数据之间某个定量指标的大小关系。比较和排序可由很多种不同的图形表示,最为传统的方式是柱状图。柱状

图是从相同的基准(横坐标)出发,根据不同的数值来设计柱子的高度。例如,柱状图可以很好地反映不同产品的销售量,或者不同年龄段的平均收入情况。需要注意的是,如果类别是无序的,则最好按照柱子的高低顺序排序;如果类别是有序的,则按照其特定顺序排序。我们可以对不同的柱子填上不同的颜色表示特定的含义,也可以将柱子同时放在横轴的上下方来同时反映正负值的比较,如图 5-1 所示。

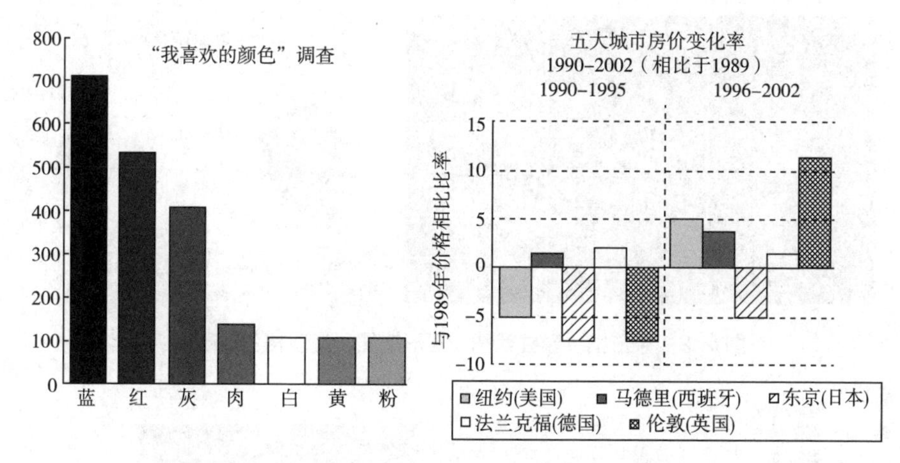

图 5-1 柱状图

柱状图可以进行简单的变化来满足不同的目的和审美要求。例如,将柱状图坐标旋转一下,便成为条形图。条形图主要使用在类别比较多的时候。将柱子变为不同大小的方块并在一起,便成了矩形状图。如果数据本身有比较具体、形象的含义和背景,可以将柱子换成其他的图形,便成了象柱状图。柱状图使用的是笛卡尔坐标系,我们可以将它变为极坐标系,这时柱状图就变为南丁格尔玫瑰图。南丁格尔玫瑰图主要可以起到扩大相似类型视觉差异的目的。各图形状如图 5-2 所示。

互联网运营有一个很重要的概念就是层级转化,每层的转化率用漏斗图来可视化,形神俱佳。如果两层之间的宽度近似,表示该层的转化率高;如果两层之间的宽度一下子减小了很多,表示转化率低。这种漏斗图其实就是简单的条形图的变型,如图 5-3 所示。

瀑布图是柱状图的一种延伸,它一般表示某个指标随时间的涨跌规律,每一个柱状也不都是从 0 开始的,而是从前一个柱状的终点位置开始,这样既反映了每一个时刻的涨跌情况,也反映了数值指标在每一个时刻的值,如图 5-4 所示。

柱状图反映的定性变量是一维的。如果我们需要展现二维的定性变量,例

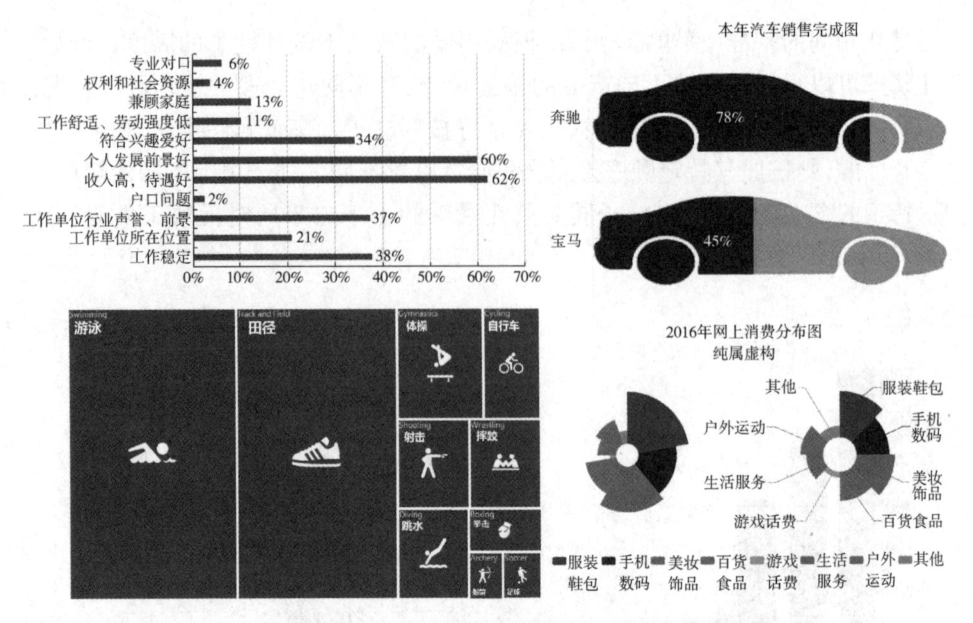

图 5-2　条形图，象柱状图，矩形树图，南丁格尔玫瑰图

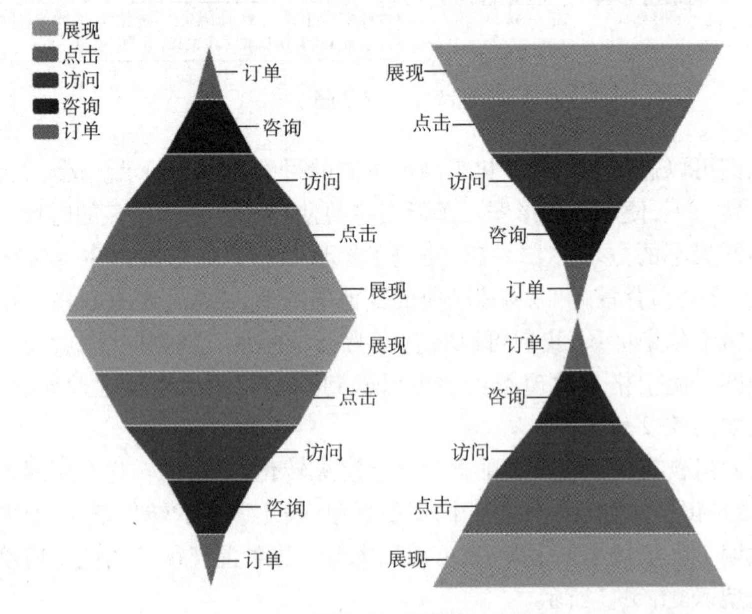

图 5-3　漏斗图

如不同切工和净度的钻石数量，我们可以使用马赛克图，如图 5-5 所示。

除了马赛克图以外，我们还可以使用并排柱状图来反映多个定性变量。并排柱状图是比较一个组中的不同元素以及比较不同组中元素的可视化方法。

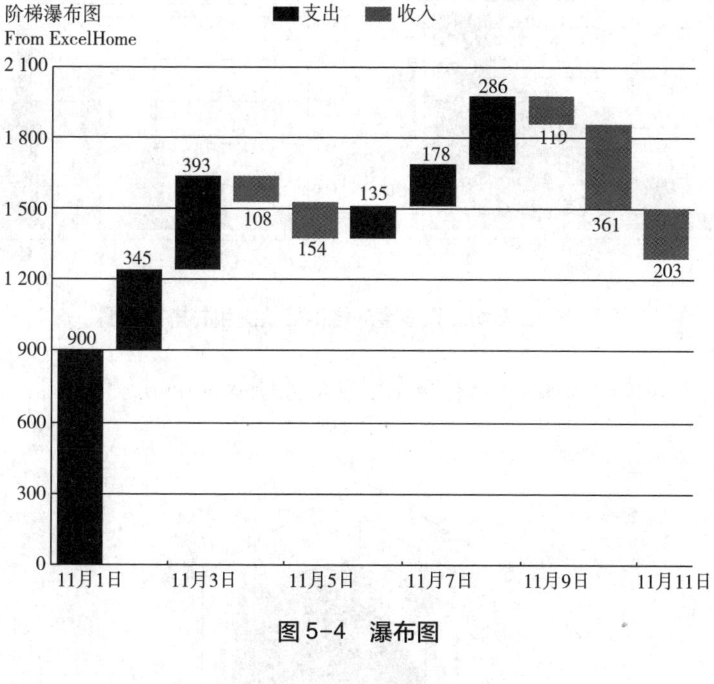

图 5-4　瀑布图

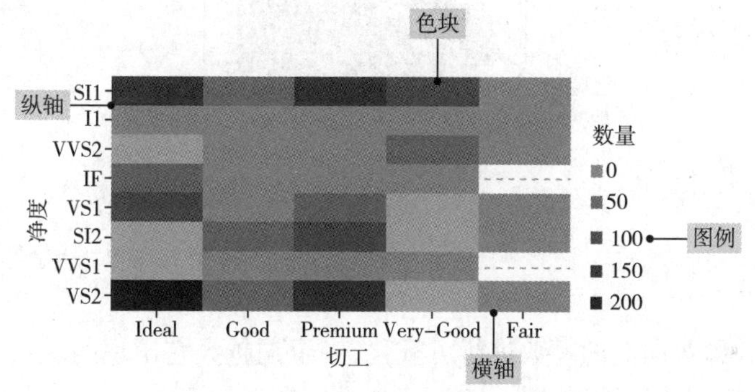

图 5-5　马赛克图

然而，分组之后，将组别作为整体进行相互比较变得困难。这就是堆栈柱状图出现的原因。堆栈柱状图可以很好地展示每个组的整体，因为组内的元素是重叠起来的。但是缺点是比较组内的部分变得不那么直观了。图 5-6 是利用堆栈柱状图和并排柱状图来描述钻石不同切工和净度的数量关系。

很多游戏中的人物能力极向对比就是以雷达图表示的。柱状图一般是一个分类型变量不同类别间的比较，雷达图可以是多个数值不在同一个标度之下；更具体地说，柱状图一般是横向比较，雷达图既可以是多个观测之间的纵向比较，也可以是一个观测在不同变量间的横向比较，如图 5-7 所示。值得一提

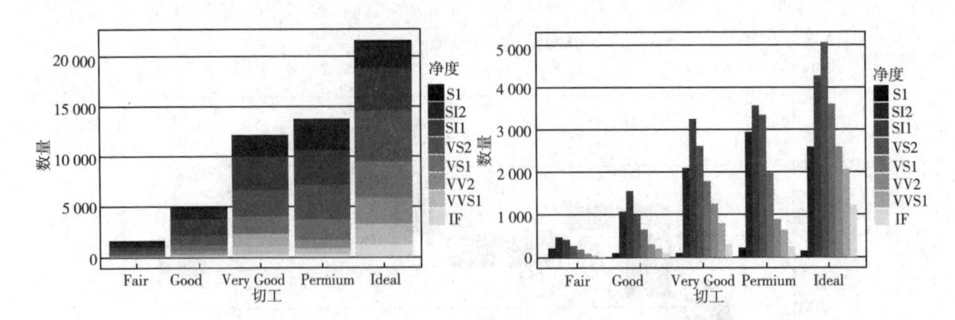

图 5-6　钻石切工和净度的堆栈柱状图和并排柱状图

的是,雷达图如果用来横向比较,需先把各个数值变量作归一化处理。

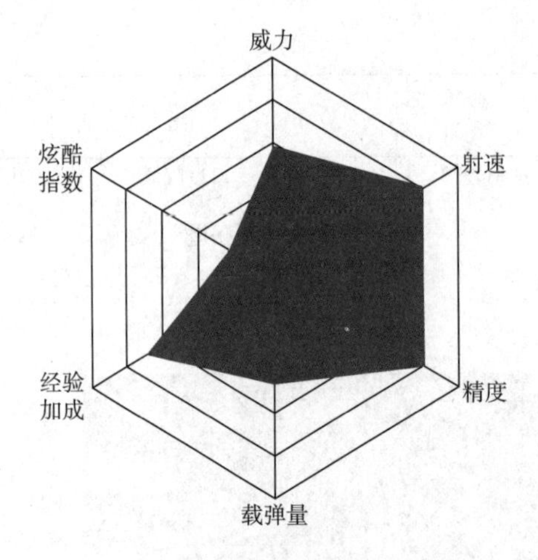

图 5-7　雷达图

词云图,即对词汇的频数进行可视化,一个词越大它出现的次数就越多,一般与文本挖掘配合使用,如图 5-8 所示。

图 5-8　词云图

5.2 局部与整体关系图像

局部与整体关系主要关注的是定性数据中的某一类与总体之间的比例关系。饼图是最常用于展示部分与整体关系的方法。在一个饼图中(如图5-9所示),每一块不同的颜色的扇形代表了一个类别,类别所占比例越高,扇形的角度越大。当然,在某些时候使用饼图是不合适的,其中一个重要的原因是当类别过多时,很难通过比较不同的类别来找到比例关系从而发现规律。所以饼图分类一般不超过9个,超过则建议用条形图展示。

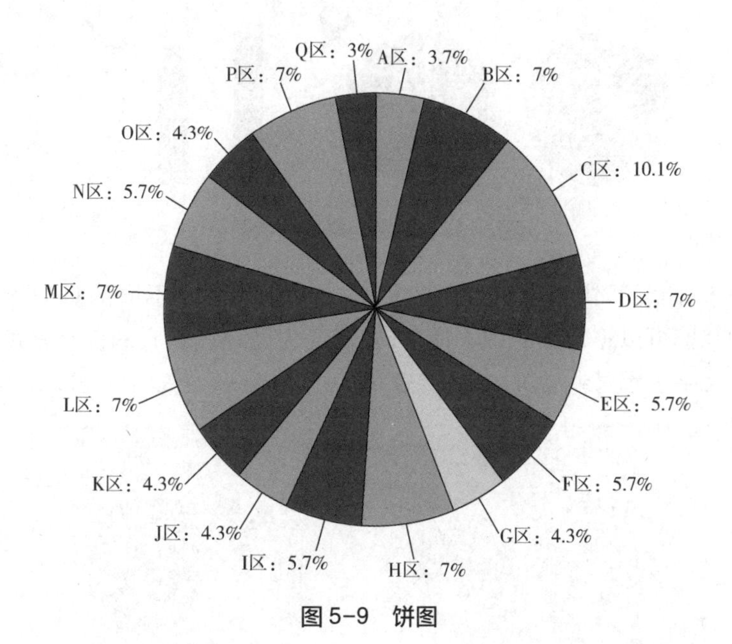

图5-9 饼图

类似于柱状图,在使用饼图时,为了美观,我们最好的做法是将份额最大的那部分放在12点方向,顺时针放置第二大份额的部分,以此类推(如图5-10所示)。当然有时候我们也不会如此严格。

如果我们对饼图中的某一类别特别感兴趣,我们可以将其从饼图中拿出以示强调。例如,我们分析比较2017年我国七大行政区域(东北、华北、华东、华南、华中、西北、西南)的GDP占比情况,如图5-11所示。

饼图主要用于展示局部与总体之间的关系,因此很难用它来比较局部之间的关系。这个时候,我们推荐使用堆栈柱状图,如图5-12所示。

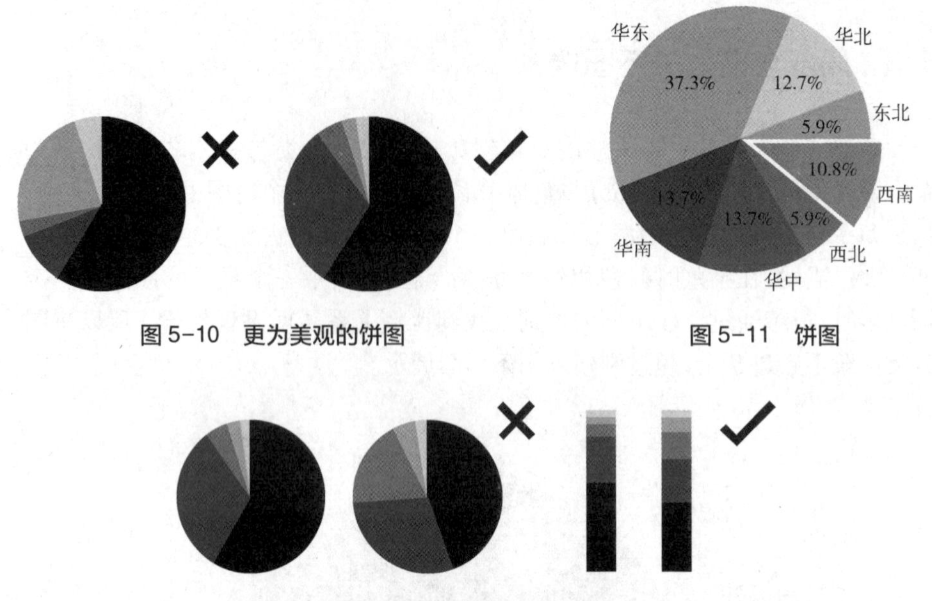

图 5-10　更为美观的饼图

图 5-11　饼图

图 5-12　饼图与堆栈柱状图

类似于柱状图，饼图也可以进行简单的变化来满足不同的目的和审美要求。例如我们可以将饼图的中心掏空，将之变为圆环图。它的优点是可以在圆环中加入文字表示某些含义，如图 5-13 所示。

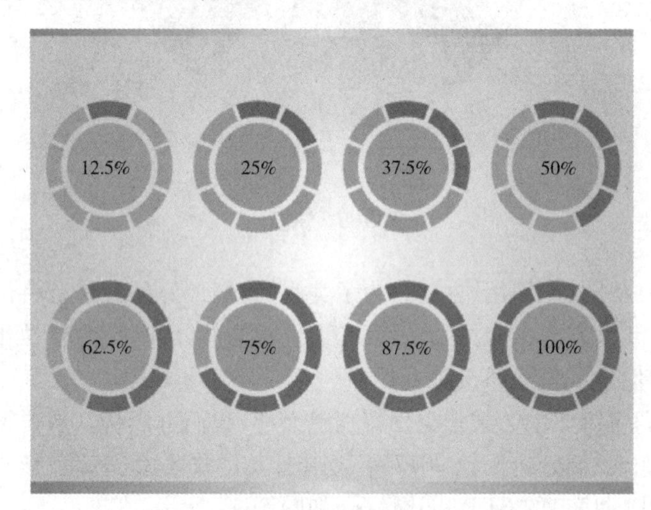

图 5-13　圆环图

当饼图中的每个类别中又细分为其他更小的类别时，我们可以使用旭日图（sunburst chart）来反映多个变量多层之间的比例关系。它从中心向外辐射，每辐射一层就细分一层，如图 5-14 所示。

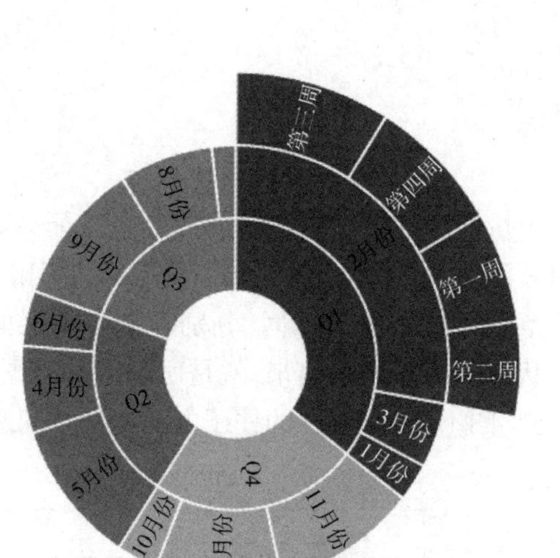

图 5-14 旭日图

除了饼图以外,还有一些常见的反映局部和整体关系的图像。比如说矩形树图。矩形树图本质就是决策树的可视化,只不过排成矩形。它也是把各个变量层层细分,这一点跟旭日图类似。当变量比较多的时候,做成交互可缩放的形式更合适。需要注意的是,这里的矩形树图与图 5-2 中的矩形树图有所不同。图 5-2 中,我们只是将不同类型进行简单排列,而图 5-15 中,矩形树图表示了分类的嵌套关系。

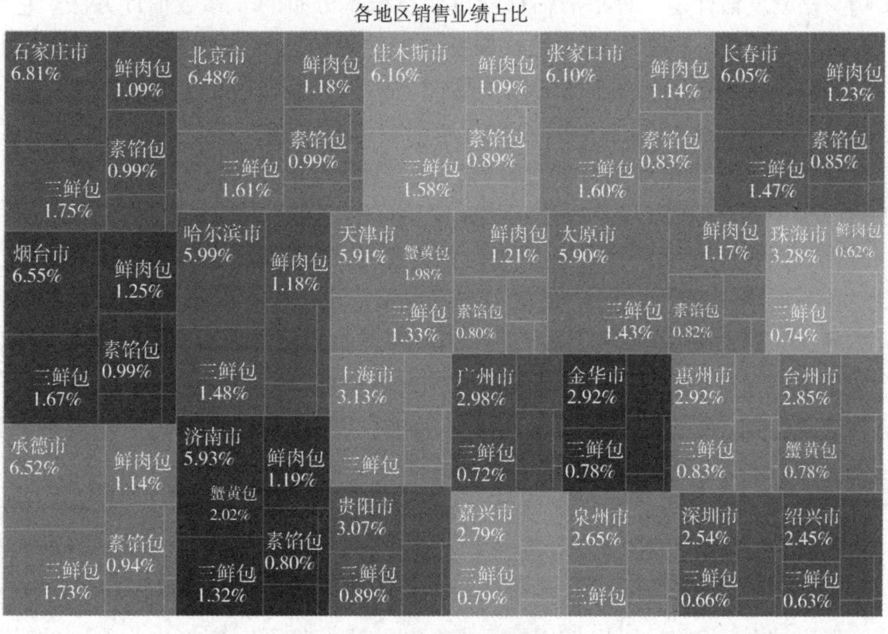

各地区销售业绩占比

图 5-15 矩形树图

5.3 分布图像

分布展示了定量数据在其取值范围内的分布特征,因此在数据分析中非常有用。如果我们关注的是单个变量的分布情况,最常用的方法是直方图。直方图将变量的取值范围分成不同的区间,分别计算各个区间样本出现的频率,将频率通过类似柱状图的形式展示出来,就是所谓的直方图,如图 5-16 所示。需要注意的是,与柱状图不同,直方图的柱子之间是没有间隔的。

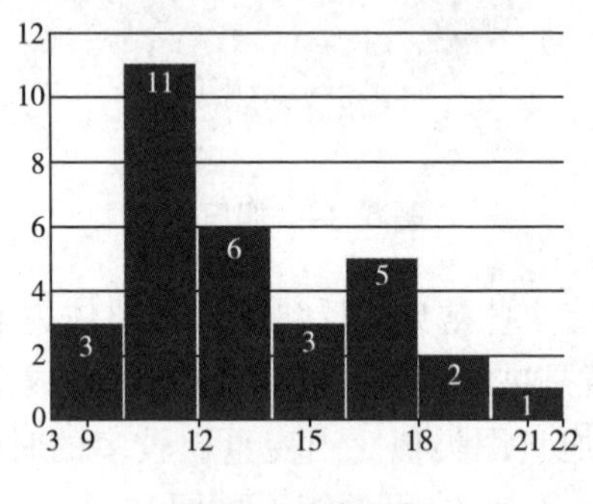

图 5-16　直方图

直方图所展示的分布是不光滑的,并且其形状受到窗宽,也就是区间宽度的影响。核密度估计是一种平滑估计随机变量概率分布的非参数估计方法。它与直方图非常类似。直方图其实是一种特殊的使用分段核函数的核密度估计图。而一般情况,当我们使用连续的核函数时,估计曲线将变得连续及光滑。核函数是一类概率密度函数用于拟合数据局部的概率分布。在这里我们仅仅讨论可视化。如果对核密度估计的理论感兴趣,可以参考其他统计书籍。在很多可视化图形中,我们喜欢将直方图和核密度估计图画在一起,如图 5-17 所示。

柱状图和核密度估计图主要展示的是单个变量分布的情况。如果我们需要对比不同类别变量的分布,例如,比较不同性别的收入分布,那么直方图就不太方便了。这时候我们可以选择使用箱线图。箱线图亦称盒须图,用来表现各个数值型变量的分布状况,每一条横线代表分位数,盒内部的横线代表中位数,点代表异常值,如图 5-18 所示。相比于直方图,箱线图被更多用来比较不同类别的分布,因此我们很少看到只包含一个箱线图的可视化图形。

箱线图是变量分布的抽象展示。如果需要对比不同类别的详细分布,我们还可以选择使用小提琴图。小提琴图本质与直方图一样,都是表示数值型变量的分布,每一个小提琴的宽度代表它在该高度处的频率范围,如图 5-19 左所示。除此之外,我们还可以使用平行坐标图。我们将不同变量作为不同的纵坐

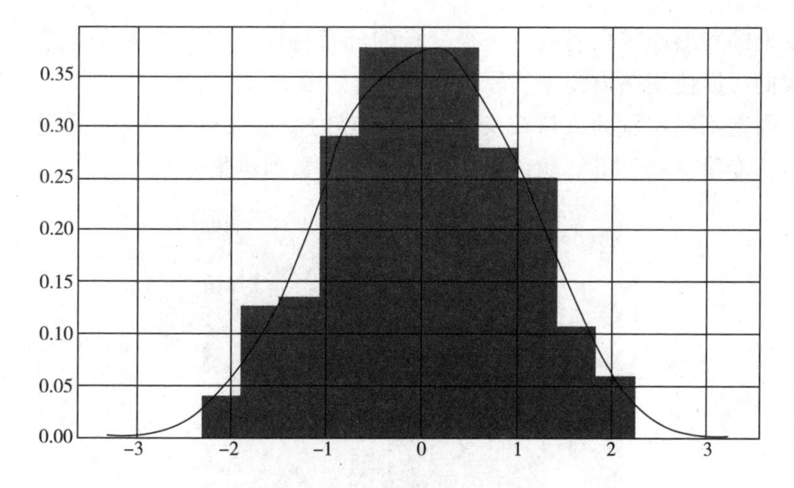

图 5-17　核密度估计图

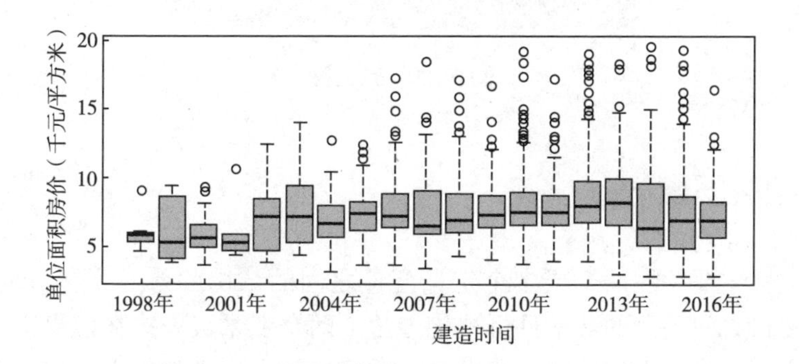

图 5-18　箱线图

标并在一起，用线连接一个样本在不同变量的取值，甚至还可以用不同颜色的线代表不同的分类。这时我们可以通过线条的稠密程度来反映不同的分布密度，如图 5-19 右所示。

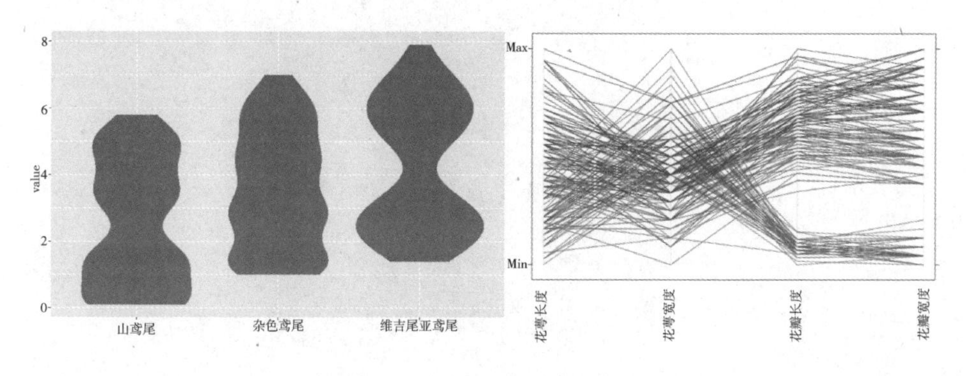

图 5-19　小提琴图和平行坐标图

以上的图形通常只能展示一维变量的分布特征。如果关注的是二维变量，那么我们可以使用热力图来展示它的密度，如图 5-20 所示。最典型的例子是展示地图上不同位置的人口或交通密度。热力图一般以颜色来映射密度或者其他数值变量，一般来说，颜色最深的地方表示数据越集中。

图 5-20　热力图

5.4　相关图像

相关性主要关注两个或多个定量变量之间的结构关系。散点图是展示两个定量变量之间关系的最常见可视化方法。两个变量被安排在横纵坐标轴上，它们的交叉点在图形中代表一个样本。数据通常由这样的一组点来表示，这些点可以描述出各式各样的相关结构。例如，这些点的某个值增加时，另一个值也相应增加，则反映出正相关，反之亦然。图 5-21 是反映成都市 2018 年 10 月

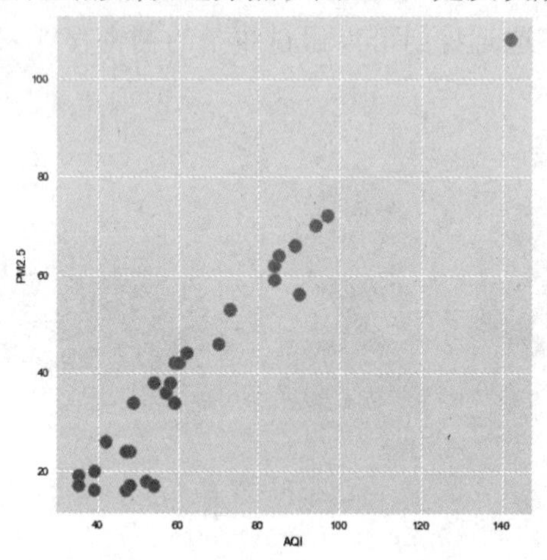

图 5-21　成都市 2018 年 10 月 AQI 与 PM2.5 散点图

的 AQI 和 PM2.5 的散点图。我们可以很容易发现它们之间的正相关关系。除此之外，在散点图中添加趋势线或者拟合曲线（直线或者曲线）可以很好地帮助我们判断相关性的结构规律。另外，散点图不只是可以用圆点表示，也可以使用不同的图样或者颜色来使数据展现更多样的信息。

气泡图是散点图的一种常见的变体，它能帮我们在散点图的基础上加入其他维度的变量来反映多个变量的相互关系。下面举例说明使用颜色（或大小）作为第三个（甚至第四个）维度的方法。

利用成都和天津两个城市在 2018 年 10 月份的空气质量数据，我们可以绘制 AQI 和 PM2.5 的散点图，在此基础上使用 PM10 的值来表示每个点（气泡）的大小。图 5-22（左）展示了 AQI、PM2.5、PM10 三者之间的关系，可以发现三者存在较强的正相关关系。在此基础上，可以进一步加入第四个变量：城市。我们使用不同颜色的气泡来表示不同城市的 AQI、PM2.5 以及 PM10 的值，如图 5-22（右）所示。

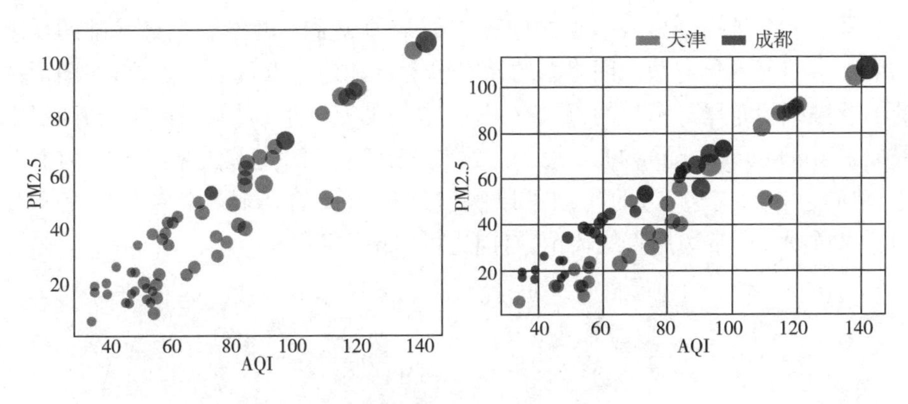

图 5-22　气泡图

我们需要注意的是，在气泡图中，是用气泡的面积而不是直径表示其大小，否则可能会误导受众，如图 5-23 所示。

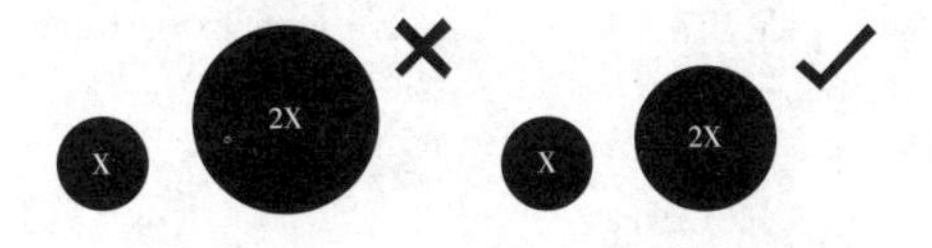

图 5-23　气泡图中的气泡大小

如果同时关注多个变量之间的两两相关程度，我们可以使用上一章提到过的相关矩阵图和相关矩阵热力图，如图 5-24 所示。

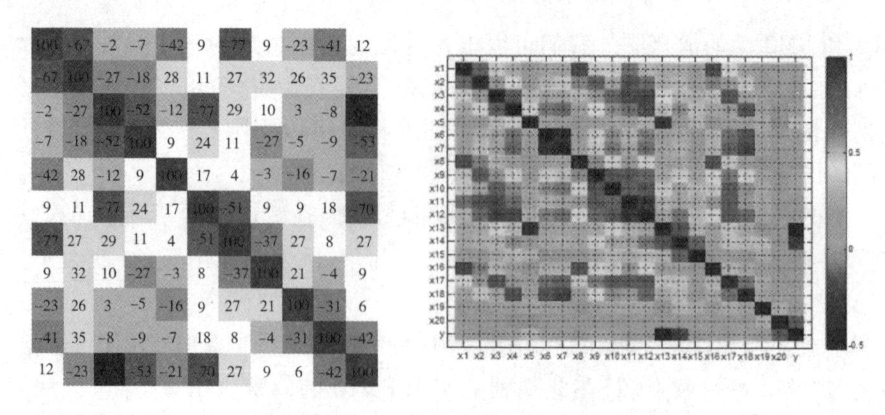

图 5-24　相关矩阵图和相关矩阵热力图

5.5　网络关系图像

网络关系是指个体或节点之间存在的某种关系。网络图是最基础的反映网络关系的可视化方法。网络图的元素包含点和边。点代表节点，点在图形中的位置被称为布局。布局的方式有很多，常见的有球形布局、圆形布局、随机布局以及 fruchterman reingold 布局等。边代表点与点的连接关系。边分为无向边、单向边和双向边，边的粗细可以映射这种关系的强弱。简单的网络图如图 5-25所示，通常边用直线表示，有向边可以使用箭头。

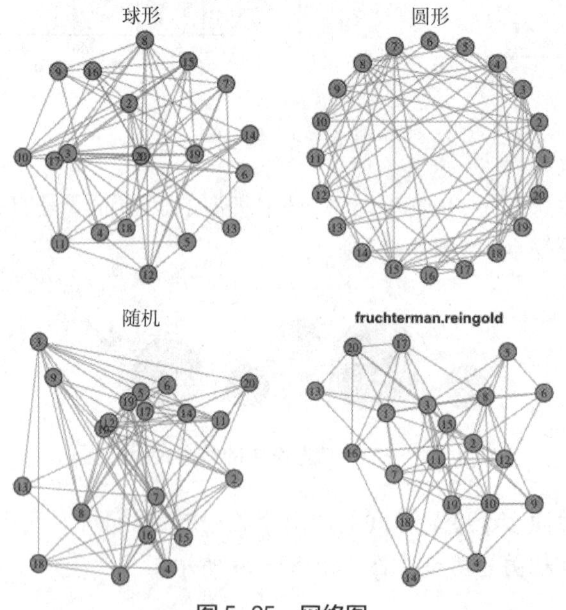

图 5-25　网络图

弧形图也是一种网络图，只不过它把所有的节点一字排开，以弧线来表示边，这样看起来艺术感更强，适合于节点较多的网络关系可视化，如图 5-26 所示。

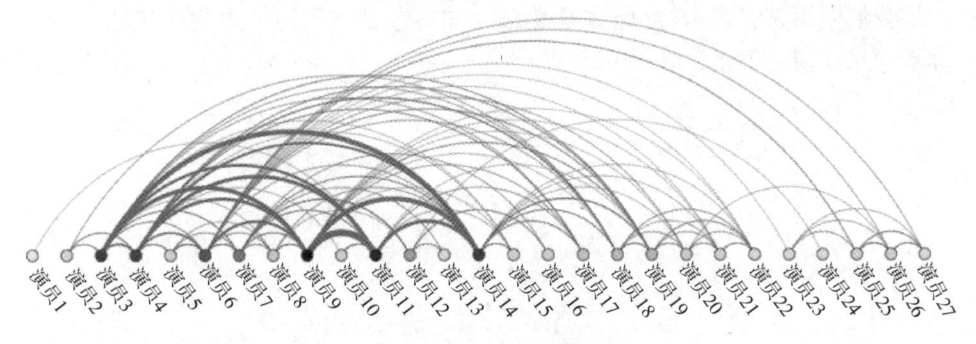

图 5-26　弧形图

和弦图一般用来表示双向的网络关系（比如 AB 两个城市相互流入流出了多少人），数据结构一般为邻接矩阵，如图 5-27 所示。其中，边的粗细代表流入流出的人口数。

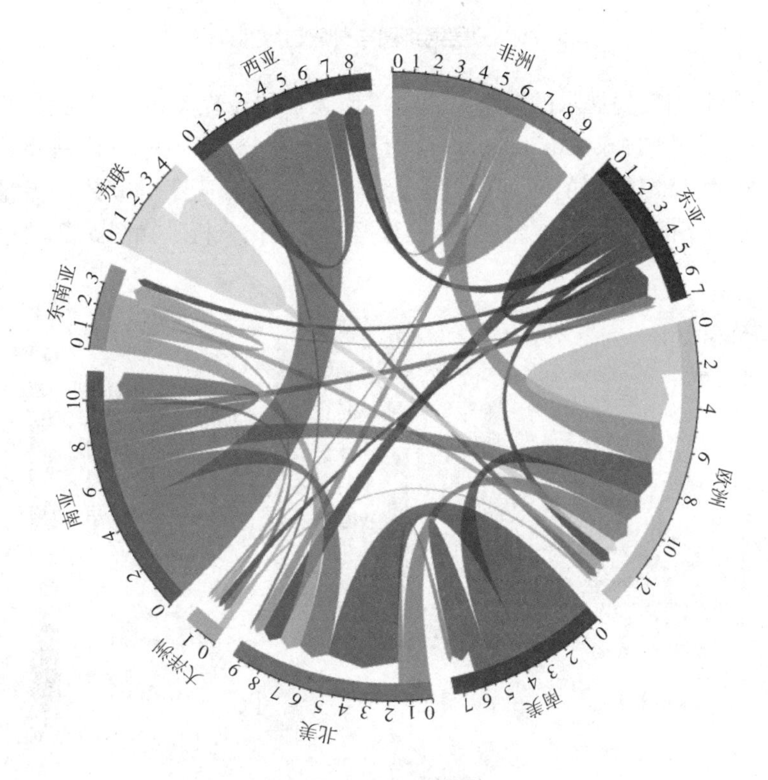

图 5-27　和弦图

如果节点之间存在某种分层关系,例如一个分公司有多个部门,每个部门有多个员工。这时我们可以使用分层边缘捆绑图来表示节点之间的网络关系。如果我们使用直线表示边,那么看起来会非常杂乱。我们把边扭曲成曲线,这样看起来就清楚很多,如图 5-28 所示。

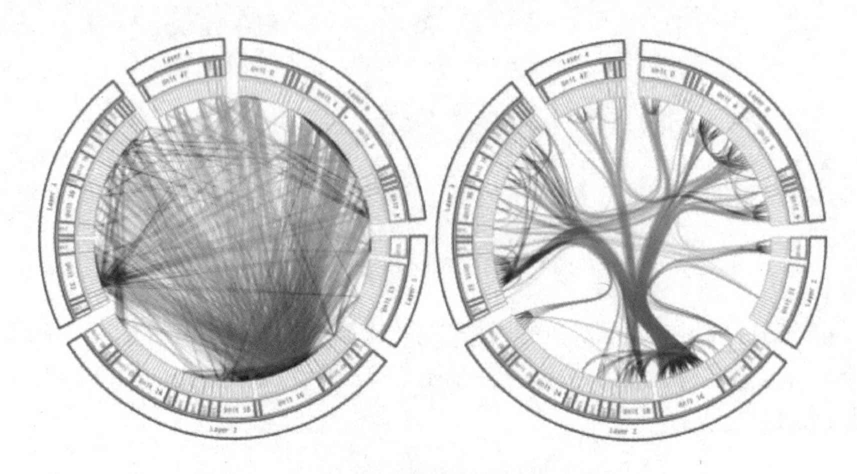

图 5-28　分层网络图与分层边缘捆绑图

有时候我们需要展示的网络关系是单向无环的流程关系,这时我们常常使用桑基图。桑基图(Sankey diagram),即桑基能量分流图,也叫桑基能量平衡图。它是一种特定类型的流程图,图中延伸的分支的宽度对应数据流量的大小,通常应用于能源、材料成分、金融等数据的可视化分析。如图 5-29 所示。

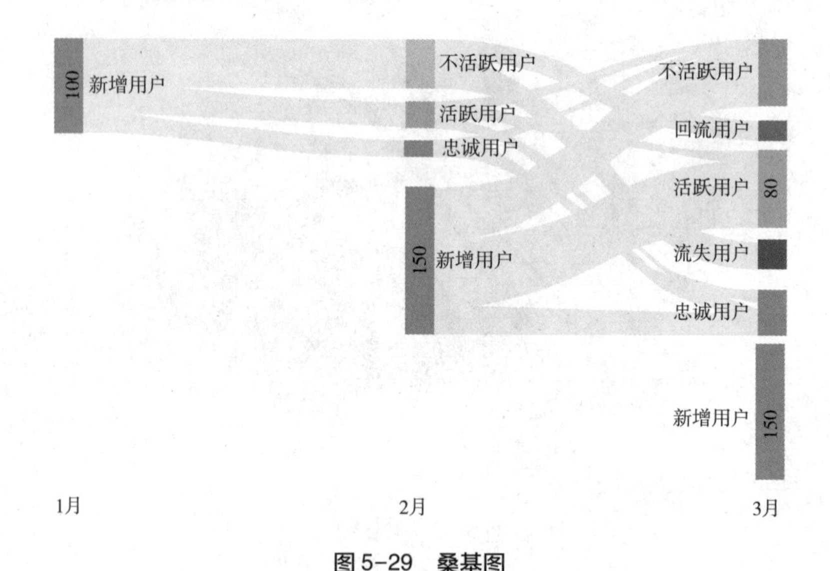

图 5-29　桑基图

5.6 位置与地理特征图像

位置与地理特征主要反映数据在二维或三维坐标空间中的位置关系。地图是展示位置与地理特征的最好方式。但是我们一般不会单一地展示某个地图,而是以地图为基础,展示与地理位置相关的信息。例如,我们可以对地图中不同的区域着色来反映不同的数量关系,例如不同地区的人口或温度等,如图 5-30 左图所示。更进一步的,我们可以将地图与其他的可视化图形相结合。例如在地图不同位置使用柱状图来反映不同的信息,如图 5-30 右图所示。

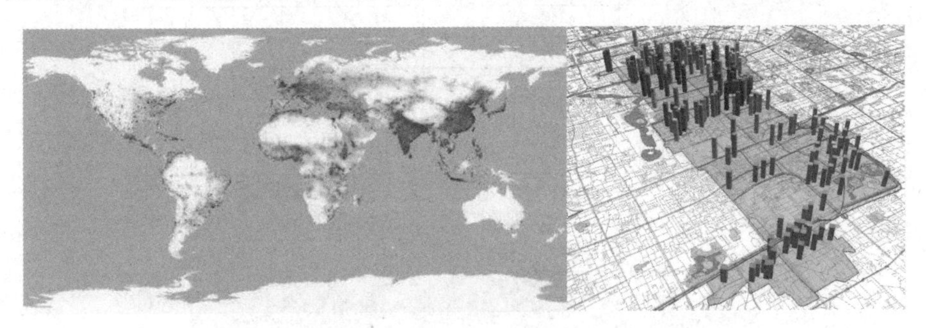

图 5-30 地图

如果需要对全球范围进行可视化,我们可以用地球图来替代传统的二维地图。由于地球图是三维的,如图 5-31 所示,因此在地球图上进行数据可视化展示通常需要互动。

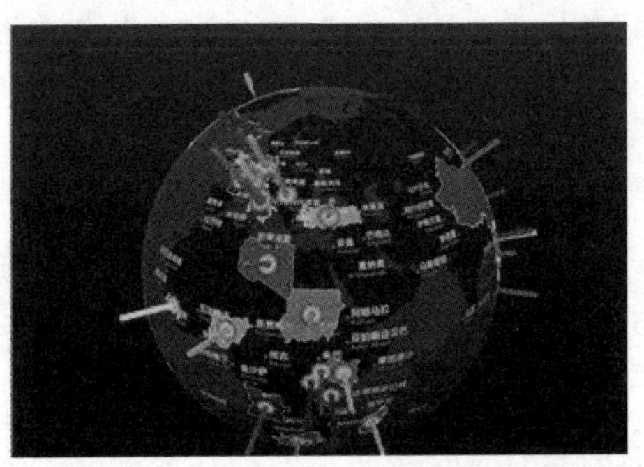

图 5-31 地球图

5.7 时间趋势图像

时间趋势主要关注定量数据随时间变化的规律。展示时间趋势是数据分析最常见的可视化方法之一。展示时间趋势最常用的可视化图形是折线图。折线图一般将时间作为横轴，某个特征作为纵轴，我们把数据点连在一起就形成了折线图。当散点越多，折线就越平滑地趋近于曲线，就能更加贴切地反映连续型变量随时间变化的规律。把折线图进一步往坐标轴投影就成了面积图，本质其实跟折线图没区别，只是看起来更加饱满一点。如图 5-32 所示。

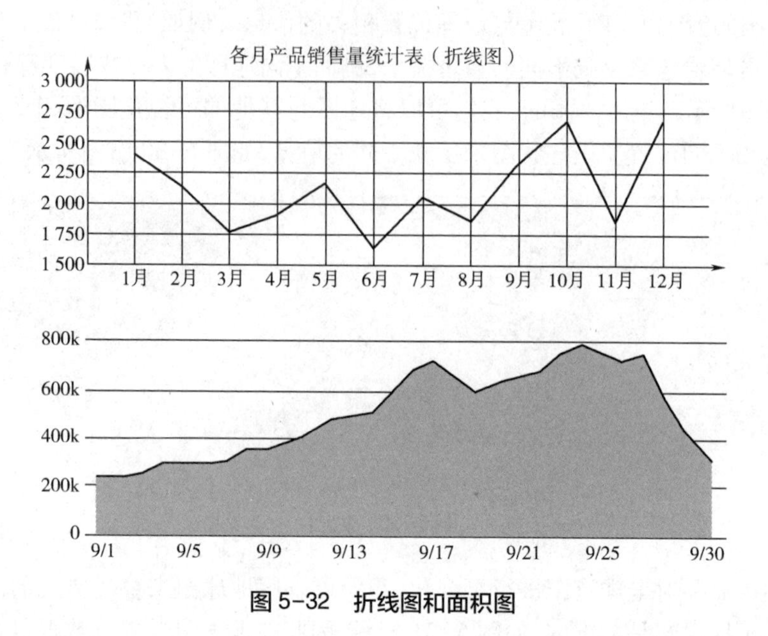

图 5-32　折线图和面积图

我们常常会在同一个图中绘制多个折线图进行比较。但需要注意的是，最好使用不同颜色的实线表示不同的折线，而尽量避免使用虚线。因为虚线容易转移视觉的主意力，对可视化效果产生影响。如图 5-33 所示。

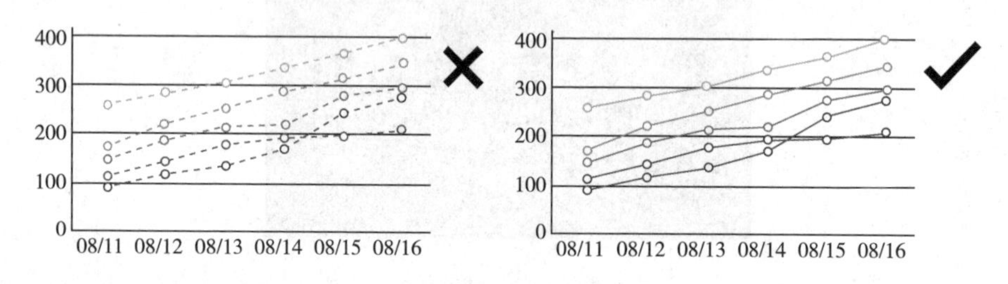

图 5-33　虚线与实线的折线图

如果多个类别的定量关系可以累积，而我们比较关心某个类别占总体的比例，这时候折线图就不合适了。例如，我们关心不同产品的销量占总销量的比例随时间变化的趋势。这时候我们推荐使用主题河流图，如图 5-34 所示。主题河流图把多个类别随时间的变化数据堆叠起来，表示随时间变化的趋势。每个类别的数据用支流的宽度表示，这时候我们就可以很清楚地把握局部占总体的比例随时间变化的规律了。

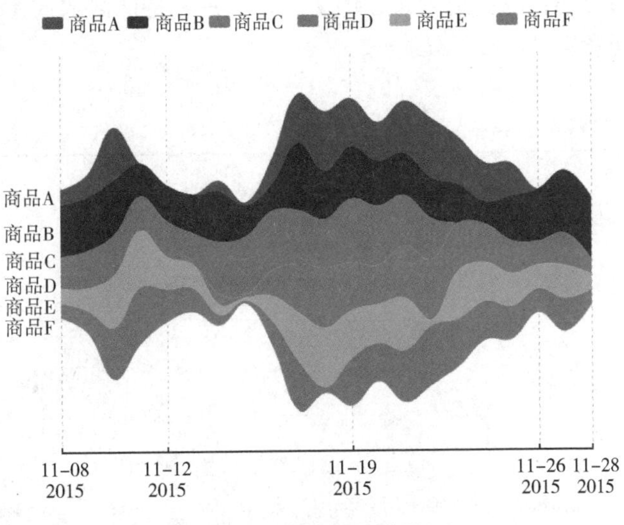

图 5-34　主题河流图

日历图也是一种常见的反映时间趋势的可视化方法。它将不同时间的定量值用颜色标记在日历上，这样我们很容易找到某些与日历有关系的定量规律，如图 5-35 所示。例如，周末的销量可能显著高于平日的销量。

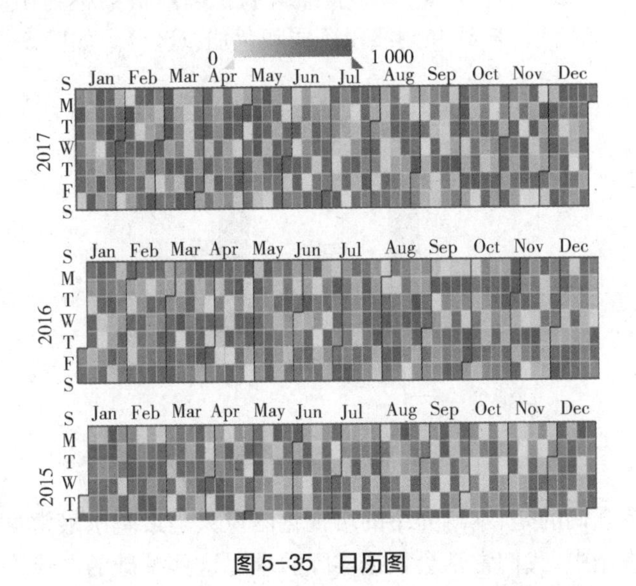

图 5-35　日历图

在金融市场上，人们经常使用一种可视化图形来反映股票或其他投资产品的价格走势，这就是K线图，也称为蜡烛图。K线图，如图5-36所示，也称为阴阳线图表。通过K线图，我们能够把每日或某一周期的市况表现完全记录下来，股价经过一段时间的盘档后，在图上即形成一种特殊区域或形态，不同的形态显示出不同意义。

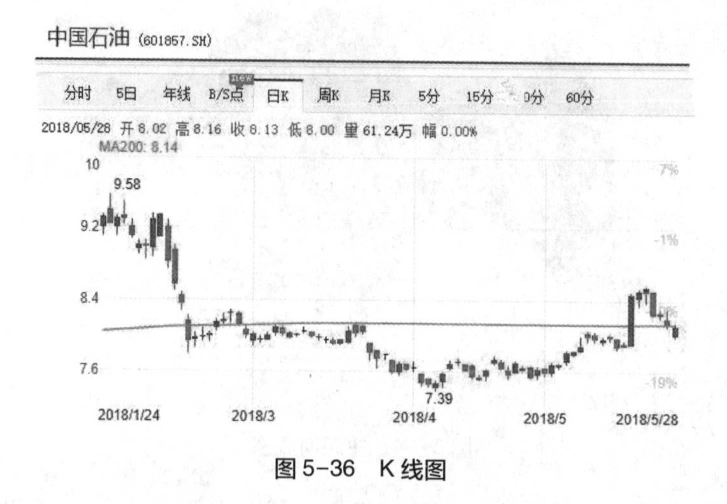

图5-36　K线图

在K线图中，统计周期内开盘价与收盘价之间的价差用柱体表示，称为实体。期间价格波动若突破实体区间，最大突破价差用竖线表示。向上突破的称为上影线，向下突破的称为下影线。收盘价高于开盘价的称为阳线，收盘价低于开盘价的称为阴线。阳线和阴线以不同颜色加以区分。如图5-37所示。

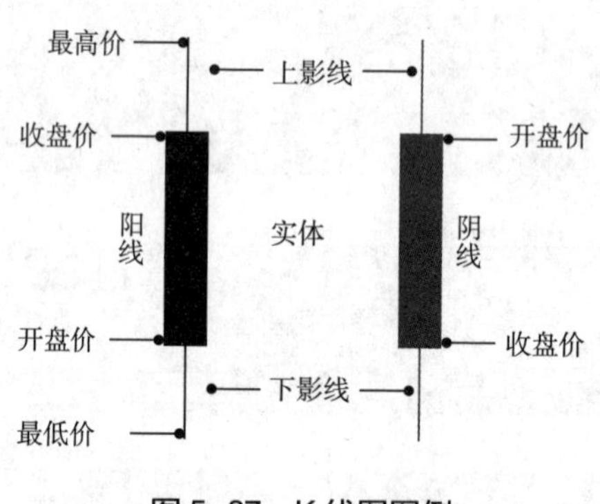

图5-37　K线图图例

这里需要强调的是，本章介绍的可视化图像只是最基础最常见的可视化图像。在现实应用中，我们常常会根据实际需求对这些基础的图像进行变化和复合，例如在图像中使用文字或辅助线强调某些信息，或将几种不同的图像合并呈现。因此,对图像添加必要的图例和解释是非常重要的。有时候,为了美观,我们也会对图形进行一些设计优化,例如将柱状图或饼图设计为三维图形等。这样的优化是无可厚非的。但需要注意的是,人的视觉对图像信息的采集是有限的,对图像进行过度的装饰可能会转移受众的注意力,对传递数据信息来说,反而事与愿违。除此之外,怎样使用这些图像来讲好数据分析的故事将是数据可视化的最终目的。我们将在下一章介绍如何利用数据可视化讲好数据的故事。

6 使用数据可视化讲述故事

数据可视化通常可以帮助我们揭示数据背后的故事,有时候所揭示的故事并非显而易见。就在近些年,学者们越来越多地将可视化整合到他们的叙事中,这样可以更好地帮助我们理解他们的故事。在业界,要想紧扣数据和故事之间的关联,并利用它们既感性又理性地吸引受众从而改变他们的观念往往是非常困难的。就像 Rudyard Kipling 说过的:“如果历史以故事的形式讲述,那么它将永远不会被遗忘”。类似的思想也适用于数据。因此,我们应该明白,如果数据能被更好地展示,那它便能被更好地理解和接受。

现在进行数据可视化的成本很低,不管是 Word 还是 Excel,甚至 PowerPoint 都可以直接把一个表格数据转成我们想要的图像:饼图、折线图、条形图、面积图,甚至更为炫酷的 3D 图,等等。我们在进行数据可视化时常常会以自我为中心,选择自己喜欢和熟悉的方式。但数据可视化的成功并不始于数据可视化,而是在着手数据可视化之前,应花更多时间和精力来好好理解这些数据“讲给谁”,“讲什么”以及“如何讲”。

首先我们需要搞清楚谁是你的受众。一次性尝试与太多需求不同的人沟通,远没有与明确细分好的一部分受众沟通的效率高。你对受众了解得越多,就越能准确理解如何与之产生共鸣,如何在沟通中满足双方的需求。最为引人入胜地讲述故事能通过了解受众来抓住重点。我们可以给小孩和成人讲述同一个故事,但是方式却是截然不同的。例如,对于一个行政人员,统计数字可能是关键;而对于商业智能管理者,方法和技术可能才是重点。

其次,我们讲的这个故事到底要受众听懂什么? 对于这点,作为讲故事的人一定要心中有数,我们自己才是解读数据并帮助人们理解和做出反应的人。否则面对一堆花里胡哨的图表以及听过一页页干巴巴的照本宣科之后,受众们可能根本没有理解我们的意图和看明白数据的意义。

只有在明确了受众是谁以及希望他们了解什么之后,我们才能做出决定:究竟用什么样的数据展示方式来表达我们的观点。

利用数据可视化讲述故事的方法主要分为主动式叙事和互动式叙事两种。对于主动式叙事,数据、可视化图像以及故事主要由作者来选择并讲述给大众读者。而互动式叙事，则是提供工具和方法给读者，让他们自主展示数据，这让读者有更多的自由度来选择、分析和理解数据背后的故事。但有时候，对于互动式叙事，我们也需要利用互动图像来讲述自己的故事，而不是让受众自我发挥。

6.1 主动式叙事

对于主动式叙事，掌控权完全在我们自己手中。由于缺乏互动的机会，我们更需要在讲故事之前做好充分的准备。

首先，我们需要确保了解我们的数据，这是讲好故事至关重要的第一步。我们需要了解的包括：为什么要收集这些数据？这些数据有什么样的价值？讲故事的受众是谁？如何能让数据的作用最大化？只有深入理解这些问题，才能为创造出既有意义又人性化的数据可视化打下重要的基础。

其次，我们需要明确想讲的故事。好的数据可视化不仅仅是一张美丽的图片，它还能讲述一个任何人都能明白的故事。因此，至关重要的是，我们首先需要明确想讲的故事，然后将数据作为一种润色故事的方式。

其三，我们需要确保使用数据可视化是用于引导而非支配受众。受众在理解与学习并形成自我体验的过程中，数据应该扮演着幕后潜移默化的角色。值得探索的是，如何在数据可视化中融入自己的见解，使受众灵活地解读数据，对受众来说极具意义。毕竟，愉悦的体验才能使受众记住并相信故事。

在讲述故事时，我们需要把握两个原则：简单，准确。首先，利用数据可视化讲故事是用来传递我们的观点，而非让受众接收不需要的过载信息。作为故事讲述者，我们的角色就是专注简单，将复杂或者零散的数据信息变得切实可行、易于理解、极具意义和人性化。其次，利用数据传达观点的根本目的是希望让我们所传递的故事是真实有依据的。因此，对数据可视化的解读必须准确无误。牵强地利用数据表达它原本不能支撑的观点往往会适得其反。接下来我们就来分享一些精彩的数据可视化叙事的例子。

第一个例子：美国同性婚姻合法化

同性婚姻一直是美国热议的话题之一。1924 年 12 月 10 日，德国移民 Henry Gerber 在芝加哥成立了美国第一个公认的同性恋权益组织。伊利诺伊州特许发行了美国第一本同性恋出版物——《友谊和自由》。在此后的 90 年，同性婚姻一直徘徊在非法与合法的边缘。2000 年 7 月 1 日，佛蒙特州成为同性恋伴侣民事结合合法化的第一个州。2015 年 6 月 26 日，美国的最高法院裁定同性婚姻在全美合法，同性恋合法化在美国终于尘埃落定。同年，《纽约时报》在报道中展示了美国同性婚姻立法的变化情况。从图 6-1 中我们可以清楚地看到,1992—2015 年不同州对于同性婚姻的法律态度,展示了同性婚姻合法化的发展历程①。

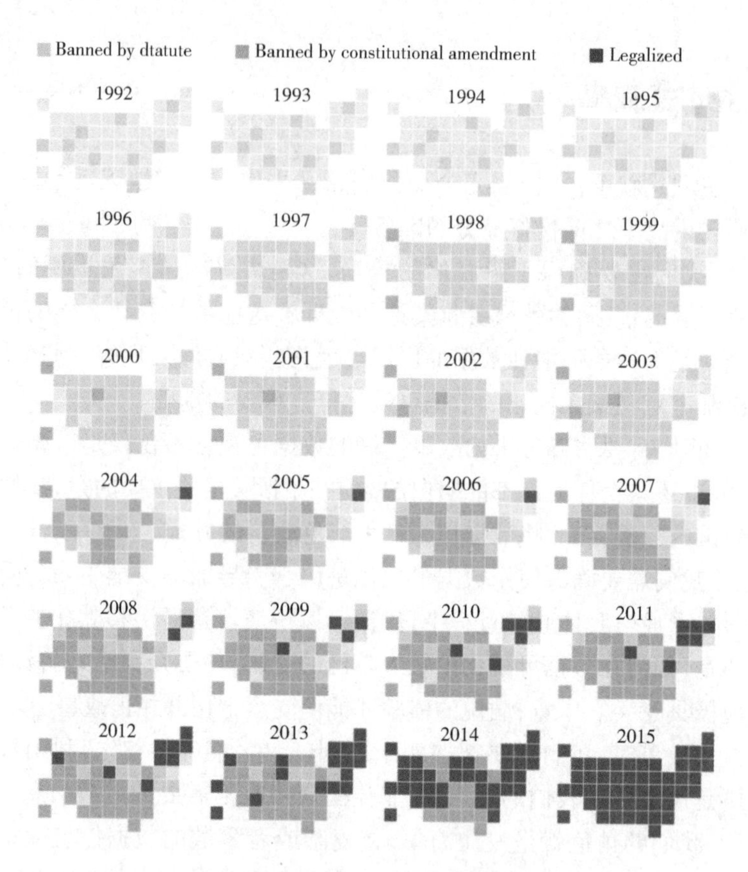

图 6-1 美国同性恋合法化示意图

第二个例子: 在叙利亚,谁和谁在战斗?

自 2011 年 3 月叙利亚危机爆发后,在某些大国的干预下,叙利亚局势从示威游行到武装冲突,从“叙利亚自由军”出现到“伊斯兰国”异军突起,最终形成叙政府军、反对派武装、极端组织武装等多方混战、抢占山头的局面。

如图 6-2 所示,这是截至 2018 年 3 月 22 日的叙利亚内战形势图。图中右下色块的说明文字,自上而下分别为:俄罗斯-伊朗-阿萨德政权控制区、黎巴嫩真主党控制区、反对派/基地组织侵入区、“伊斯兰国”控制区、叙利亚库尔德人

① 报道原文见 http://www.nytimes.com/interactive/2015/03/04/us/gay - marriage - state - by - state.html.

控制区、土耳其/反对派控制区。该图未描述基地组织对叙利亚西部的控制。

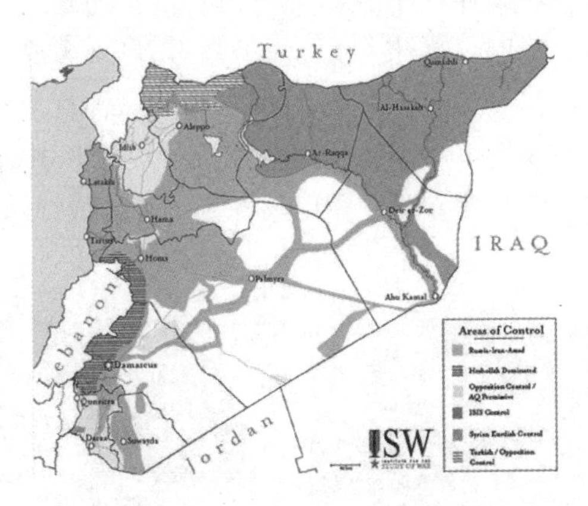

图 6-2　叙利亚内战形势图

许多不同的组织之间的关系可能令人很难理解，尤其是当有 11 个这样的组织在叙利亚内战中同时存在的时候。这些组织之间有的结盟，有的敌对，这让人难以理清头绪。但是，Slate 网站通过表格的形式和熟悉的视觉表达，将这些数据以一种简单的、易于理解的形式进行简化。图 6-3 中不同的表情表示了各个组织之间的关系，清楚地反映了叙利亚内战中各个不同组织和派别的立场。借助这样的图表，受众对于这场战争中的各方能有更直观的认识和理解。

CONFUSED ABOUT SYRIA? A GUIDE TO THE WAR'S FRIENDS, ENEMIES, AND FRENEMIES.　Slate

	Syrian Government	Syrian Rebels	ISIS	Jabhat al-Nusra	Kurds	U.S. and Allies	Iraq	Iran and Hezbollah	Russia	Saudi Arabia, Gulf States	Turkey
Syrian Government					?						
Syrian Rebels				?	?						
ISIS											
Jabhat al-Nusra		?								?	?
Kurds	?	?								?	
U.S. and Allies								?	?		
Iraq										?	?
Iran and Hezbollah						?					?
Russia						?					
Saudi Arabia, Gulf States				?	?		?				
Turkey				?			?	?			

图 6-3　叙利亚内战中各个不同组织和派别的立场

第三个例子：2016 年温布尔登网球锦标赛的赢家和输家

一项体育赛事的结果往往不只是谁得冠军这么简单。尤其是像温布尔登网球公开赛这样的大型网球赛事，参与选手众多，场次复杂。我们很难对于赛事的各场比赛结果一目了然。2016 年温布尔登网球锦标赛组织方利用图 6-4 即时地展现了赛事各场竞争对手以及比赛结果。从图形中，我们可以很容易看到种子选手与非种子选手的参赛进程以及各场比赛的最终结果。[①]

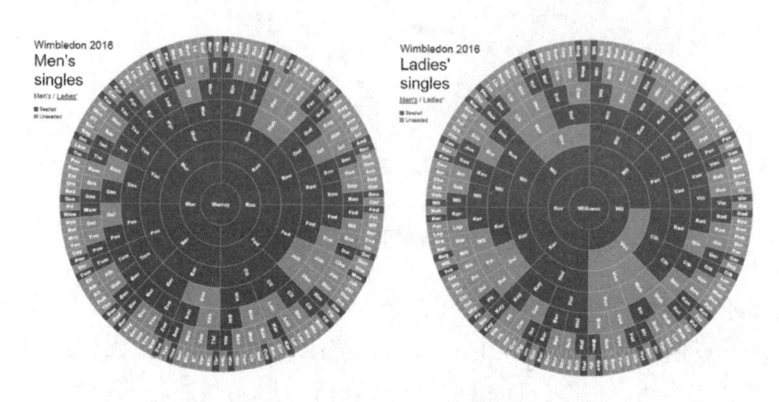

图 6-4　2016 年温布尔登网球锦标赛示意图

第四个例子：今年发生了哪些新闻？

在自媒体高度发达的今天，新闻的产生以及传播不再依赖于传统的媒体。每年，有数以亿计的自媒体新闻在网络中传播。那么，一年中有哪些新闻是人们最为关注的呢？Echelon Insights 将 2014 年 Twitter 上的 1.84 亿条推文进行了可视化，如图 6-5 所示。从中我们可以很容易看出一年中有哪些新闻是我们关注的焦点。

6.2　互动式叙事

相较于主动式叙事手段，互动式叙事方式更加灵活和简洁。受众可自由决定如何看待数据，作者仅仅提供相应的工具和手段，或引导受众使用互动式工具。因此，互动式叙事通常具有极强的交互性。

最为典型的互动并利用数据分析叙事的例子是 Gapminder World（http://gapminder.org/world），其界面如图 6-6 所示。它囊括了包括经济、环境、健康、科技等在内的超过 600 个指标的相应数据，提供交互可视化工具来帮助受众更好地了解这个世界，并发现这些数据背后的结构、趋势和相关性。它由著名的

① 具体可参见：http://charts.animateddata.co.uk/wimbledon/2016/matchtree/mens/.

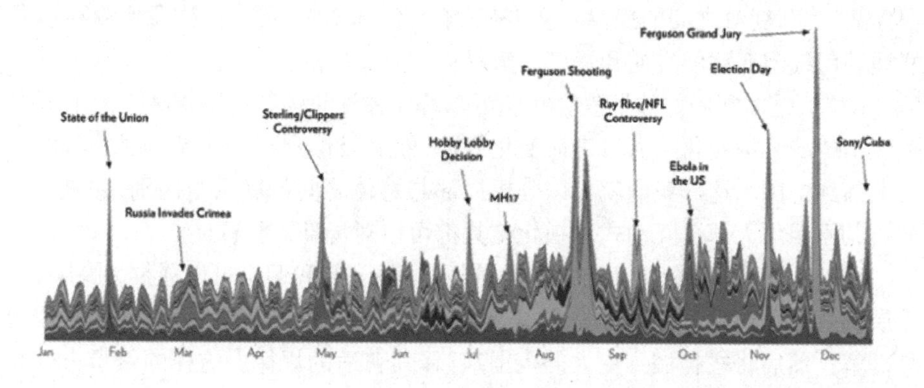

图 6-5 2014 年 Twitter 上的推文可视化

瑞典统计学家 Hans Rosling 创立并使用 Trendalyzer 软件进行实现。2007 年 3 月，它被谷歌收购。

图 6-6 Gapminder World 界面截图

Gapminder 使用的信息可视化工具是一个交互式的气泡图，默认包含五个维度：X 轴、Y 轴、气泡大小、颜色和时间（年）。这些维度的含义可由读者自行设定。然而，即使使用这样的可视化工具来创造一个故事，仍然不是一件容易的事。

那么，我们如何使用这种互动式工具来讲述故事呢？下面为大家总结一些常用的思路。

(1)抓住时间变化趋势。很多互动可视化工具都会展现数据随时间变化的规律,这往往是受众非常关注的。Gapminder 的时间轴以动态的形式展现。点击播放按钮,变量之间的规律将从 1800 年变化到 2018 年。这样我们就可以很好地利用气泡变动的方向和速度来解释很有意义的规律。

(2)从整体到局部的聚焦。我们可以首先关注整体数据的规律,例如,我们关注全球的经济变化与人口寿命变化规律;然后具体到某个区域,比如亚洲;最后聚焦到中国。这样我们就可以分析局部与总体之间的联系与区别,并进一步分析其原因。大部分互动式可视化工具都可以对局部进行标注。

(3)由点到面的分析。与上述的分析方式不同,我们也可以逆推,由小视角扩展到大视角。我们可以首先拿一个大家熟悉的国家入手分析,这让受众更容易理解。然后将之扩展到更大的范围,解释其普适的规律。这样的叙事方式也是一种常用的思路。

(4)突出对比。突出对比是一种利用极端的例子来解释差异性的方式。例如,我们可以单独拿出如中国这样的人口大国和如斐济这样的人口小国来进行对比。这样极端的差异性往往能让受众一目了然。

(5)探究交叉点。当我们分析两种不同类别的规律时,交叉点往往是非常重要的位置,值得我们深入分析。交叉点代表两个类别的值达到一致的点,往往交叉点前后两个类别之间的关系会发生变化。例如,中国在 2010 年 GDP 超过日本成为世界第二大经济体,因此 2010 年便是中国与日本经济增长的交叉点,值得我们关注。

(6)描绘出异常值。异常值对于数据可视化展示非常重要。异常值指与主体结构完全不同的样本。我们可以将它单独找出并分析其原因。例如与大部分国家预期寿命随时间稳步上升不同,卢旺达在 20 世纪 90 年代出现预期寿命大幅下降的情况。通过分析,我们发现这与卢旺达 1994 年种族大屠杀有很大关系。

(7)剖析原因。大部分情况下,数据可视化仅仅能反映出数据之间的相关性和结构性,但无法解释因果关系。因此,在叙事过程中,剖析现象背后的原因是我们的核心工作之一。透过现象看本质,这是我们讲述可视化故事的灵魂所在。

现在有很多 JavaScript 框架可以生成交互式可视化,最为流行的是 D3. js。当然,也有一些使用 Python 来生成交互式可视化的方法。其中一种方法是在 JSON 格式下生成数据,D3. js 可以使用它作图。另外一个选择是使用 Plotly(http://www. plot. ly)。我们将在下一章介绍一些 Plotly 的细节。

下面,我们再向大家推荐一些炫酷的交互式可视化网站[①]。

(1)The Lasting Mark of Miles Davi:根据维基百科里提到“黑暗王子”迈尔斯·戴维斯的页面次数统计展示这个音乐家留给后人关于音乐方面的遗产,如图 6-7 所示。滚动右边的文字,左边固定的数据图也会根据内容随之变化颜色显示。[②]

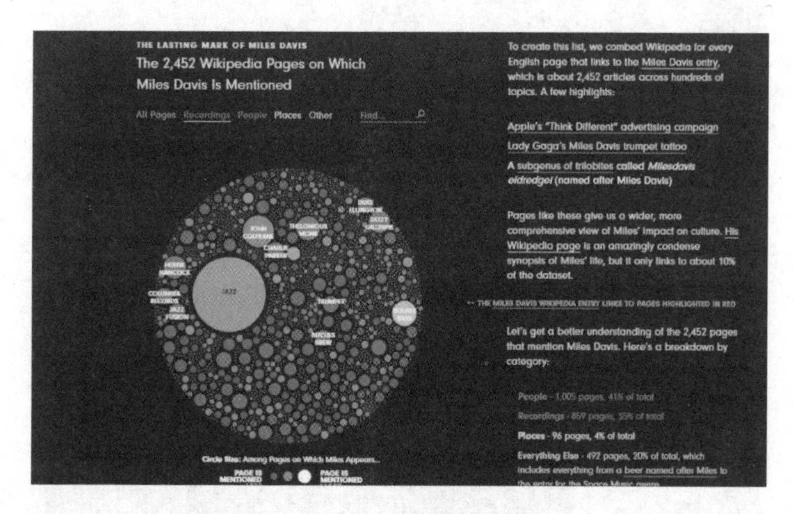

图 6-7　迈尔斯·戴维斯信息图

(2)网络的演变:很棒的网络技术演变的可视化图表,用了很多交互的形式展示主流浏览器的演变技术发展;不同颜色的线条代表着不同的技术,不同的时间线段代表着不同浏览器的诞生、迭代、消亡,如图 6-8 所示。[③]

(3)Histography:是一个互动的时间表,绘制了从大爆炸到 2015 年的历史事件,数据收集来源是维基百科和网站本身的更新记录。每个点代表一个事件,也可以选择看特定的时间或者特定的事件,如图 6-9 所示。[④]

(4)Larmkarte Berlin:基于柏林白天和夜晚噪音分贝的数据统计,视觉上根据颜色的冷暖阶梯表示分贝数的高低变化,值得称赞的是当放大时能看到地图效果上的细节处理。光标悬停在想要看到的地方,会出现关于此处早晚的具体分贝数以及造成噪音的主要交通工具,如图 6-10 所示[⑤]。

---

① 来源于:https://www.freebuf.com/company-information/141409.html

② 原网址:http://polygraph.cool/miles/

③ 原网址:http://www.evolutionoftheweb.com/?hl=zh-cn

④ 原网址:http://histography.io/

⑤ 原网站:http://interaktiv.morgenpost.de/laermkarte-berlin/

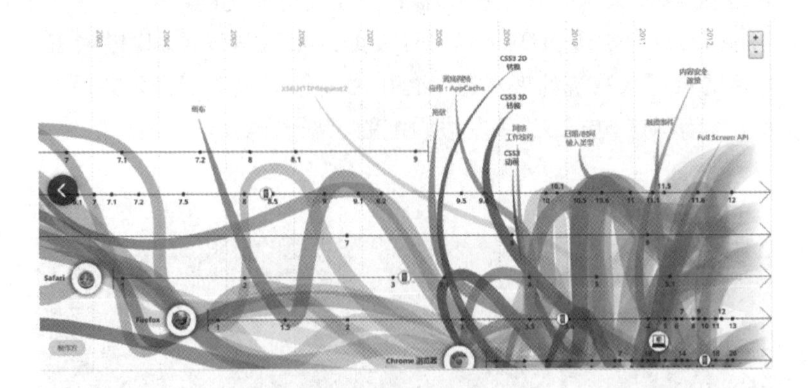

图 6-8　网络技术演变图

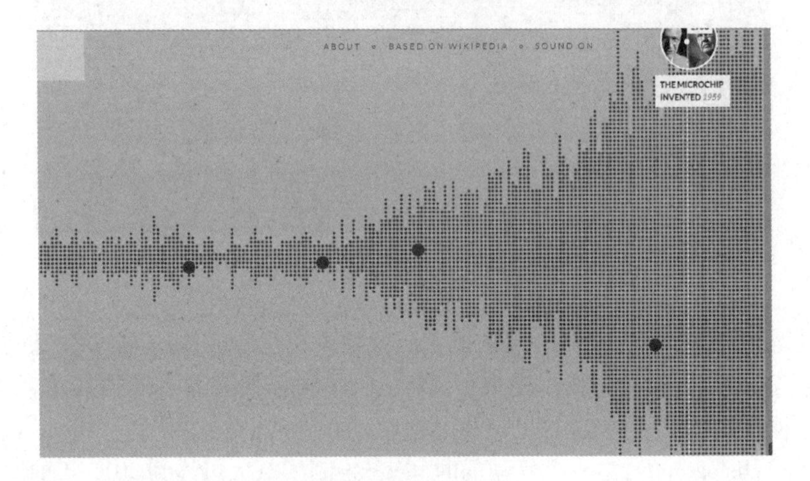

图 6-9　历史事件图

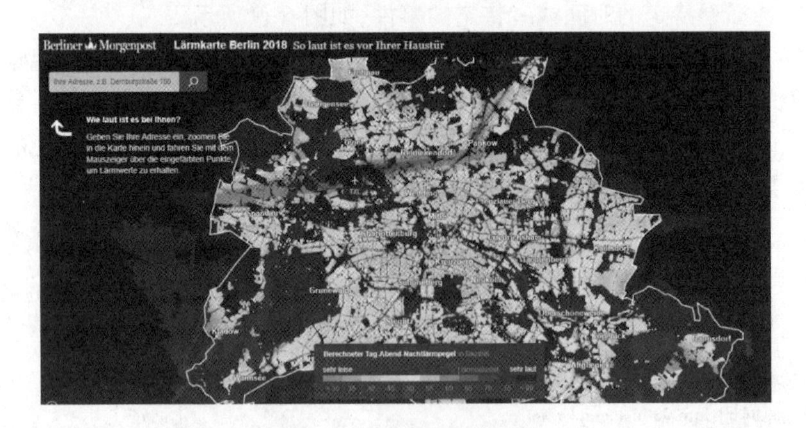

图 6-10　柏林噪音分贝图

(5)The New Republican Center of Gravity:特朗普可以看看哪些政治家支持他以及哪些反对他。光标悬停在某个政治家的头像上时,会有这个人的姓名以及他的态度,网页下方会有政治家的态度以及判断他态度的言语。这个可视化的有趣之处在于轨道中心的特朗普表情变化,当光标悬停在支持他的轨道上,他面带笑容;当光标在其他轨道上,他又会是另一个表情,如图 6-11 所示。①

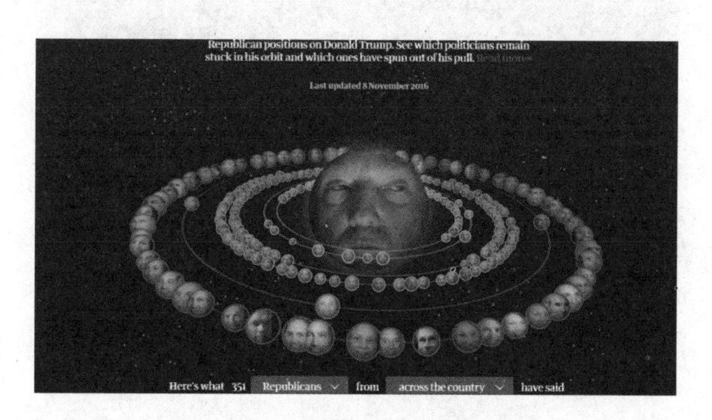

图 6-11　美国政治家态度信息图

(6)The Ventusky:这是直观设计的一个很好的案例,它会即时显示世界各地天气的总体趋势以及风向的流动趋势。左侧是一些关于气候的不同维度。例如选择温度,右下角的不同颜色则代表温度从高到低的度数,地图会根据位置的温度来决定显示什么颜色,呈现出色彩丰富、犹如油画的可视化效果,如图 6-12 所示。②

图 6-12　世界各地天气总体趋势图

① 原网站:

https://www.theguardian.com/us-news/ng-interactive/2016/may/14/who-supports-donald-trump-the-new-republican-center-of-gravity

② 原网站:https://www.ventusky.com/? p=44;7;1&l=temperature

(7)Airbnb Activities Aroundthe World:Airbnb 制作的住宿交互地图,地图的视觉设计处理在所有常见地图中比较特别,能让用户在旅行前发现有趣的地方。用户可以在地图中选择要去的地方,查看房源信息以及当地游客的年数量,如图 6-13 所示。①

图 6-13 Airbnb 住宿地图

(8)Who Old Are You?:这是一个与用户自己相关的数据可视化。用户通过输入自己的出生日期让数据库实时匹配相关图例。正中间的黑色线是你现在的年龄,线上黑色的原点是你,数据图缩到最小便是你的整个人生的历程,其他的原点是别人在你这个年龄时取得的成就,如图 6-14 所示。②

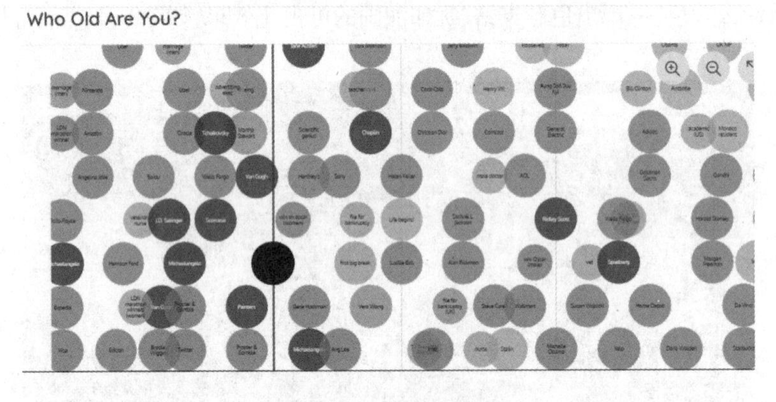

图 6-14 人生历程图

(9)The Rhythm of Food:谷歌通过搜索数据制作了多年来人们在不同季节对食物和配方的爱好上升和下降的趋势图,发现不同季节食物需求的变化、不

① 原网站:https://pt. airbnb. com/map? cdn_cn=1

② 原网站:http://www. informationisbeautiful. net/visualizations/who-old-are-you/

同国家对食物喜爱的时间变化、一些节日让人们对食物欢迎度的变化等等。这个数据可视化可以让我们学习到对于数据的分析和呈现方式，如图 6-15 所示。①

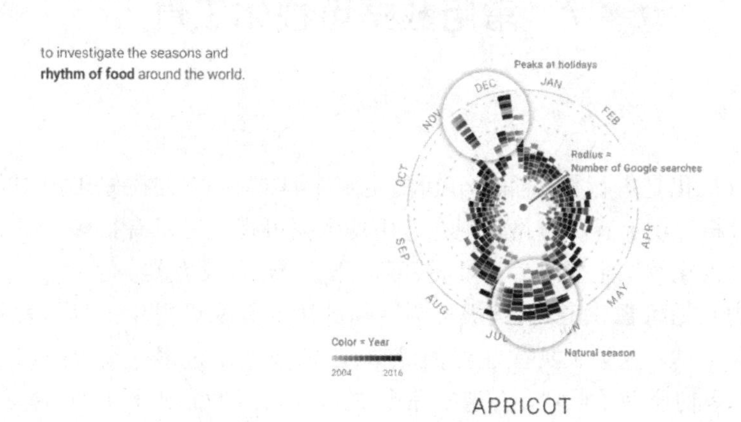

图 6-15　不同季节对食物需求的变化图

① 原网站：http://rhythm-of-food.net/

7 常用数据可视化工具

数据可视化是进行数据探索分析的主要工具之一,它往往先于数据分析,并给数据分析提供灵感和思路。现在可用的数据可视化工具有很多,根据其便利程度和可视化效果主要分为工具类、编程开发类以及交互类。

工具类数据可视化工具,又被称为开箱即用的数据可视化工具,是最为简便的可视化工具。这类工具往往界面简单,不需要使用过多的编程语言,并且简单易学,是初学者的不二之选。常见的工具类的可视化工具主要包括 Tableau, Excel, Google Spreadsheets, Power BI, IBM many eyes 等。工具类可视化工具主要使用于单纯的可视化作图,而在很多时候,我们需要将数据分析和数据可视化进行结合。工具类可视化工具往往在数据分析方面较为欠缺,而像 R,Matlab 和 Python 这样的编程开发类工具在数据分析中表现更好。对于有网页图表处理展示以及实时互动需求的用户,交互类可视化工具更为常用。交互类可视化工具的优点是人们能够在短时间内探索一个更大的信息空间,并在一个单一平台完成对信息的理解,具体可参考 Gapminder World。然而,交互类可视化工具的缺点是需要费时来检测可视化系统的每一种功能和变化,同时,保证系统能够立刻对使用者的动作做出反应也需要很强的算法支持。现在最为常见的交互类可视化工具大多为在 Javascript 上运行的工具库,包括 D3. js, processing. js 等。

本章将分别介绍常用的工具类可视化工具 Tableau,编程开发类工具 R 以及交互式可视化工具 D3. js。由于本书将在第三部分和第四部分详细介绍 Python 以及使用 Python 进行数据可视化的方法,因此本章不再单独介绍 Python。

7. 1 Tableau

Tableau 是一款非常容易上手的数据分析软件,使用非常简单,通过数据的导入,结合数据操作,即可实现对数据进行分析,并生成可视化的图表直接给使用者展现他们想要看到的通过数据分析出来的信息。简单地说,使用者可以用它将大量数据拖放到数字“画布”上,转眼间就能创建好各种图表。界面上的数据越容易操控,使用者对自己所在业务领域里的所作所为到底是正确还是错误了解得就越透彻。简单、易用是 Tableau 的最大特点,使用者不需要精通复杂的编程和统计原理,只需要把数据直接拖放到工作簿中,通过一些简单的设置就可以得到自己想要的数据可视化图形,这意味着,我们不再需要大量的工程师团队、大量的时间、定制软件还有陈旧的报告,每个人都可自主服务式分析并展示数据。

Tableau 的主要应用程序包括:

• Tableau Desktop:桌面分析软件,连接数据源后,只需拖拉即可快速创建图表。

• Tableau Server:发布和管理 Tableau Desktop 制作的图表;管理数据源;安全信息管理等。

• Tableau Online:完全托管在云端的分析平台,可在 Web 上进行交互、编辑和制作。

• Tableau Reader:在桌面免费打开制作的 Tableau 工作簿。

• Tableau Moblie:移动端 APP,可查看制作图表。

• Tableau Public:免费版本。与个人版或专业版相比,无法连接所有的数据格式或者数据源,但是已经能够完成大部分的工作。无法在本地保存工作簿,而是保存到云端的公共工作簿中,然后可以在那里下载工作簿,使用起来与收费版本区别不大。

这里,我们主要介绍桌面分析软件 Tableau Desktop 的使用方法。Tableua Desktop 可在 Tableua 官方中文网站 https://www.tableau.com/zh-cn 下载,其中个人版免费试用期为 14 天。

创建任何 Tableau 数据分析报告涉及三个基本步骤:

• 连接到数据源:涉及定位数据并使用适当类型的连接来读取数据。

• 选择维度和度量:包括从源数据中选择所需的变量进行分析。

• 应用可视化技术:涉及将所需的可视化方法(如特定图表或图形类型)应用于正在分析的数据。

第一步:连接到数据源

首先,我们在 Tableau 的工作簿中选择连接数据源的类型。例如,Excel 文件。再选择相应的文件路径,点击打开。这里我们选择 Tableau 样例数据中的 Superstore 作为例子,如图 7-1 所示。

接下来,如图左侧有若干张表,将所需表拖至“将工作表拖至此处”,然后点击左下角,工作表 1。例如,我们使用数据中的订单表 Orders 作为例子,如图 7-2 所示。

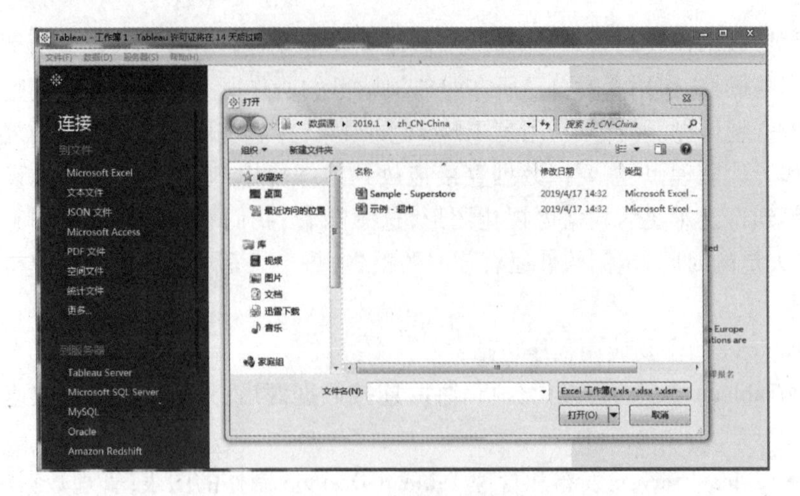

图 7-1　连接到数据源

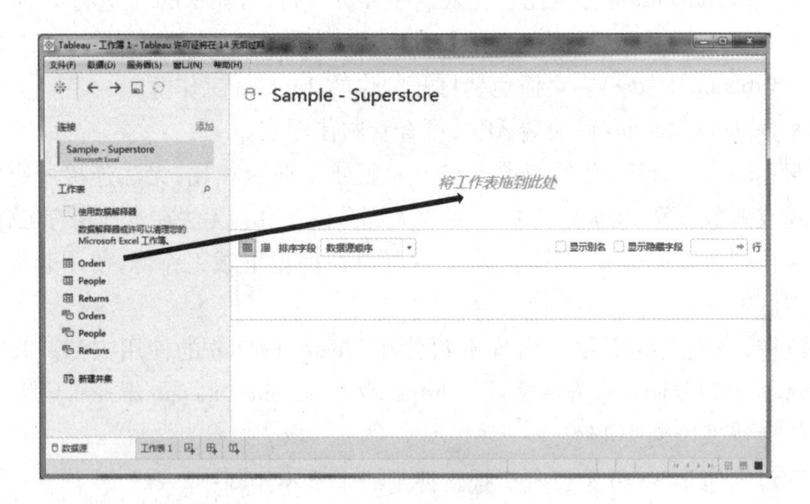

图 7-2　拖拽所需表

第二步:选择维度和度量

维度表示定性数据,而度量是定量数据。我们需要将所需要分析的变量拖至工作表的相应位置,例如行、列、标记等。这里我们选择订单表中的产品类别(Category)和区域(Region)作为行和列,销售额(Sales)作为文本标记。这时,工作表将出现每个产品类别和区域对应的销售总额,如图 7-3 所示。

第三步:应用可视化技术

在上一步中,数据仅作为数字使用。我们可以考虑将这些数字拖至行或者列来实现可视化。例如,将标记中的 Sales 拖至列,展示销售额数值的表格会自

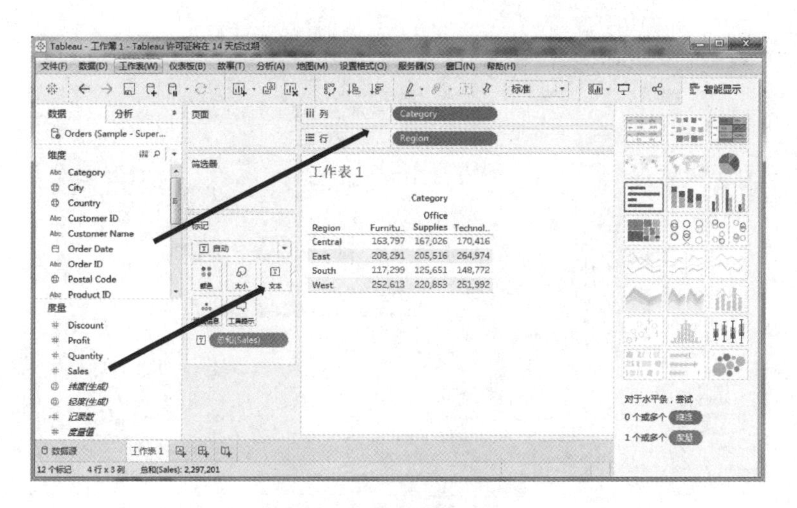

图 7-3 选择维度和度量

动变为条形图,如图 7-4 所示。

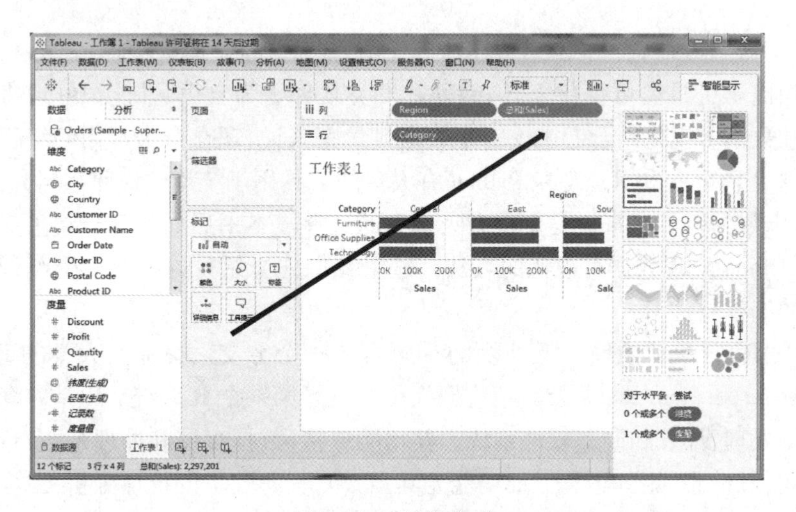

图 7-4 实现可视化

我们还可以进一步添加其他的维度来丰富可视化的信息。例如,我们将派送方式(ship mode)拖至颜色标记,便可实现条形图按颜色进行分类的目的,如图 7-5 所示。

至此,我们完成了一个简单的可视化作图。当然 Tableau 的功能远远不止于此。正如 Tableau 官网中提到:"我们坚信,帮助人们查看并理解数据是 21 世纪最重要的使命之一。我们拥有引以为豪的'数据极客'之称。"

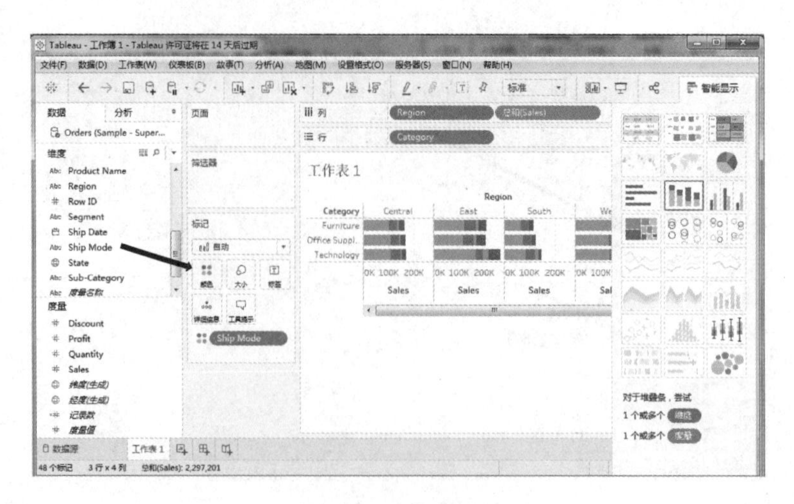

图 7-5　添加维度

7.2　R

相比于工具类可视化工具,编程开发类软件更为自由,并能很好地将数据分析和数据可视化结合起来。对于数据科学家来说,现在最为常用的编程开发类软件为 Python 和 R。现在 Python 有大量的工具用于统计建模和数据分析,因此,对于数据科学家来说是个很有吸引力的选择。本书后面的部分将主要介绍使用 Python 实现数据可视化的方法。这里我们先介绍另外一个广受统计学家青睐的编程软件 R。

R 语言是统计领域广泛使用的 S 语言的一个分支。奥克兰大学的 Robert Gentleman 和 Ross Ihaka 及其他志愿人员开发了第一个 R 系统。R 是一套完整的数据处理、计算和制图软件系统。其功能包括:数据存储和处理系统;数组运算工具(其向量、矩阵运算方面功能尤其强大);完整连贯的统计分析工具;优秀的统计制图功能;简便而强大的编程语言;可操纵数据的输入和输出,可实现分支、循环,用户可自定义功能等。

与其说 R 是一种统计软件,还不如说 R 是一种数学计算的环境,因为 R 并不是仅仅提供若干统计程序、使用者只需指定数据库和若干参数便可进行统计分析。R 的思想是:它可以提供一些集成的统计工具,但它更多的是提供各种数学计算、统计计算函数,从而使使用者能灵活机动地进行数据分析,甚至创造出符合需要的新的统计计算方法。

作为编程开发类软件,R 通常与相匹配的集成开发环境 IDE 一起使用。R 中最为常用的集成开发环境为 RStudio。RStudio 的主界面主要由脚本区、控制台、环境区等不同界面组成,能很好地实现代码的编辑、运行以及对象的管理等多个功能的结合,如图 7-6 所示。

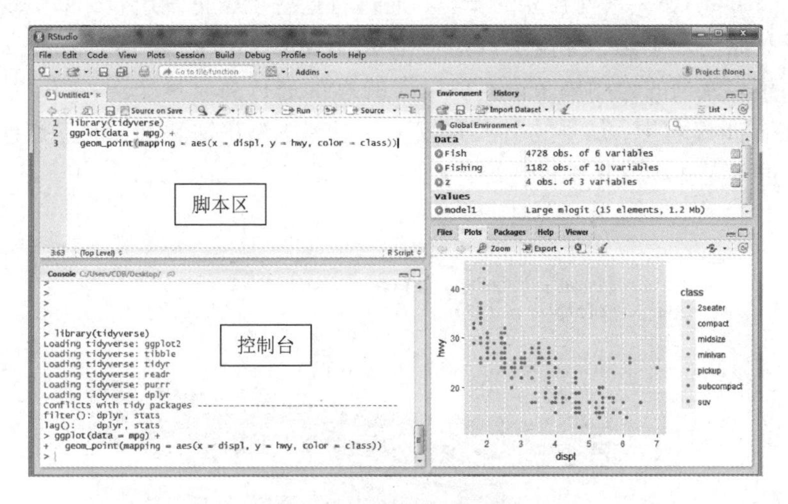

图 7-6 RStudio 主界面

我们还可以在使用 RStudio 中的 R Markdown 编辑运行数据分析和可视化的同时,完成包括 PDF, Word, HTML 等不同形式报告的自动生成和排版,为编写数据分析报告提供便利,如图 7-7 所示。

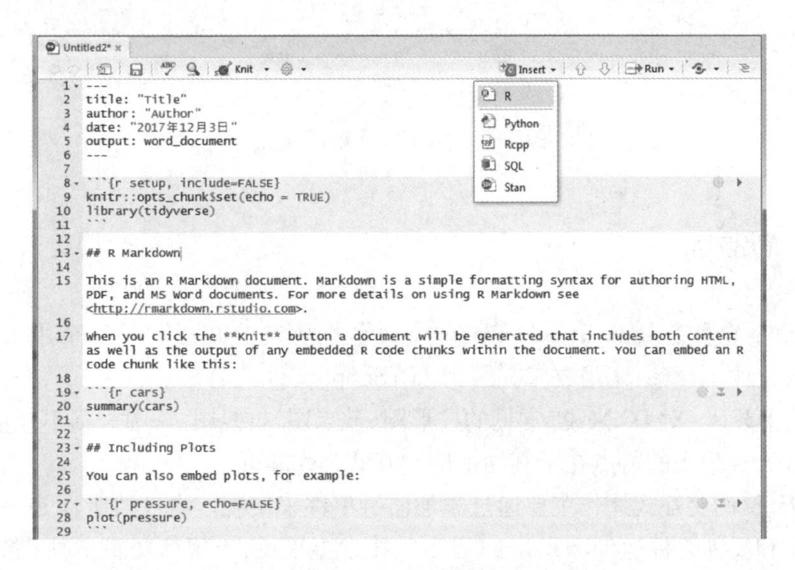

图 7-7 自动生成和排版数据分析报告

ggplot2 是使用 R 进行数据可视化最常用的软件包。ggplot2 包是基于 Wilkinson 在 *Grammar of Graphics* 一书中所提出的图形语法的具体实现，这套图形语法把绘图过程归纳为 data，transformation，scale，coordinates，elements，guides，display 等一系列独立的步骤，通过将这些步骤搭配组合，来实现个性化的统计绘图。于是，得益于该图形语法，Hadley Wickham 所开发的 ggplot2 摈弃了诸多繁琐的绘图细节，实现以人的思维进行高质量作图，如图 7-8 所示。在 ggplot2 包中，加号的引入完成了一系列图形语法叠加，也正是这个符号，让很多人喜欢用 R 来进行统计绘图。

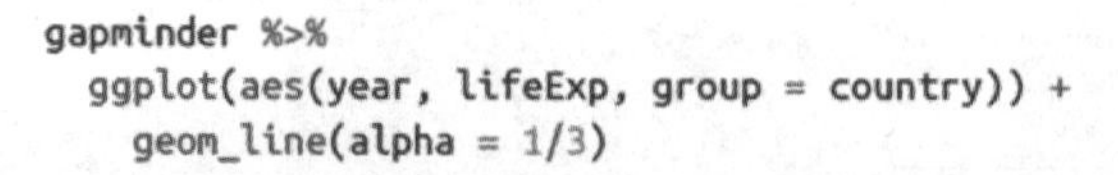

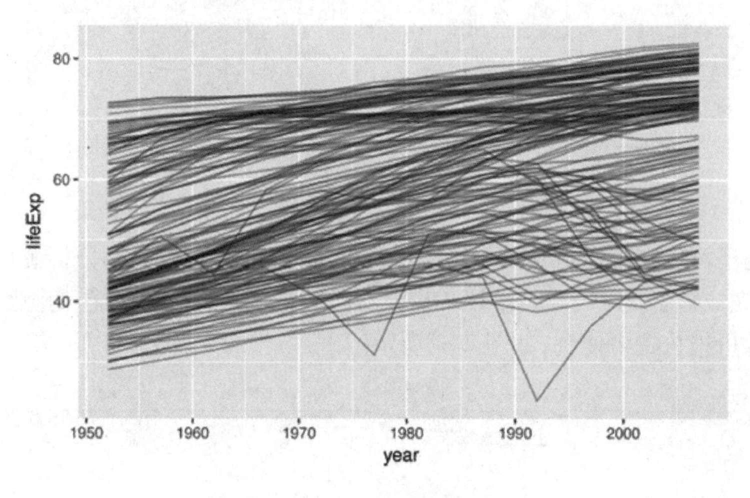

图 7-8 ggplot2 绘制折线图

7.3 D3.js

D3 的全称是 Data-Driven Documents（数据驱动的文档），是一个用来做数据可视化的 JavaScript 函数库。因为 JavaScript 文件的后缀通常为 .js，所以 D3 被称为 D3.js。对 D3 来说，常见的柱形图、散点图、折线图、饼图等都不在话下。当然，D3.js 最大的特点在于其便捷的交互式操作实现。

D3.js 的交互式操作主要通过添加监听事件来实现。事件监听器是一种用于采集和反馈光标运动和点击的程序。技术上来说，有很多类型的所谓事件，但对于交互式可视化来说，我们只需要设计用户使用光标进行可视化的操作，比如说当光标放在某个图形元素上面的时候，就会显示相应的文字，而光标移开后,文字就会消失,或者光标单击一下某图形元素就会使它动起来等。

在 D3. js 中,添加一个监听事件使用 on("eventName",function)来完成。其中,eventName 表示事件类型,function 表示事件发生时触发的函数。d3. select(this)表示光标选择的当前元素。常见的鼠标监听事件包括:

- click:光标单击某元素时触发,相当于 mousedown 和 mouseup 的组合。
- mouseover:光标放在某元素上触发。
- mouseout:光标移出某元素时触发。
- mousemove:光标移动时触发。
- mousedown:光标按钮被按下时触发。
- mouseup:光标按钮被松开时触发。
- dblclick:光标双击时触发。

除此之外,还有很多关于键盘的监听事件,可以参考官网 API(https://developer. mozilla. org/en-US/docs/Web/Events#Standard_events)。

以下为一个简单的监听事件的例子。其主要实现当光标放在柱状图的某矩形上时,矩形变为黄色,光标移开时矩形变为原来的蓝色,如图 7-9 所示。

```
1  .on("mouseover",function(){
2              var rect = d3.select(this)
3                      .transition()
4                      .duration(1500)//当鼠标放在矩形上时，矩形变成黄色
5                      .attr("fill","yellow");
6          })
7          .on("mouseout",function(){
8              var rect = d3.select(this)
9                      .transition()
10                     .delay(1500)
11                     .duration(1500)//当鼠标移出时，矩形变成蓝色
12                     .attr("fill","blue");
13         })
```

图 7-9 监听事件

这里我们仅仅简要介绍 D3. js 进行交互式操作的思想和简要方法。要想设置复杂的交互式可视化操作,需要使用者熟练掌握 JavaScript 的编程语言以及事件监听器的用法。我们将在第十七章进一步介绍 D3. js 的具体用法。随着时代的发展,还有很多工具类可视化工具提供一些简单的交互式操作工具,相比于 D3. js 更易上手,读者可以参考相应操作手册。

第三部分　Python 使用基础

在上一部分,我们站在理论的角度介绍了如何做好数据可视化。从本部分开始,我们将重点放在如何使用 Python 软件来实现数据可视化。

近几年,计算在科学领域的作用已经发展到了一个全新的层次。像 MATLAB 和 R 一样的编程语言在学术界和科学计算领域已经非常普遍了。现今,Python 由于各种原因已经在科学计算领域扮演着举足轻重的角色。Python 工作者已经将很多高效的工具和软件包集成到一起,这不仅仅在科研群体,在很多像 Yahoo、Google、Facebook、Amazon 等成功的商业组织中也被广泛地使用。

Python 是一个高层次的结合了解释性、编译性、互动性和面向对象的脚本语言。20 世纪 80 年代末和 90 年代初,Python 由在荷兰国家数学和计算机科学研究学会工作的 Guido van Rossum 所设计出来的。Python 本身也由诸多其他语言发展而来的,这包括 ABC、Modula-3、C、C++、Algol-68、SmallTalk、Unix shell 和其他的脚本语言等。像 Perl 语言一样,Python 源代码同样遵循 GPL(GNU General Public License)协议。现在 Python 由一个核心开发团队在维护,Guido van Rossum 仍然占据着至关重要的地位,指导其进展。

Guido van Rossum

Python 的主要特点有:①易于学习:Python 的关键字相对较少,结构简洁,语法定义明确,学习起来更加简单。②易于阅读:Python 代码定义得更清晰。③易于维护:Python 的成功在于它的源代码是相当容易维护的。④一个广泛的标准库:Python 最大的优势之一是丰富的跨平台的库,并与 UNIX,Windows 和 Macintosh 很好地兼容。⑤互动模式:互动模式的支持,使人们可以从终端输入执行代码并获得结果的语言,互动的测试和调试代码片断。⑥可移植:基于其开放源代码的特性,Python 已经被移植(也就是使其工作)到许多平台。⑦可扩展:如果你需要一段运行很快的关键代码,或者是想要编写一些不愿开放的算法,你可以使用 C 或 C++完成那部分程序,然后从你的 Python 程序中调用。⑧数据库:Python 提供所有主要的商业数据库的接口。⑨GUI 编程:Python 支持 GUI 创建和移植到许多系统调用。⑩可嵌入:你可以将 Python 嵌入 C/C++程序,让你的程序的用户获得“脚本化”的能力。

Python 作为软件开发圈子中的当红明星,已经连续几年在各大编程软件排行榜中霸占第一的位置。下图为 2018 年 IEEE 最热门的编程语言排行榜(来自微信公众号:新智元)。

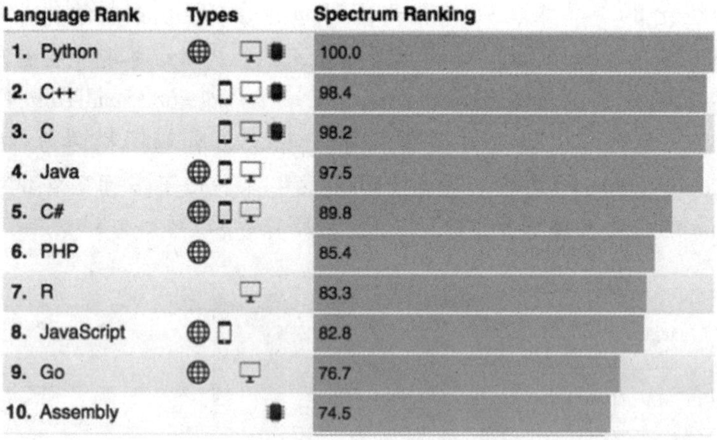

Language Rank	Types	Spectrum Ranking
1. Python		100.0
2. C++		98.4
3. C		98.2
4. Java		97.5
5. C#		89.8
6. PHP		85.4
7. R		83.3
8. JavaScript		82.8
9. Go		76.7
10. Assembly		74.5

2018 年 IEEE 最热门的编程语言排行榜

本部分主要介绍 Python 语言的基本使用方法,主要包括如何使用 Python IDE,Python 数据结构基础,以及使用 Python 中的两个常见库 NumPy 和 SciPy。通过本章的学习,读者能够对 Python 语言的使用有基本的了解,为使用 Python 语言进行可视化编程打下基础。

8 开始使用 Python IDE

分析和可视化数据需要很多的软件工具:用于编写代码的编辑器(最好能有语法高亮美化功能);用于运行和测试代码的工具以及软件库;用于展现结果的其他工具。而 IDE 正是将以上功能集于一身的应用程序。集成开发环境(integrated development environment,IDE),是一种集成了代码编辑器、编译器、调试器等与开发有关的实用工具的软件。由于大部分常用工具都集成在一起了,所以使用 IDE 进行开发工作会使工作效率达到最高。IDE 有很多的功能,主要包括:①语法高亮功能(实时展示错误与警告);②调试模式中的单步调试功能;③互动式控制台;④集成交互式的绘图记事本。现在已经很少有人不使用 IDE 来完成开发工作了。对于 Python 来说,有很多 IDE 的选择。具体的细节将在本章的相应部分讨论。本章我们会讨论以下主题:

- 不同版本的 Python
- Python 的交互式工具:IPython, Plotly
- Python 中常用的 IDE
- Python 作图工具
- 交互式可视化包简介

8.1 Python 3.x 与 Python 2.x

Python 3.x 版本是无法反向兼容 Python2.x 版本的。截至 2018 年年底,Python 已经发布 3.7 版本,但很多人仍然在使用 2.x 版本进行编程。这两类版本在语法中存在细微差异。例如,Python2.x 版本中 print 为一个语法结构,打印时可以直接输入需要打印的对象;而 Python3.x 版本中 print()为函数,打印相应对象需要用括号括起来。现在很多 IDE 可以同时并行 Python2.x 和 Python3.x 版本。至于选择哪一种,由读者习惯决定。对于初学者来说,我们建议直接使用更新的 Python3.x 版本。

8.2 交互式工具

在介绍 Python 中常用的 IDE 之前,我们首先介绍展示互动式数据可视化的工具。对于互动式数据可视化,我们有很多选择。在这里我们仅仅介绍两种最为常见的工具:IPython 和 Plotly。

8.2.1 IPython

2001 年,Fernando Perez 开始开发 IPython。IPython 是 Python 的一个交互式外壳(shell),比默认的 Python 外壳好用很多。它支持变量自动补全,自动缩进,支持 bash shell 命令,内置了许多很有用的功能和函数。IPython 将会让我们以一种更高的效率来使用 Python,同时它也是利用 Python 进行科学计算和交互可视化的最佳平台之一。

对于 Python 的脚本编辑,IPython 提供了丰富的功能,例如:

(1)终端命令和基于 Qt 的工具使用起来都非常方便。

(2)提供一个完全基于网络的记事本交互式环境,其核心特征与单机记事本相同,并同时支持代码、文本、数学表达式以及行内绘图等。

(3)方便的交互式数据可视化环境。这使得很多 IDE 都自动将 IPython 集成在内,我们不需要额外下载安装单独的 IPython。

(4)高效易于操作的多线程计算工具。

表 8-1 所示为 IPython 中最有帮助的一些命令以及简单介绍。

表 8-1 IPython 常用命令简介

命令	介绍
?	对 IPython 特性的介绍和综述
%quickref	显示 IPython 的快速参考文档
%who	查看当前环境下的变量列表
%whos	查看当前环境下的变量信息
%run hello. py	直接运行 hello. py 程序文件
%timeit np. dot(a,a)	查看代码 np. dot(a,a)的运行时间
%magic	显示所有的魔术命令及其详细文档
%reset	删除当前环境下的所有变量和导入的模块
%logstart	开始记录 IPython 里的所有命令,默认保存在当前工作目录的 ipython_log. py 中
%logstop	停止记录,并关闭 log 文件

IPython notebook 是一个基于网络的交互式计算环境。在这里,我们可以将代码、数学公式以及图表合并到一个单独的文件中。

如上面提到的,IPython(http://ipython.scipy.org/)提供一个增强的交互式Python 外壳。我们强烈推荐给大家,因为数据分析和可视化是天然需要交互的。IPython 在大部分平台都是支持使用的。除上面介绍的以外,IPython 还具有以下常用的功能:

(1)Tab 自动完成:在外壳中输入表达式时,只要按下 Tab 键,当前命令控件中任何与输入的字符串相匹配的变量(对象、函数等)就会显示出来。

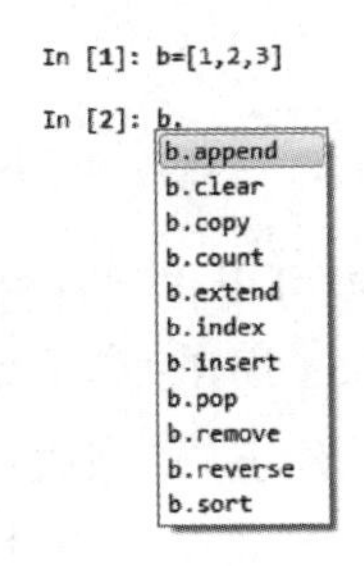

(2)内省:在变量的前面或后面加上一个问号(?),就可以将该对象的相关通用信息显示出来,这就叫作对象的内省。

```
In [1]: b=[1,2,3]

In [2]: b?
Type:        list
String form: [1, 2, 3]
Length:      3
Docstring:
list() -> new empty list
list(iterable) -> new list initialized from iterable's items
```

(3)使用历史命令:在 IPython 中,要想使用历史命令,简单地使用上下翻页键即可,另外,我们也可以使用 hist 命令(或者 history 命令)查看所有的历史输入。

```
In [3]: hist
b=[1,2,3]
b?
hist
```

图 8-1 为一个简单的使用 IPython 绘图的结果。

```
import matplotlib.pyplot as plt
from numpy.random import rand

fig=plt.figure()
fig.suptitle('IPython Plotting')
for color in ['orange','blue','red']:
    n=100
    x=rand(n)
    e=rand(n)*0.1
    y=1+0.5*x+e
    scale=200*rand(n)
    plt.scatter(x,y,c=color,s=scale,label=color,alpha=0.5,edgecolors='none')

plt.legend()
plt.grid(True)
plt.show()
```

IPython Plotting
orange
blue
red
1.6
1.5
1.4
1.3
1.2
1.1
1.0
0.0
0.2
0.4
0.6
0.8
1.0

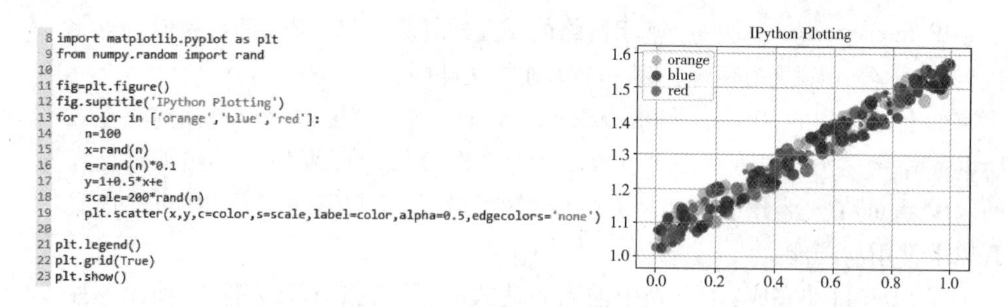

图 8-1　使用 IPython 进行绘图的结果（利用 Spyder IDE）

8. 2. 2　Plotly

Plotly 是一个在线分析和数据可视化工具，提供在线绘图、分析和更好地协同统计分析。这个工具是由 Python 构建的，包含使用 JavaScript 构建的用户界面和一个使用 D3. js、HTML 和 CSS 构建的强大可视化软件库。Plotly 的绘图库可在 Arduino、Julia、MATLAB、Perl、Python 和 R 上使用。

除此之外，Plotly 还提供一种将使用 matplotlib 库绘制的图形转化到 Plotly 上的便捷方法。首先我们需要在 Plotly 网站上（https://plot. ly/api_signup）进行注册并获取 API，如图 8-2 所示：

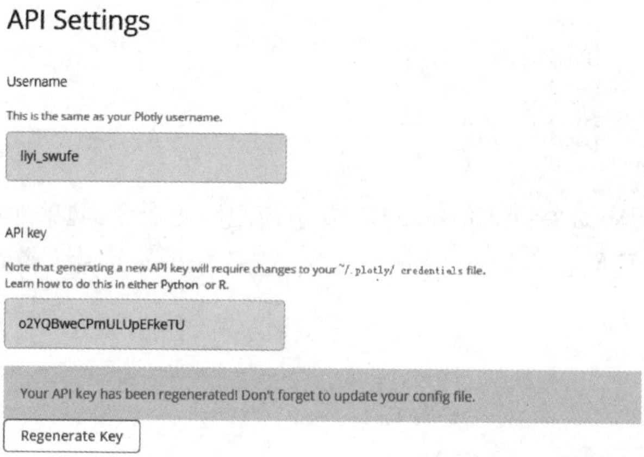

API Settings
Username
This is the same as your Plotly username.
liyi_swufe
API key
Note that generating a new API key will require changes to your ~/.plotly/ credentials file.
Learn how to do this in either Python or R.
o2YQBweCPmULUpEFkeTU
Your API key has been regenerated! Don't forget to update your config file.
Regenerate Key

图 8-2　Plotly 获取 API

接下来我们就可以利用图 8-3 中所示的代码，通过 Plotly 的用户名和 API，将图 8-1 使用 IPython（matplotlib 库）绘制的图形转化到 Plotly 相应的用户文件中。

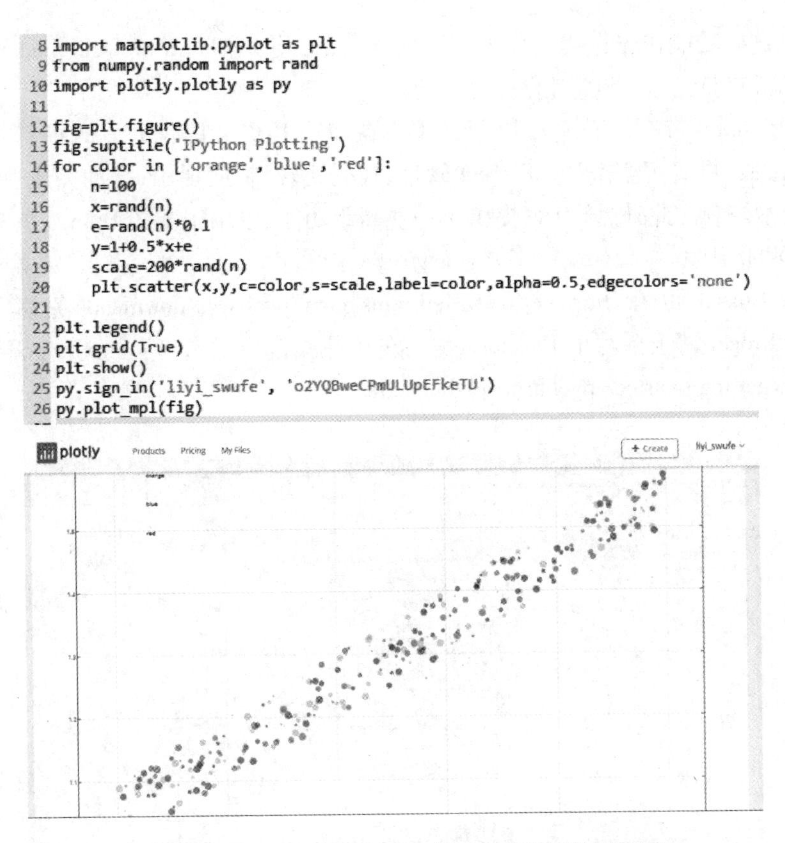

图 8-3　将图形转化到 Plotly 中的代码以及结果截图

8.3　Python 中常用的 IDE

下面是现在最为流行的部分 Python IDE。这一小节我们将逐一对其进行介绍。

- PyCharm：基于 Java Swing 的用户界面
- PyDev：基于 SWT 的用户界面（在 Eclipse 上工作）
- Interactive Editor for Python （IEP）
- Canopy：基于 PyQt
- Spyder：基于 PyQT

8.3.1　PyCharm

PyCharm 是由 JetBrains 打造的一款 Python IDE，VS2010 的重构插件 Resharper 就是出自 JetBrains 之手。PyCharm 支持 IronPython 以及 Google App Engine。这些功能在先进代码分析程序的支持下，使 PyCharm 成为 Python 专业开发人员和刚起步人员使用的有力工具。

PyCharm 带有一整套可以帮助用户在使用 Python 语言开发时提高效率的工具，比如调试、语法高亮、Project 管理、代码跳转、智能提示、自动完成、单元测试、版本控制。此外，该 IDE 提供了一些高级功能，以用于支持 Django 框架下的专业 Web 开发。

PyCharm 可在 https://www.jetbrains.com/pycharm/download/免费下载。Pedro Kroger 博士撰写了 PyCharm 详尽的使用指南可供参考：http://pedrokroger.net/getting-started-pycharm-python-ide/。

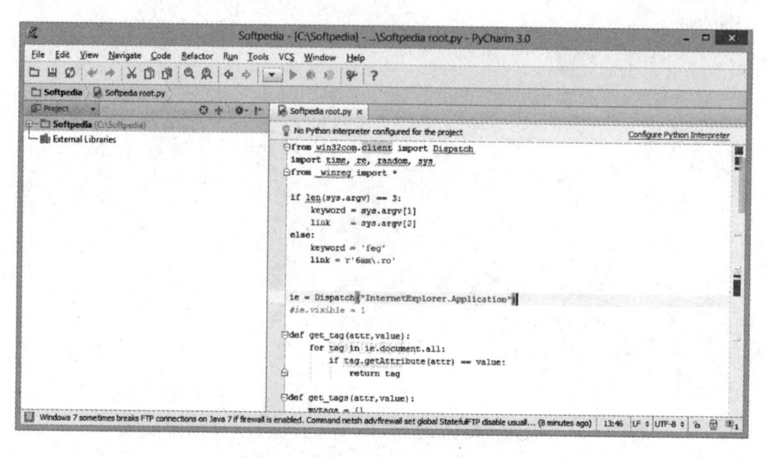

图 8-4　PyCharm 操作界面

8.3.2　PyDev

2003 年 7 月 16 日，以 Fabio Zadrozny 为首的三人开发小组在全球最大的开放源代码软件开发平台和仓库 SourceForge 上注册了一款新的项目，该项目推出了一个功能强大的 Eclipse 插件，用户可以完全利用 Eclipse 来进行 Python 应用程序的开发和调试。这个能够将 Eclipse 当作 Python IDE 的项目就是 PyDev。

PyDev 插件的出现方便了众多的 Python 开发人员，它提供了一些很好的功能，如：语法错误提示、源代码编辑助手、Quick Outline、Globals Browser、Hierarchy View、运行和调试等，PyDev 的操作界面如图 8-5 所示。该插件基于 Eclipse 平台，拥有诸多强大的功能，同时也非常易于使用，PyDev 的这些特性使得它越来越受到人们的关注。

我们可以将 PyDev 作为 Eclipse 的一个插件进行安装，也可以安装一个更为高级的 Eclipse 集成分布式应用 LiChipse。LiChipse 不只支持 Python，也支持像 CoffeeScript、JavaScript、Django templates 等的其他语言。PyDev 预安装在 LiChipse 中，但是需要提前安装 Java 7。详细的安装步骤可以参考 http://pydev.org/manual_101_install.html。

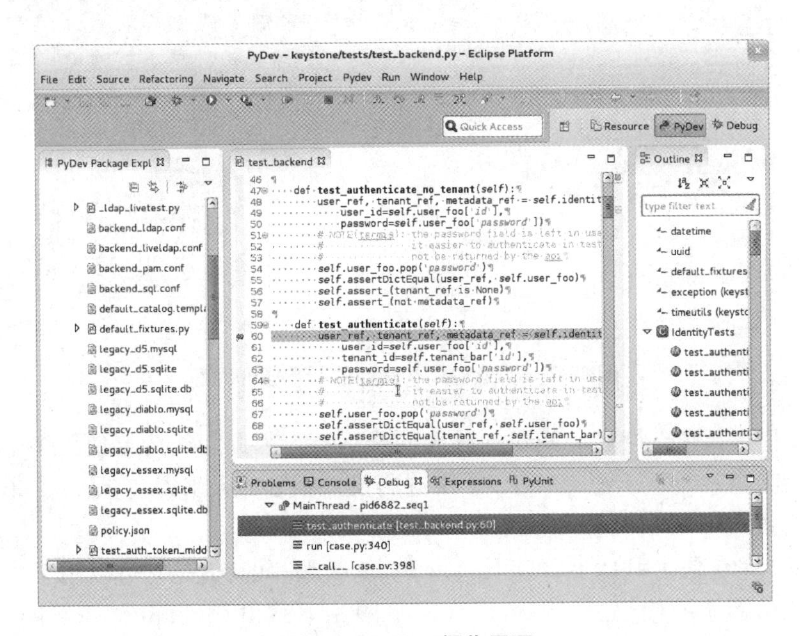

图 8-5　PyDev 操作界面

8.3.3　Interactive Editor for Python（IEP）

IEP 是另一种常用的 Python IDE。它的功能与其他 IDE 相似，并且，其使用与我们在微软 Windows 中使用的其他工具最为类似。

IEP 是一个旨在互动和内省的跨平台 Python IDE。它非常适合进行科学计算，它的实用设计主要为了达到简单和高效的目的。

IEP 有两个主要的组件：编辑器和外壳，以及一些有助于用户的可插入工具，例如，源结构、项目管理器、交互助手、工作空间等。IEP 的一些主要特点有：

- 像其他 IDE 一样的代码自省功能。
- 可从代码行、文件或 IPython 界面运行 Python。
- 外壳可在后台进行处理。
- 多外壳可使用不同版本的 Python（从 v2.4 到 3.x）。

图 8-6 展示了如何在一个 IDE 中使用两个 Python 版本。

部分人不将 IEP 看作 IDE 工具。它的主要目的是开发、编辑以及运行

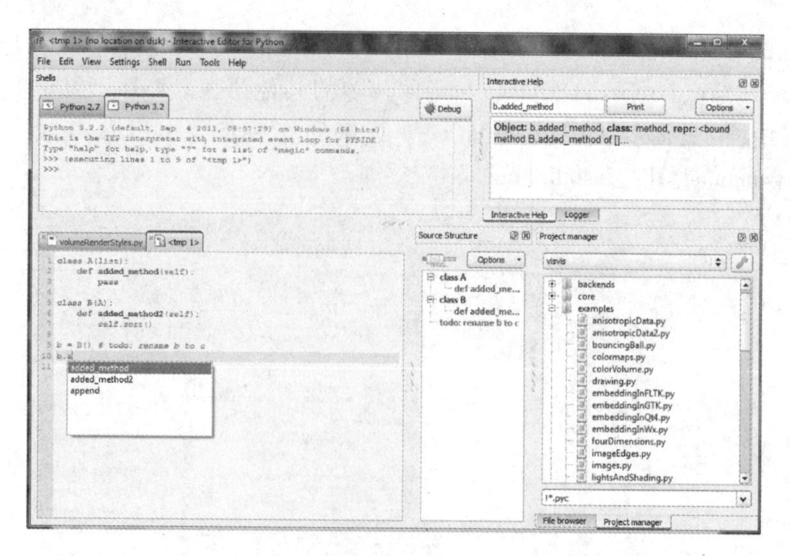

图 8-6　带双版本 Python 的 IEP 操作界面

Python 程序。它支持多个 Python 外壳同步运行。因此对于想要使用多个 GUI 工具包例如 PySide、PyQt4、GTK 和 Tk 进行交互编程的人来说，它是一个非常高效的工具。

IEP 完全是使用 Qt GUI 工具包由 Python3 编写的，但是它可以用于执行任何 Python 版本的代码。我们可以在以下网站下载 IEP：http://www.iep-project.org/downloads.html。

8.3.4　Canopy from Enthought

Canopy 是由 Enthought 公司开发的 IDE，它有一个在 BSD 许可下发布的免费版本，并同时支持 GraphCanvas、SciMath、Chaco 以及其他软件库作为绘图工具。

Canopy 有很多不同的产品提供给不同需求的用户，它的免费版本叫作 Canopy Express，其中包含了超过 100 个核心软件包。对于简单 Python 开发以及科学分析运算来说，这个免费版本非常实用。我们可以在 https://store.enthought.com/downloads/中选择相应的操作系统对 Canopy 进行下载安装。

像其他 IDE 一样，Canopy 有一个文本编辑器，其中也包含 IPython 控制台用于运行和对结果进行可视化。另外，它有一个可视化的软件包管理器。当 Canopy 被启动后，会出现三个选项：编辑器（Editor）、包管理器（Package Manager）以及文件浏览器（Doc Brower）。如图 8-7 所示。

除其他开发工具以外，Canopy 集成了 IPython notebook 以及用于进行数据

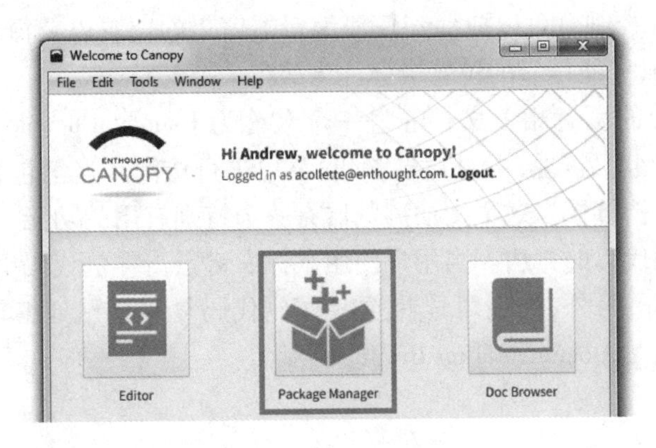

图 8-7 Canopy 启动界面

可视化的方便功能。像其他 IDE 一样,它有一个编辑器、一个文件浏览器以及 IPython 控制台。除此之外,Canopy 有一个编辑状态栏用于显示当前的编辑状态。总结下来,这些组件主要按照下面的分类进行运作:

- 文件浏览器:我们可以在这里向硬盘读写 Python 文件。
- Python 代码编辑器:这是一个包含语法高亮功能的代码编辑器,也包含 Python 代码的其他功能。
- Python 控制台:这是一个集成的 IPython 控制台,用于交互式运行 Python 代码,也可直接运行 Python 文件。
- 编辑状态栏:用于显示代码行数、列数、文件类型以及文件路径等。

图 8-8 展示了以上四个组件在 Canopy 操作界面中的位置。其中,文件浏

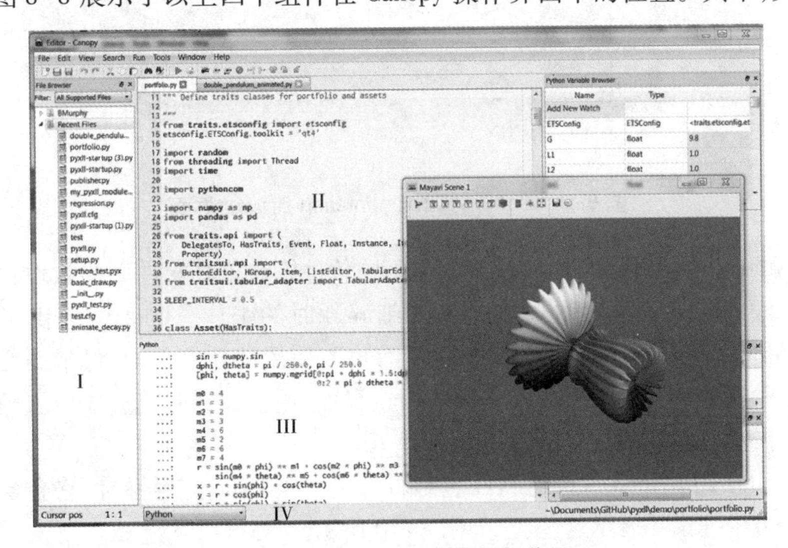

图 8-8 Canopy 操作界面及分区

览器和 Python 控制台可以拖动到任何编辑器窗口的位置以及窗口外部。当某个组件被拖动,它能停靠的位置会标注为蓝色。

Canopy 中的所有相关文档通过一个被称为 Canopy Documentation Browser 的浏览器进行组织整理,可以通过 Help 菜单进行访问。这里包含了访问常用 Python 包的文档链接。这个文档浏览器有一个特别有用的功能:它提供简单访问文档中样例代码的方法。当用户使用鼠标右键点击样例代码框时,将显示相应的文档菜单。另外,你也可以将这些样例代码复制粘贴到编辑器中参考使用。图 8-9 便是 Documentation Brower 的界面。

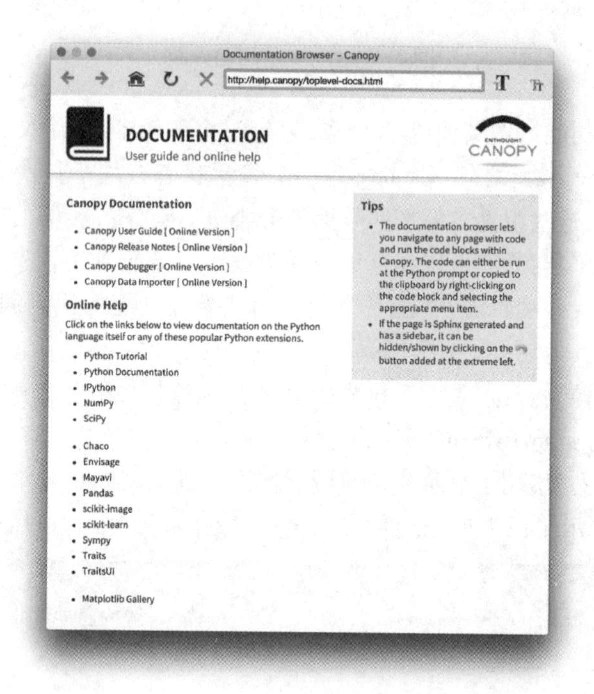

图 8-9　Canopy Documentation Brower 界面

Python 开发环境中,如何管理众多不同软件库和工具文件中的软件包是一个非常大的挑战。很多时候这是一件细碎耗时的工作。Canopy 提供了一个 Package Manager,用于管理 Canopy 中所有可以使用的软件包,并可帮助对其进行安装和删除。它有一个非常方便的搜索界面,用于找到并安装任何可用的软件包并展示已安装软件包的状态。

Canopy 用 Python 来决定软件包是否可用。当 Canopy 运行时,它会自动在虚拟环境中搜索并展示这些包,如图 8-10 所示。

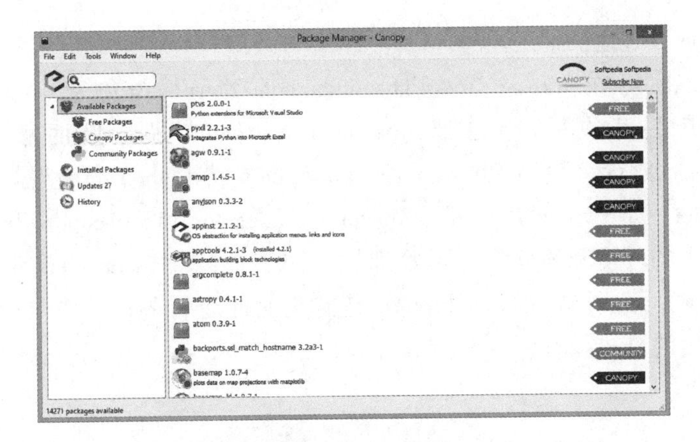

图 8-10 Canopy Package Manager 界面

8.3.5 Anaconda from Continuum Analytics

Anaconda 是专为方便使用 Python 进行数据科学研究而建立的一个分布式应用集合,涵盖了数据科学领域常见的 Python 库,并且自带了专门用于解决软件环境依赖问题的 conda 包管理系统。conda 主要提供了包管理与环境管理的功能,可以很方便地解决多版本 Python 并存、切换以及各种第三方软件包的安装和更新问题。Anaconda 利用 conda 进行包和环境的管理,并且已经包含了 Python 和相关的配套工具。

conda 可以理解为一个工具,也是一个可执行命令,其核心功能是包管理与环境管理。包管理与 pip 的使用类似,环境管理则允许用户方便地安装不同版本的 Python 并可以快速切换。conda 将几乎所有的工具、第三方软件包都作为软件包对待,甚至包括 Python 和 conda 自身。因此,conda 打破了包管理与环境管理的约束,能非常方便地安装各种版本 Python、各种软件包并方便地切换。我们在后面的小节会详细介绍 conda 的用法。

Anaconda 则是一个打包的集合,里面预装好了 conda、某个版本的 Python、众多软件包、科学计算工具等,所以也称为 Python 的一种发行版。这正是为什么 Anaconda 被 Python 用户形象地称为“全家桶”。其实除了 Anaconda 之外,我们还可以选择 Miniconda,但它只包含最基本的内容:Python 与 conda,以及相关的必须依赖项,对于空间要求严格的用户,Miniconda 也不失为一个好的选择。

Spyder(Scientific Python Development Environment)是 Python(x,y)的作者为它开发的一个简单的集成开发环境。和其他的 Python 开发环境相比,它最大的优点是模仿 MATLAB 的“工作空间”功能,可以很方便地观察和修改数据对象的值。因此它的界面与 MATLAB 和 RStudio 都非常类似,是数据科学家最常使用的 Python IDE 之一。

Anaconda 可在 https://www. anaconda. com/download/免费下载和安装。Anaconda 安装完成后，会自带 Anaconda Navigator，即导航面板；Anaconda Prompt，即命令行运行面板；Jupyter Notebook，即支持 Python 的网络版交互式笔记本；Spyder：即 Python IDE 等。Anaconda Navigator 和 Anaconda Prompt 是对 Anaconda 中的环境和软件包进行管理的主要工具，其中 Anaconda Navigator 是可视化导航界面，而 Anaconda Prompt 是传统的命令行界面。图 8-11 是安装 Anaconda 后的可执行程序界面。

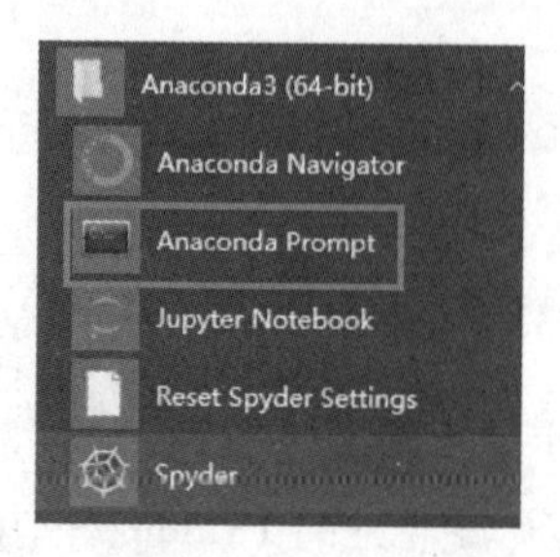

图 8-11 Anaconda 可执行程序界面

8.3.5.1 Anaconda Navigator 使用介绍

Anaconda Navigator 是 Anaconda 中对环境和组件以及软件包进行管理的可视化导航工具，我们可以使用它完成几乎所有常用的 Anaconda 管理，为 Python 编程提供了有力的后勤保障。

图 8-12 是 Anaconda Navigator 启动后的主页界面，主要功能是对 Anaconda 包含的应用工具进行管理。其中下标为 launch 的表示此工具已经安装，点击 launch 可打开相应程序。下标为 install 的为推荐安装工具，可点击 install 进行安装。

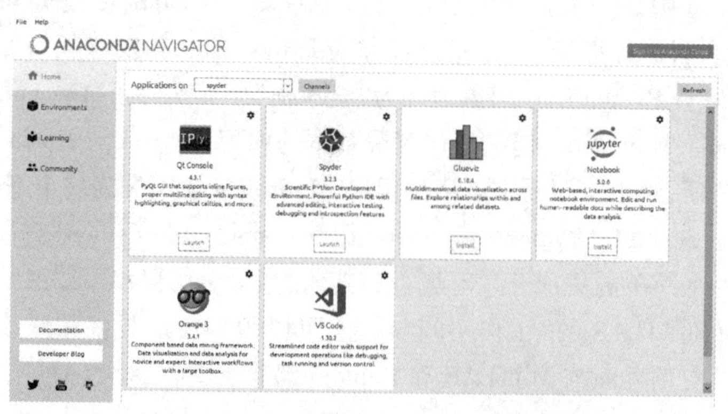

图 8-12 Anaconda Navigator 主页界面

点击导航面板左侧 Environment 即进入 Anaconda 环境管理界面，如图 8-13 所示。中部包含了现有的所有环境，其中 base(root)为默认环境。我们可以通过点击下方 Create 生成新的环境。这里我们需要注意的是，不同的环境可以兼容不同的 Python 版本，甚至可以兼容 R 语言。界面右侧是相应环境中已安装和未安装的所有软件包。不同环境对应的软件包有所不同，我们可以在这里对不同软件包进行安装、升级和移除。

如果我们需要使用不同 Python 版本的 Spyder，则需要在新建环境中选择不同的 Python 版本，并在新环境中重新安装 Spyder 软件包。这样，应用程序中就会出现两个不同 Spyder 可执行程序。

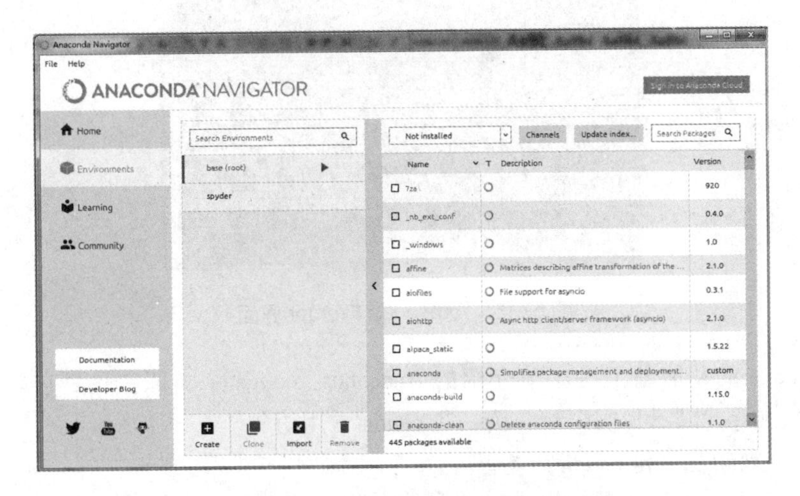

图 8-13　Anaconda Navigator 环境管理界面

环境界面中上部 Channels 按键用于选择和控制镜像。点开可以添加新的镜像，也可以删除已有的默认镜像，如图 8-14 所示。对于中国内地用户，默认镜像通常下载速度较慢，建议使用位于清华大学的 Anaconda 镜像，地址为：

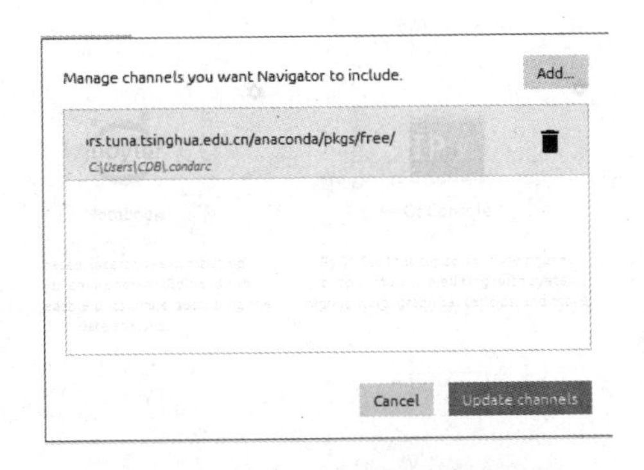

图 8-14　Anaconda 镜像管理界面

https://mirrors. tuna. tsinghua. edu. cn/anaconda/pkgs/free/。

8.3.5.2 Anaconda Prompt 使用介绍

Anaconda Prompt 是为 Anaconda 提供的命令行 conda 运行界面。conda 可以理解为一个工具,也是一个可执行命令程序,其核心功能是软件包管理与环境管理。包管理与 pip 的使用类似,环境管理则允许用户方便地安装不同版本的 Python 并可以快速切换。图 8-15 是 Anaconda Prompt 的界面截图。

图 8-15　Anaconda Prompt 界面

conda 的功能与上一小节介绍的 Anaconda Navigator 类似。只是它需要用命令行执行。以下我们简单介绍一些 conda 常用语句。

(1)判断及更新 conda 版本。

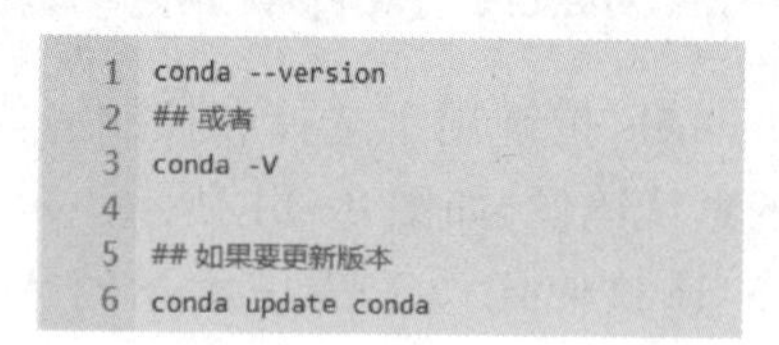

```
1 conda --version
2 ## 或者
3 conda -V
4
5 ## 如果要更新版本
6 conda update conda
```

(2)查看帮助信息。

```
1 conda --help
2 conda -h
```

(3)针对环境的操作。

```
1. 创建环境
conda create --name [name] [dependent package list]

例如：
conda create --name snowflakes biopython
指定了python版本
conda create --name bunnies python=3.5 astroid babel

2. 从其他环境拷贝到新的环境
conda create --name flowers --clone snowflakes

3. 激活环境
    • Linux and macOS: source activate snowflakes
    • Windows: activate snowflakes

4. 列出当前环境
conda info --envs

```

(4)包管理命令。

```
1. 查询可用包版本信息
conda search --full-name python
conda search beautifulsoup4


查询在线包链接：
https://anaconda.org/

2. 查询当前环境中的包列表
conda list

3. 在环境中安装包
conda install numpy=1.13.3
conda install --name [环境名称] beautifulsoup4
```

(5)设置国内镜像。

```
conda config --add channels https://mirrors.tuna.tsinghua.edu.cn/anaconda/pkgs/free/
conda config --set show_channel_urls yes
```

8.3.5.3 Spyder 使用介绍

与 Canopy 的界面类似,Spyder 的界面主要包含三个常用组件,如图 8-16 所示。

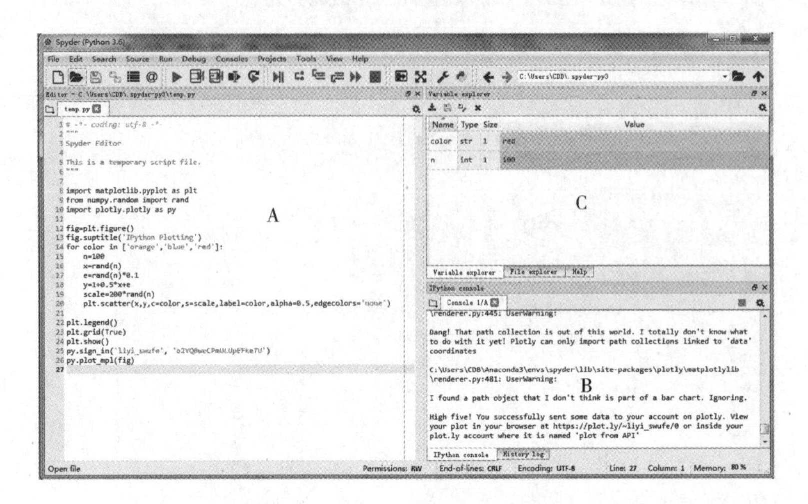

图 8-16 Anaconda Spyder 操作界面

A:Python 代码编辑器。它提供一个功能分区和支持 Pylint 代码分析的类编辑器,支持现在的 IDE 中已经很常见的代码补全功能。

B:交互式控制台。Python 语言是最适合交互式工作的语言,因此控制台必须包含能对代码进行实时评估的所有必要工具。

C:变量管理器。对任何交互式执行程序来说,变量管理对增加效率是非常有帮助的。在变量管理器中可以同时完成对不同类型变量的编辑。

8.4 使用 Python 进行可视化作图

从收集数据、解析和处理数据到可视化并交流研究的结果,Python 支持一系列的科学数据工作流程。Python 可以在很广泛的应用中使用(即使不属于科学计算的范畴)。用户可以很快适应这种语言并且不需要再学习其他新的软件或编程语言。Python 的开源属性增强了研究成果的可传播性,使得研究成果可在广大的科学家和工程师群体中进行有效的传播。

下面是一些在 Python 中常用的绘图软件库:

(1)matplotlib:它是 Python 中最为流行和常用的绘图软件库之一。它与 Numpy 和 SicPy 结合,成为 Python 用户群体中的绘图利器。Python 有一个 pylab 模式,专为 matplotlib 设计进行交互式绘图。

(2)pyecharts:它是一个用于生成 Echarts 图表的类库。Echarts 是百度开源的一个数据可视化 JS 库。用 Echarts 生成的图可视化效果非常棒,pyecharts 的出现是为了让 Echarts 与 Python 进行对接,方便在 Python 中直接使用数据生成图。

(3)Plotly:它是一个在浏览器上运行的协同绘图分析平台。它支持使用 IPython notebook 进行交互式绘图。图形是交互式的并可以通过改变代码来设计样式并观看结果。所有用 matplotlib 代码绘制的图形都可以很容易输出成为 Plotly 版本。具体方法我们在前面小节中已经介绍。

(4)Veusz:它是一个用 Python 和 PyQt 编辑的 GPL 科学绘图包。Veusz 同样可以嵌入其他 Python 程序。

(5)Mayavi:它是一个完全可以用 Python 编写脚本的三维绘图包。用类似于简单的 pylab 或 MATLAB 界面进行图形排列。

(6)NetworkX:它是一个用于生成、操作和学习复杂网络结构以及动态和功能的 Python 语言软件包。

(7)pygooglechart:它是一个功能强大的生成可视化方法,并且让我们能够与 Google Chart API 进行交互的软件包。

8.5 交互式可视化包简介

几年前,除了 IPython 以外的交互式工具并不常见。为了更好地了解数据可视化如何交互,我们需要将它与一个现有的工具(例如 D3.js)进行比较。D3.js 之所以强大的一个重要原因是基于 JavaScript 的绘图构架可以使图形显示在网页中。另外,它结合了所有易于配置的事件驱动功能。

现阶段,在为数不多的交互式可视化软件库中,最为流行的主要包括 Bokeh 和 VisPy。除此之外,Wakari 也是较为常见的用于进行数据分析的可视化工具。它与 IPython 在生成基于浏览器的可视化上非常相似。Ashiba 是另外一个由 Clayton Davis 在 Continuum 开发的工具。但由于 Continuum 的重心主要转移到 Bokeh 和 Wakari 上,这几年由 Ashiba 完成的工作已经非常有限了。

8.5.1 Bokeh

Bokeh 是一个在 Python 中开发的致力于通过网络浏览器工作的交互式可视化库。Bokeh 的名字从何而来呢?它是一个用来描述"模糊"或者"部分图像未对准焦点"的日语单词。它的目的是开发一个与 D3.js 的审美极其相似的软件库,因此 Bokeh 这个名字与其目的非常吻合。Bokeh 可写入 HTML5 Canvas 软件库,因此确保能在支持 HTML5 的浏览器上运行。如果我们希望对比基于 JavaScript 的图形与 Python 图形,这非常重要。

我们不对这个工具进行详细的介绍。读者可以通过 http://bokeh.pydata.org 对其进行更深入的了解。在这里需要说明的是,在安装 Bokeh 之前,我们需要安装另一个叫做 jsonschema 的从属库。当然在 Anaconda 中,系统会提示并自动安装所有的从属库。

8.5.2 VisPy

VisPy 是一个 2D 和 3D 交互式绘图都非常棒的可视化软件库。我们可以利用 OpenGL 的知识很快地进行可视化操作。它同样有不需要对 OpenGL 深入了解而绘图的方法。更多的信息,可以参考 https://vispy.org 中的相关文档。

对于安装 VisPy 来说,如果在 conda 中尝试直接使用 conda install vispy,可能无法安装成功。这时可以尝试以下的命令:

```
conda install-channel https://conda.binstar.org/asmeurer vispy
```

现在,对于 Python 开发者来说,好用的开发工具与软件包已经越来越多。Python 有一个庞大的标准软件库,这经常被作为展现 Python 强大功能的理由。它有用于生成可视化用户界面并能连接相关数据库的模块、伪随机数生成器、精确到任意位数的数字、可操控的正则表达式等。除此之外,它还有高性能的绘制 2D 和 3D 图形的软件包、机器学习统计算法等。

我们可以看到,Python IDE 工具已经将高效的开发工作从计算和可视化的视角延伸到其他更为广阔的领域。我们可以利用这些工具找到很多有效的途径构造可视化方法。在接下来的章节中,我们将介绍利用这些工具和软件包来完成的更多有趣例子。

9 Python 数据结构基础

要熟练使用一门编程语言进行数据分析和可视化，了解这种语言保存和处理数据的基本结构是万里长征第一步。Python 中的数据主要有四种类型：整数型、浮点型、字符串以及逻辑型（布尔型）。而数据结构，通俗来说，就是存储这些数据的容器。在这一章，我们将介绍 Python 语言中最为基础和常用的几类数据结构，它们分别是列表、堆栈、元组、集合、队列、字典以及树。

9.1 列表

列表是 Python 中最基本的数据结构。列表中的每个元素都被分配到一个数字代表它的位置或索引，第一个索引是 0，第二个索引是 1，依此类推。列表中可以进行的操作包括索引、切片、加、乘、检查成员。此外，Python 已经内置确定序列的长度以及确定最大和最小元素的函数。列表是最常用也是最灵活的 Python 数据类型，它的元素不需要具有相同的类型。创建一个列表，只要把逗号分隔的不同的元素使用方括号括起来即可。如下所示：

```
list1=[1,2,3,4,5]
list2=['a','b','c','d','e']
list3=['a','b',1,2,3]
```

需要特别注意的是：列表索引从 0 开始。我们可以使用下标索引来访问列表中的值，同样也可以使用方括号的形式截取字符。如下所示：

```
list1[0]
1

list2[0:3]
['a', 'b', 'c']

list2[:4]#从开始到第四个元素
['a', 'b', 'c', 'd']

list2[2:]#从第二个元素到最后一个元素
['c', 'd', 'e']

list2[-2]#倒数第二个元素
'd'
```

列表中的每个元素都是可变的,意味着可以对每个元素进行修改和删除,具体方法如下:

```
list1[2]=100

list1
[1, 2, 100, 4, 5]

del list2[3]#删除list2的第四个值

list2
['a', 'b', 'c']
```

表 9-1 是最为基础的列表脚本操作符:

表 9-1 常用列表操作符

Python 表达式	运行结果	描述
len([1,2,3,4,5])	5	计算列表长度
[1,2,3]+[2,3,4]	[1,2,3,2,3,4]	列表的拼接
['hello']*4	['hello','hello','hello','hello']	列表的重复
3 in [1,2,3]	True	判断元素是否在列表中
for x in [1, 2, 3]: print(x, end=" ")	1, 2, 3	列表的迭代
max([1,2,3,4,5])	5	列表最大值
min([1,2,3,4,5])	1	列表最小值
list(('a','b','c'))	['a','b','c']	将元组转化为列表

以上介绍的列表均为一维列表,我们也可以通过嵌套定义生成高维列表:

```
a=[[1,2,3],['a','b','c']]

x=[[1,2,3],['a','b','c']]

x[0]
[1, 2, 3]

x[1][2]
'c'
```

9.2 堆栈

堆栈又称为栈或堆叠,是计算机科学中一种特殊的串列形式的抽象数据类型(ADT),其特殊之处在于只能允许在阵列的一端加入数据和删除数据,并且执行顺序应按照后进先出(LIFO)的原则,也就是从数据尾端加入新元素,删除元素时从前往后索引并删除。尾端加入新元素使用函数 append( ),删除元素使用函数 pop( ),删除某个值的元素使用函数 remove( )。需要注意的是,append( )和 remove( )函数括号中应输入添加或删除的元素的值,如果有重复的元素值,则 remove( )函数删除的是从前往后数的第一个满足条件的元素。而 pop( )函数括号中应输入删除元素的所在位置,如果直接使用 pop( ),则是默认删除尾部元素。我们还可以在堆栈的某个位置加入新元素,使用 insert( )函数即可。如果需要搜索某个值所在元素的位置,使用 index( )函数,同样的,有重复值的会从前往后搜索。如下例所示:

```
stack=[1,2,4,2,5,7,8]

stack.append(8)#尾部添加元素8
stack
[1, 2, 4, 2, 5, 7, 8, 8]

stack.pop()#删除最后一个元素
stack
[1, 2, 4, 2, 5, 7, 8]

stack.pop(-2)#删除倒数第二个元素
stack
[1, 2, 4, 2, 5, 8]

stack.remove(2)#删除值为2的元素(从前往后找)
stack
[1, 4, 2, 5, 8]

stack.insert(2,8)#在第二个位置添加元素8
stack
[1, 4, 8, 2, 5, 8]

stack.index(8)#搜索8所在位置
2
```

9.3 元组

Python 的元组与列表类似,不同之处在于元组的元素不能修改与删除。元组使用小括号,列表使用方括号。元组的创建很简单,只需要在括号中添加元素,并使用逗号隔开即可。需要注意的是,定义只包含一个元素的元组,需要在括号内加逗号,否则括号会被当作运算符。

元组的元素是不可编辑的,因此我们不能对元组中的元素进行修改或删除。但是我们是可以将元组整个删除的,例如使用代码"del tup1"删除名为 dup1 的元组。删除后如果想继续使用它,系统将会报错。

元组的脚本操作符与列表基本一致,例如 len( )、+、*、in、max( )、min( )

```
tup1=(1,2,2,3)
tup2=('a','b',1,2,3)
tup3='a','b','c' #不需要加括号也可以
tup4=(50) #不加逗号时括号会被当作运算符
tup5=(50,)
type(tup4)
int
type(tup5)
tuple
```

等。同样的,如果我们需要将列表转化为元组,可以使用 tuple( ) 函数。

需要注意的是,max( )、min( ) 函数主要使用在数值型元组上。如果我们将它们使用到字符串元组中,将按照字符串长度进行排序,也就是说最大值是长度最长的字符串,反之,最小值是长度最短的字符串。

```
weekday=('Sunday','Monday','Tuesday','Wednesday','Thursday','Friday','Saturday')

max(weekday)
'Wednesday'

min(weekday)
'Friday'
```

9.4 集合

集合类似于列表,但有两方面的不同。首先,相比于列表来说,集合是无序的,没有位置和指标的概念。其次,正如数学中的定义,集合中是不包含重复值的。我们可以使用大括号{ }或者 set( ) 函数创建集合。需要注意的是,{ }与 set( ) 定义的集合有所不同,我们可以通过以下例子来说明。

```
basket = {'apple', 'orange', 'apple', 'pear', 'orange', 'banana'}
basket
{'apple', 'banana', 'orange', 'pear'}

a={'apple'}
a
{'apple'}

b=set('apple')
b
{'a', 'e', 'l', 'p'}
```

我们可以利用集合之间的关系进行常规的集合运算:

假设集合 set1={'a','b','c','d'},表 9-2 是最为常用的集合脚本操作符。

```
a = set('abracadabra')
b = set('alacazam')
a
{'a', 'r', 'b', 'c', 'd'}
a - b    # 集合a中包含而集合b中不包含的元素
{'r', 'd', 'b'}
a | b    # 集合a或b中包含的所有元素
{'a', 'c', 'r', 'd', 'b', 'm', 'z', 'l'}
a & b    # 集合a和b中都包含了的元素
{'a', 'c'}
a ^ b    # 不同时包含于a和b的元素
{'r', 'd', 'b', 'm', 'z', 'l'}
```

表 9-2　常用集合操作符

Python 表达式	运行结果	描述
len(set1)	4	计算集合包含元素个数
set1.add('e')	{'a','b','c','d','e'}	集合添加新元素
set1.update({'e','f'})	{'a','b','c','d','e','f'}	集合同时添加多个元素
set1.remove('a')	{'b','c','d'}	去掉集合中的元素(如果元素不在集合中会报错)
set1.discard('a')	{'b','c','d'}	去掉集合中的元素(如果元素不在集合中不会报错)
set1.clear	set()	清空集合
'a' in set1	True	判断元素是否在集合中
min({1,2,3,4,5})	1	集合最小值
list({'a','b','c'})	['a','b','c']	将集合转化为列表

类似于列表推导式,我们同样可以使用集合推导式(Set comprehension):

```
a = {x for x in 'abracadabra' if x not in 'abc'}

a
{'d', 'r'}
```

9.5　队列

类似于堆栈,我们可以将列表看作一个队列。不同的是,我们可以从列表的开头或者结尾处添加或者删除元素。从尾部删除或者添加元素通常更加有效,因为其他元素的位置不会变化;而从列表开头添加或者删除元素就没那么有效了,因为其他元素都需要进行平移。

幸运的是,Python 的软件包 collections 中包含双端队列(deque),从而可以使用 append()、pop()、appendleft()和 popleft()函数在列表的两端添加或者删除元素。如下例所示：

```
from collections import deque

basket = deque(['apple', 'orange', 'apple', 'pear', 'banana'])

basket.append('orange') #尾部添加 orange
basket
deque(['apple', 'orange', 'apple', 'pear', 'banana', 'orange'])

basket.pop() #尾部删除orange
basket
deque(['apple', 'orange', 'apple', 'pear', 'banana'])

basket.appendleft('peach') #头部添加peach
basket
deque(['peach', 'apple', 'orange', 'apple', 'pear', 'banana'])

basket.popleft() #头部删除peach
basket
deque(['apple', 'orange', 'apple', 'pear', 'banana'])
```

9.6 字典

字典这个概念就是源于现实生活中的字典原型,生活中使用名称-内容对数据进行构建,Python 中使用键(key)-值(value)存储,其中,字典中的键值对是无序的,键作为指标是唯一访问值的方式。现在的问题是,如果字典的键是字符串,那么它的指标的功能是如何实现的呢？其实,键中包含一个指标函数,将键转换为一个整数指标来定位相应的值。这样,字典就可以使用这个整数来存储和标记对应的值了。

字典的每个键值对用冒号(:)分割,每个对之间用逗号(,)分割,整个字典包括在花括号{}中,格式如下所示：

```
dict1 = {'Alice': '2341', 'Beth': '9102', 'Cecil': '3258'}
dict2 = { 'abc': 456 }
dict3 = { 'abc': 123, 98.6: 37 }
```

字典中的键不可重复,值可重复;键若重复,字典中只会标记该键对应的最后一个值。在字典中是根据键来计算值的存储位置,如果每次计算相同的键得出的结果不同,那字典内部就完全混乱了。字典中键是不可变的,为不可变对象,不能进行修改;而值是可以修改的,可以是任何对象。我们可以很方便地访问以及修改字典中的值,以及对键值对进行添加和删除。

在现实中有很多需要用到键值对和字典的例子,例如:表示名字和缩写、文本和字数、城市和人口等等。另外一个经典例子是使用字典表示稀疏矩阵。稀疏矩阵通常用于表示社交网络中个体之间的关系或地理数据中表示位置关系

```
dict={'Name': 'Xiaoming', 'Age': 7, 'Class': 'First'}
#访问字典中的值
dict['Name']
'Xiaoming'
dict['Age']
7
#修改字典中的值
dict['Age']=8
dict
 {'Age': 8, 'Class': 'First', 'Name': 'Xiaoming'}
#添加新的键值对
 dict['Gender']='Male'
 dict
 {'Age': 8, 'Class': 'First', 'Gender': 'Male', 'Name': 'Xiaoming'}
 #删除键值对
del dict['Gender']
dict
{'Age': 8, 'Class': 'First', 'Name': 'Xiaoming'}
```

的临界矩阵等。它的特点是绝大部分矩阵中的数据为零,非零的数据占比非常小。我们可以大概计算一下矩阵占用内存的情况。如果使用列表表示一个 100×100 矩阵,每个元素占用 4B,因此矩阵需要占用大概 40 KB 的空间。如果这 100×100 个值中只有 100 个为非零值,那将浪费很多空间。为了便于说明,我们选择一个较小的稀疏矩阵作为例子:

$$A = \begin{bmatrix} 0 & 0 & 0 & 0 & 2 & 0 & 0 & 1 & 0 & 2 \\ 0 & 4 & 0 & 3 & 0 & 0 & 0 & 0 & 1 & 0 \\ 6 & 0 & 1 & 0 & 0 & 7 & 0 & 0 & 0 & 0 \\ 0 & 0 & 0 & 0 & 0 & 0 & 0 & 0 & 0 & 1 \\ 0 & 0 & 0 & 0 & 0 & 0 & 0 & 0 & 0 & 0 \\ 3 & 0 & 2 & 0 & 0 & 0 & 0 & 0 & 3 & 0 \\ 0 & 0 & 0 & 2 & 0 & 0 & 1 & 0 & 0 & 0 \\ 0 & 0 & 0 & 0 & 0 & 0 & 0 & 0 & 1 & 0 \\ 3 & 0 & 2 & 0 & 0 & 0 & 0 & 0 & 0 & 1 \\ 0 & 3 & 0 & 0 & 0 & 0 & 0 & 0 & 0 & 0 \end{bmatrix}$$

这个矩阵大概有 20%的非零值,因此,我们需要找到一种表示矩阵非零值的方法。由于矩阵中有 7 个 1、5 个 2、5 个 3、1 个 4、1 个 6 和 1 个 7,我们可以用以下字典来表示它:

```
def SparseMatrix(row, col):
    if (row,col) in A.keys():
        r = A[row,col]
    else:
        r = 0
    return r

A={(0,4): 2, (0,7): 1, (1,1): 4, (1,3):3, (1,8): 1, (2,0): 6, (0,9):
2, (2,2):1, (2,5): 7, (3,9): 1, (5,0): 3, (5,2): 2, (5,8): 3, (6,3):
2, (6,6):1, (7,8): 1, (8,0): 3, (8,2): 2, (8,9): 1, (9,1): 3}
```

我们可以利用如图 9-1 的方箱图来对以上稀疏矩阵进行可视化,其中黑色代表稀疏部分,灰色代表非零值(此案例来源于参考文献[10])。

```
import numpy as np
import matplotlib.pyplot as plt
"""
SquareBox diagrams are useful for visualizing values of a 2D array,
Where black color representing sparse areas.
"""
def sparseDisplay(nonzero, squaresize, ax=None):
    ax = ax if ax is not None else plt.gca()
    ax.patch.set_facecolor('black')
    ax.set_aspect('equal', 'box')
    for row in range(0,squaresize):
        for col in range(0,squaresize):
            if (row,col) in nonzero.keys():
                el = nonzero[(row,col)]
                if el == 0: color='black'
                else: color = '#008000'
                rect = plt.Rectangle([col,row], 1, 1,
                                     facecolor=color, edgecolor=color)
                ax.add_patch(rect)
    ax.autoscale_view()
    ax.invert_yaxis()
if __name__ == '__main__':
    nonzero={(0,4): 2, (0,7): 1, (1,1): 4, (1,3): 3, (1,8): 1,
(2,0): 6, (0,9): 2, (2,2): 1, (2,5): 7, (3,9): 1, (5,0): 3,
(5,2): 2, (5,8): 3, (6,3): 2, (6,6): 1, (7,8): 1, (8,0): 3, (8,2): 2,
(8,9): 1, (9,1): 3}

plt.figure(figsize=(4,4))
sparseDisplay(nonzero, 10)
plt.show()
```

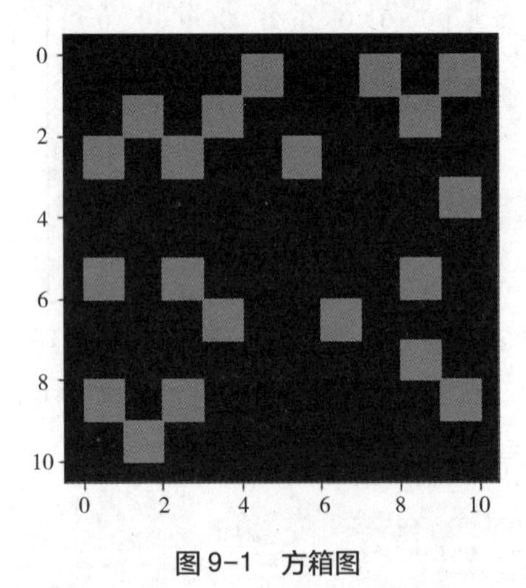

图 9-1 方箱图

以上只是一个稀疏矩阵的简单例子。现实中,我们需要表示的稀疏矩阵维度往往比这个大得多,因此,使用字典的方式可以节省非常多的空间和运行时间。除此之外,我们也推荐大家使用 SciPy 中的 pandas 包来处理稀疏矩阵。后面我们会看到类似的例子。

9.7 树

树是一种数据结构，也被称作数字树(digital tree)、根树(radix tree)或者前缀树(prefix tree)等。树是一种具有非常有效的搜索、插入和删除功能的结构。这种数据结构同样非常有利于储存数据。例如，当单词 bear、bell、bid、bull、buy、sell、stock、stop 在树中储存，就像图 9-2 所示那样。

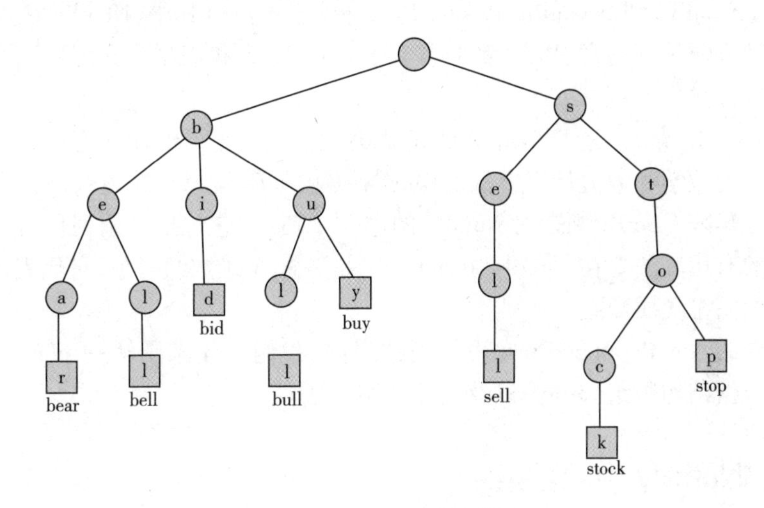

图 9-2 Python 中的树结构

这里我们假设字母都是小写。在现实中可根据真实情况进行储存，不过在对以上树进行处理时，单词将按照字母排序进行存储。搜索功能在这种形式的数据中将变得很迅速，特别是当搜索条件不满足时，会更为快速。例如，我们需要搜索单词“sear”，在最后的“ar”出现之前就能够获得匹配失败的结果。

树中最为常用的功能之一被称为“前缀匹配”。换句话说，我们需要找到字典中以特殊字符串开头的所有单词，例如以字符串“dis”开头的单词：disable，disadvantage 等。除此之外，Python 中还有很多不同树的应用，包括 suffix_tree、pytire、trie、datre 等。关于这些应用，可以参考 J. F. Sebastian 的文章：https//github. com/zed/trie-benchmark。

大多数搜索引擎都会使用树的一种功能，叫作倒排索引(inverted index)。它的重要组件是对空间的优化。另外，通过这样的结构搜索关键词和文档之间的联系是非常高效的。树的另一个有趣的应用是 IP 路由查询，它能高效地获得大范围的结果并且非常节省空间。

10 使用 NumPy 和 SciPy 库

在科学计算领域，有两个非常流行的软件库，它们分别是 Numerical Python Package(NumPy)和 Scientific Python Package(SciPy)。其中，NumPy 在高效数组运算和方便易行的索引方面都非常有名。在本章，我们主要介绍这两个软件库的使用方法。

NumPy 和 SciPy 是 Python 的计算模块。它们利用预编译的高速运算函数提供方便的数学和数值计算方法。NumPy 提供基础程序来处理数值数据的大型数组和矩阵。SciPy 则是对 NumPy 的进一步拓展，它包括一系列包含应用数学技术的有用算法。在 NumPy 中，ndarray 是一种 *N* 维数组对象，它代表包含已知大小的高维同质数组。

在介绍 NumPy 和 SciPy 常用的函数之前，我们首先来了解一下 NumPy 中特有的数据结构数组(array)以及它的使用方法。

10.1 NumPy 中的数组

与 Python 最基本的数据结构不同，NumPy 中的数据是以数组形式存在的。数组类似于列表，但它要求数组中元素的类型必须保持一致。我们可以使用 NumPy 中的 array( )函数来定义一维或者高维的数组。不同的维度用[ ]分割，同一维度的元素用逗号分割，这与 Python 中定义列表的方法相同。例如：我们可以通过以下代码定义一个二维数组：

a=array([[1,2,3,4],[5,6,7,8],[9,10,11,12]])。

NumPy 中，数组的元素可以通过四种方法进行选择访问，它们分别是：标量选择、切片、数值索引和逻辑(布尔)索引。标量选择和切片是最为基础的访问数组元素的方法。数值索引和逻辑索引的方法与前两者类似，但提供更为灵活的选择方式。数值索引使用列表或者数组的位置指标进行选择，而逻辑索引使用包含逻辑值的数组来进行选择。

10.1.1 标量选择

标量选择是从一个数组中提取元素的最简单方式，对于一维数组使用[行

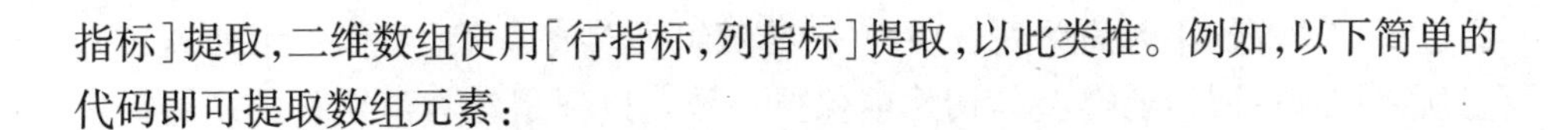
指标]提取，二维数组使用[行指标，列指标]提取，以此类推。例如，以下简单的代码即可提取数组元素：

```
import numpy as np
x=np.array([[1,2,3,4],[5,6,7,8]])
x[1,2]
7
```

一个标量选择总是返回一个单独的元素而不是一个数组。选择元素的数据类型与相应数组的数据类型保持一致。标量选择同时可以用于对数组元素进行赋值，如下所示：

```
import numpy as np
x=np.array([[1,2,3,4],[5,6,7,8]])
x[1,2]=100
print(x)
```

```
[[  1   2   3   4]
 [  5   6 100   8]]
```

10.1.2 切片

数组可以像列表和元组一样进行切片。除了语法上更加简单以外，数组切片与列表切片没有什么区别。数组使用以下语法进行切片：x[a1:b1:c1, a2:b2:c2, … ak:bk:ck]，其中数组的维度决定了切片的大小。除了切片忽略的维度，所有的元素都将被选择。例如，如果 x 是一个三维数组，b[0:2]与 b[0:2,,]完全相同。以下是一些常用的切片简化符号：

(1)x[:]与 x 一致：表示 x[0:n:1]，其中 0 是起始位置，n 是终止位置（这里表示数组长度），1 表示步长。

(2)x[m:]与 x[m:n]一致：表示 x[m:n:1]，省略终止位置表示默认到数组的最末尾，省略步长表示默认步长为 1。

(3)x[:n]与 x[0:n:1]一致。

(4)x[::d]与 x[0:n:d]一致。

对于上述语法，只需要记住对每个维度的切片需要三个参数，它们分别为[起始位置:终止位置:步长]。省略相应的参数将使用其默认值：起始位置默认值为 0，代表从数组起始位置开始；终止位置默认值为 n，代表到数组末尾位置；步长默认为 1。不同维度由逗号隔开。

所有切片方法是以数组为例来介绍的，它同样适用于列表。对一个一维数组进行切片等价于对简单列表切片（一维数组可以被等价地看作一个列表），并且所有切片返回值的类型与切片前保持一致。以下是对数组切片的一些简单例子。这里需要注意的是，arrange( )是数组版本嵌入 Python 的 range( )函数，作用是生成等距的数组序列，默认间距为 1。

```
x=np.arange(10)

x
array([0, 1, 2, 3, 4, 5, 6, 7, 8, 9])

x[:2]
array([0, 1])

x[::2]
array([0, 2, 4, 6, 8])
```

当一种数据类型的元素加入另外一种数据类型的数组中时，NumPy 会自动转换其类型，使数组中的元素类型包含一致。例如，如果一个数组中的元素都是整数型数据，当加入一个浮点型元素后，浮点型元素会被自动截尾并转化为整数型数据保存在数组中，这样通常是很危险的。因此，在这种情况下，除非有特殊考虑，数组应该一开始就包含浮点型数据。下列例子告诉我们，如果一个元素是浮点型，其余的都是整数型，数组也会被当作浮点型来保证它的合理性。

```
x=[1.0,2,3,4]

y=np.array(x)

y.dtype
dtype('float64')
```

矩阵形式的数据通常以行优先的顺序存储，也就是说元素首先按照行的下标计数再跳到下一行。例如，对于以下三行三列的矩阵，元素以 1，2，3，4，5，6，7，8，9 的顺序排列：

$$A = \begin{bmatrix} 1 & 2 & 3 \\ 4 & 5 & 6 \\ 7 & 8 & 9 \end{bmatrix}$$

线性切片需要给数组中的每个元素根据其读取的顺序设置下标。对于二维的数组或列表，线性切片按照先行再列的顺序排序。为了使用线性切片，我们需要使用 flat( )函数将数据拉平，如下例所示：

```
a=np.array([[1,2,3],[4,5,6],[7,8,9]])

b=a.flat[:]

print(b)
[1 2 3 4 5 6 7 8 9]
```

10.1.3 数值索引

数值索引是除切片外另一种访问数组元素的方法。它的思想是使用坐标位置选择元素，这与切片非常类似。数组使用数值索引来生成数据的拷贝，而切片只是查看数据。因此，如果考虑运算性能，一般更倾向于使用切片。一个切片类似于一个一维数组，但是切片的形状由切片的输入来决定。

一维数组的数值索引使用整数指标作为数组的位置，并返回与整数指标维度相同的数组。需要注意的是，整数指标既可以是列表，也可以是 NumPy 中的数组，但必须是整数值，如下例所示：

```
a=np.linspace(0,50,6)

a
array([  0.,  10.,  20.,  30.,  40.,  50.])

a[[1]]
array([ 10.])

a[[3,2,0]]
array([ 30.,  20.,   0.])

seq=np.array([2,3,4,3,2,1,3])

a[seq]
array([ 20.,  30.,  40.,  30.,  20.,  10.,  30.])

seq=np.array([[1,2],[3,4]])

a[seq]
```

```
array([[ 10.,  20.],
       [ 30.,  40.]])
```

以上的例子显示了整数指标决定元素的位置，它的结构决定了输出结果的结构。

类似于切片，整数指标也可以结合 flat( ) 函数使用，我们利用行优先排序原则来选择数组的元素。包含 flat( ) 的整数指标与拉平数组的整数指标用法相同，如下例所示：

```
a=np.array([[0,10,20],[30,40,50],[60,70,80]])

a.flat[[4,1,3]]
array([40, 10, 30])

a.flat[[[3,4,5],[0,1,2]]]

array([[30, 40, 50],
       [ 0, 10, 20]])
```

10.1.4 逻辑索引

逻辑索引与切片以及数值索引有所不同,它使用逻辑指标来选择元素的行或者列。逻辑指标像电灯的开关一样,只有 True 或 False 两个值。单纯的逻辑索引使用与被选择数组大小相同的逻辑索引数组来进行选择,最终逻辑指标为 True 的被选择出来。对于高维数组,逻辑索引的结果均以一维的形式返回。如下例所示:

```
x=np.arange(-3,3)

x<0
array([ True,  True,  True, False, False, False], dtype=bool)

x[x>0]
array([1, 2])

x[abs(x)>=2]
array([-3, -2,  2])

x=np.reshape(np.arange(-8,8),(4,4))

x

array([[-8, -7, -6, -5],
       [-4, -3, -2, -1],
       [ 0,  1,  2,  3],
       [ 4,  5,  6,  7]])

x[x>0]
array([1, 2, 3, 4, 5, 6, 7])
```

我们还可以使用列表的推导式来选择列表中的元素。如下例所示:

其中,第一条逻辑索引语句选择:list1 的元素中不包含 NaN 的子列表元素;第二条语句选择:在 list2 的指标中,并且同时在 list1 的不包含 NaN 的子列表元素中的元素。

```
from math import isnan
list1=[[1,2,float('NaN')],[4,5,6],[-1,float('NaN'),6]]
list2=[3,4,5,6]


[elem for elem in list1 if not any([isnan(element) for element in elem])]
[[4, 5, 6]]

[list2[index] for index, elem in enumerate(list1) if not any([isnan(element) for element in elem])]
[4]
```

10.2 NumPy 常用函数

NumPy 不只是简单使用数组,也可运用线性代数函数来方便计算。它提供了快速实现数组和相关数组计算的功能。使用数组,我们可以实现包括矩阵相乘、向量和矩阵转置、解线性方程组、向量乘法和标准化在内的常规代数运算。

10.2.1 NumPy 通用函数

通用函数(ufunc)是一类作用于数组每个元素的函数,它支持类型强制转换等常规功能。换句话说,ufunc 是一类标量输入和标量输出函数的向量包装器。很多嵌入函数是通过 C 语言编译的,所以它的运算非常快速。

NumPy 通用函数比 Python 函数更快,因为循环是在编译代码中执行的。与此同时,由于数组是提前分类的,因此它的类别是在任何运算发生前就确定了,不需要在计算中进行判断。

以下是一个非常简单的 ufunc 操作,它的每个元素如下所示:

```
import numpy as np
x=np.random.random(5)
print(x)
print(x+1) #对X的每个元素加1

[ 0.78413864  0.31811257  0.19992976  0.36848542  0.18723441]
[ 1.78413864  1.31811257  1.19992976  1.36848542  1.18723441]
```

这里需要注意的是,对于 Python2.x 版本,打印结果需要使用“print x”而非“print(x)”。我们同样可以尝试使用 add()和 subtract()函数。

像我们前面提到的,NumPy 中的数组类似于 Python 中的列表。但它更为严格,只能存储同质的对象。换句话说,Python 的列表,可以混合元素的类型,例如第一个元素是数字,第二个元素是列表,其他的变量是另外的列表或字典。对很大的数组来说,运行数组相比于使用列表逐一运行要快速许多。下面的例子便可证明这一点。我们使用 IPython 中的魔术命令 timeit 来计算运行时间。[1]

```
import numpy as np

array1=np.arange(1000000) #生成数组1到1百万
list1=array1.tolist() #将数组转化成列表

def scalar_multi(list1,scalar):
    for i,val in enumerate(list1):
        list1[i]=val*scalar
    return list1

#使用魔术命令timeit计算运行时间
timeit array1*1.5
timeit scalar_multi(list1,1.5)


In [35]: timeit array1*1.5
4.52 ms ± 149 µs per loop (mean ± std. dev. of 7 runs, 100 loops each)

In [37]: timeit scalar_multi(list1,1.5)
114 ms ± 2.41 ms per loop (mean ± std. dev. of 7 runs, 10 loops each)
```

对于以上代码,每一个数组元素占用 4B,因此一百万个整数数组占用大约 44MB 内存,而列表占用 711MB 内存。然而,对于较小数据量,数组会比列表稍慢;但对于大数据量,数组占用的空间更少并且运算速度更快。

NumPy 有很多有用的函数,可以大致分为以下类型:三角函数、算术函数、指数对数函数和辅助函数。在众多的辅助函数中,以下两个函数较为常用:convolve()用于计算线性卷积,interp()用于线性插值。另外,对于大部分需要包含等距数据的试验性工作中,linspace()和 random. rand()函数也被广泛使用。

10.2.2 定义与改变数组结构

与对已有数据使用新的结构生成新的数组相比,改变已有数组的结构往往要更加有效,因为这样不需要重新定义新的变量。下面的代码中,改变列表结构在内存中实现(数组不被存储在新的变量中)。

```
In [38]: np.random.rand(2,5)
Out[38]:
array([[ 0.26486736,  0.27486806,  0.45976619,  0.73994448,  0.02504105],
       [ 0.20517893,  0.25572875,  0.47163884,  0.51825893,  0.13914019]])

In [39]: np.random.rand(10).reshape(2,5)
Out[39]:
array([[ 0.00496534,  0.5390402 ,  0.542443  ,  0.73084931,  0.506004  ],
       [ 0.67057298,  0.38693796,  0.61239698,  0.00899149,  0.38614136]])
```

---

① 如果读者对 NumPy 在 C 中的实现感兴趣,可以参考以下文档:https://docs. scipy. org/doc/numpy/reference/internals. code-explanations. html。

而以下代码中,数组首先被存储在一个变量中,然后被转换结构。

```
In [40]: a=np.random.rand(2,6)

In [41]: print(a)
[[ 0.1881753   0.32554153  0.83928187  0.35757306  0.47165028  0.44962022]
 [ 0.67454147  0.73367594  0.55040358  0.6074039   0.2475861   0.37847448]]

In [42]: a.shape
Out[42]: (2, 6)

In [43]: a.shape=(3,4)

In [44]: print(a)
[[ 0.1881753   0.32554153  0.83928187  0.35757306]
 [ 0.47165028  0.44962022  0.67454147  0.73367594]
 [ 0.55040358  0.6074039   0.2475861   0.37847448]]
```

以上定义和改变数组结构的反向操作是取消数组结构,将其变为简单的向量型数组。我们使用的函数是 ravel( ),类似于 flat( )。

```
In [45]: a=np.random.rand(2,5)

In [46]: a.ravel()
Out[46]:
array([ 0.29106361,  0.07873303,  0.50114863,  0.19688297,  0.16632073,
        0.74893294,  0.35899331,  0.50936487,  0.88825575,  0.23537939])
```

10.2.3　插值实例

在数据分析和可视化中,我们常常需要描绘一个给定的函数曲线。例如,我们想绘制正弦函数在(0,2π)的曲线。直观来说,我们想到的是直接在需要的范围中取点并画图。但我们最终得到的点可能过于稀疏。如果我们使用插值的方法,将可以得到更为稠密光滑的函数曲线。对于 interp( )函数的进一步详细的说明,可以参考:

https://docs.scipy.org/doc/numpy/reference/generated/numpy.interp.html

```
import numpy as np
import matplotlib.pyplot as plt

x = np.linspace(0, 2*np.pi, 10)#生成0到2pi的10个等距点
y = np.sin(x)
plt.plot(x, y, 'o')
plt.show()

xval = np.linspace(0, 2*np.pi, 50)
yval = np.interp(xval, x, y)#以xval为基础,插入与x,y的关系相同的yval值
plt.plot(xval, yval, '-x')
plt.show()
```

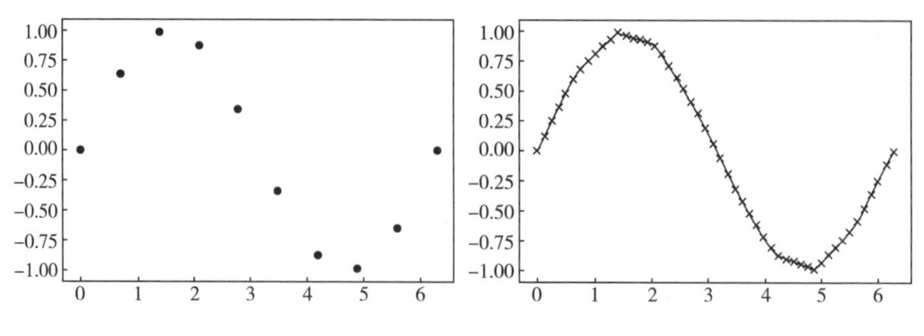

图 10-1 使用 Numpy 进行插值

10.2.4 向量函数

NumPy 和 SciPy 中的向量函数 vectorize( )是非常有用的。Vectorize( )可以将一个以标量作为参数的函数通过逐元素运算的原则转化为一个以数组作为参数的函数。下面通过几个例子来说明它的用法。

以下例子利用向量函数将使用三个标量参数的函数转换成一个使用三个数组参数的函数:

```
import numpy as np

def add3(x,y,z):
    return x+y+z #三个标量参数x,y,z构成的函数

a=np.random.randint(10) #随机生成一个10以内的整数
vec1=np.arange(a,a+10)
b=np.random.randint(20)
vec2=np.arange(b,b+10)
c=np.random.randint(30)
vec3=np.arange(c,c+10)

vecf=np.vectorize(add3) #将add3转化成数组参数函数
print(vec1)
print(vec2)
print(vec3)
print('-'*32)
print(vecf(vec1,vec2,vec3))
```

```
[ 9 10 11 12 13 14 15 16 17 18]
[10 11 12 13 14 15 16 17 18 19]
[27 28 29 30 31 32 33 34 35 36]
--------------------------------
[46 49 52 55 58 61 64 67 70 73]
```

下面的例子是将包含一个标量参数的函数转化成包含一个数组参数的

函数：

```
import numpy as np

def positivesquare(x):      #定义一个正数平方函数
    if x>=0:return x**2
    else: return -x

a=np.random.randint(10)
vec1=np.arange(-a,-a+10)
print(vec1)

vecf=np.vectorize(positivesquare, otypes=[float]) #转换成浮点输出的数组参数函数
print(vecf(vec1))

[-4 -3 -2 -1  0  1  2  3  4  5]
[ 4.   3.   2.   1.   0.   1.   4.   9.  16.  25.]
```

接下来的例子是通过三种不同方式为数组中的每一个元素加上一个常数。我们可以比较三种方式的运行时间来判断它们的效率。

```
import numpy as np
from time import time

def plus1(x):  #定义加一函数
    return x+1

array1=np.linspace(1,10,1000000)

#计算逐个元素进行运算的时间
t1=time()
for i in range(len(array1)):
    array1[i]+=1
print("time for element-wise loop:"+str(time()-t1))

#计算使用vectorize函数的时间
vecf=np.vectorize(plus1)
t2=time()
vecf(array1)
print("time for vectorize function:"+str(time()-t2))

#计算直接对数组进行加一的时间
t3=time()
array1+=1
print("time for straightforward addition:"+str(time()-t3))

time for element-wise loop:0.6310362815856934
time for vectorize function:0.348020076751709
time for straightforward addition:0.0009999275207519531
```

从以上例子可以看出，使用 vectorize( ) 函数的效率高于逐个元素进行计算。但是最迅速的方法是直接对数组变量进行标量计算。

除了向量化函数，我们还可以通过将带有前缀的函数重新定义为一个新的函数来提高计算效率，特别是在将函数用在循环中的时候。

```
import numpy as np
from time import time

add1=np.add #定义新的函数代表带前缀的函数

x=1
t1=time()
for i in range(10000000):
    x=np.add(x,1)
print("time for prefix function:"+str(time()-t1))

x=1
t2=time()
for i in range(10000000):
    x=add1(x,1)
print("time for alias function:"+str(time()-t2))

time for prefix function:22.335277318954468
time for alias function:21.063204765319824
```

10.2.5 求解线性方程组

下面我们尝试来求解以下三个变量的线性方程组:

$$\begin{cases} x - 3y + 5z = 3 \\ 4x + y - z = 4 \\ y + z = 2 \end{cases}$$

NumPy 提供了一个方便的方法 linalg. solve( ) 来解线性方程组。但是其输入必须是向量的形式。以下代码是具体求解方法。

```
import numpy as np

A=np.array([[1,-3,5],[4,1,-1],[0,1,1]]) #定义系数矩阵
b=np.array([3,4,2]) #定义常数向量

solution=np.linalg.solve(A,b)

print('The solution is')
print(solution)
print(np.dot(A,solution)==b) #检验解是否正确

The solution is
[ 1.  1.  1.]
[ True  True  True]
```

注意对矩阵进行乘法运算要使用点乘,也就是 dot( ) 函数,而不能直接使用 A * b。

10.2.6 向量化数值求导

现在介绍本小节最后一个例子。我们来看一下 NumPy 提供的向量化数值求导的函数,可以通过除法法则来获得如下求导的结果:

$$\frac{\mathrm{d}}{\mathrm{d}x}\left(\frac{1}{1+\cos^2(x)}\right) = \frac{\sin 2x}{(1+\cos^2 x)^2}$$

我们可以通过 Python 提供的向量化方法来计算以上的导数而不需要使用循环,如果如图 10-2 所示。

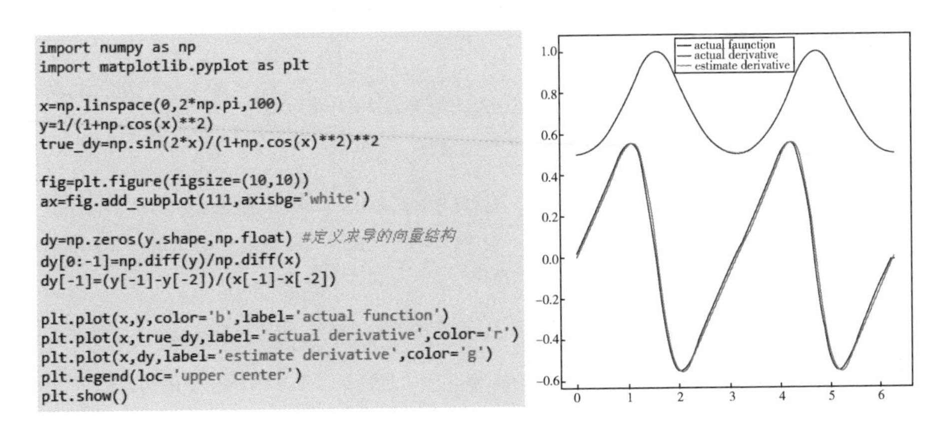

图 10-2 向量化数值求导

10.2.7 NumPy 线性代数函数总汇

在表 10-1 中,我们总结了 NumPy 中常用的线性代数函数供大家参考。

表 10-1 NumPy 常用线性代数函数总汇

函数名	作用
dot(a,b)	计算两个数组的点乘
linalg. norm(x)	计算矩阵或向量的范数
linalg. cond(x)	计算矩阵的条件数
linalg. solve(A,b)	解线性方程组 Ax=b
linalg. inv(A)	计算矩阵的逆矩阵
linalg. pinv(A)	计算矩阵的广义逆矩阵
linalg. eig(A)	计算方阵的特征值/特征向量
linalg. eigvals(A)	计算矩阵的特征值
linalg. svd(A)	对矩阵进行奇异值分解

10.3 SciPy 常用函数

NumPy 已经提供了很多方便进行计算的函数。那我们为什么还需要 SciPy 呢？SciPy 是对 NumPy 在数学、科学以及工程方面的拓展，主要体现在线性代数、微积分、插值、快速傅里叶变换、大矩阵运算、统计计算等方面的软件包。以下通过表格的形式对这些常用包进行简单介绍。

表 10-2 SciPy 常用软件包

SciPy 下属的软件包	主要功能
scipy. cluster	主要应用于聚类分析，包括矢量量化和 k 均值聚类等
scipy. fftpack	主要包含快速傅里叶变换的函数
scipy. integrate	主要应用于数值积分，包括使用梯形算法、Simpson 算法以及 Romberg 算法等。其中也包括常微分方程的积分问题。我们可以使用 quad、dblquad 和 tplquad 进行简单、二重和三重积分
scipy. interpolate	主要包含插值方法和函数，包括离散数据插值、线性插值以及样条插值
scipy. linalg	这是一个 NumPy 中 linalg 软件包的包装器。所有 NumPy 中的函数都是 Scipy 的一部分，包括 linalg 以及其他函数
scipy. optimize	包含对函数的最大化和最小化，主要利用 Neider-Mead Simplex 算法、Powell 算法、共轭梯度 BFGS 算法、最小二乘法、约束最优化、模拟退火、牛顿算法、二分算法、Broyden Anderson 算法、线性搜索法等
scipy. sparse	主要包括对大型稀疏矩阵的计算
scipy. special	这要包含计算物理学的相关函数，包括椭圆、贝塞尔、伽马、贝塔、超几何、抛物线、圆柱面、马修和球形波等

除以上提到的软件包外，SciPy 还有一个名为 scipy. io 的软件包，包含用于加载矩阵的函数 io. loadmat( ) 和保存矩阵的函数 io. savemat( )。当需要在 Python 中开发计算相关的程序时，建议查看 SciPy 文件来搜索是否包含满足工作需求的相关函数。

后面几个小节，我们主要介绍 SciPy 中常见的几种函数的用法，包括多项式指标运算、B 样条插值以及数值积分。

10.3.1 多项式指标运算

我们来看一个利用 scipy. poly1d( ) 进行多项式指标运算的例子。

```
import scipy as sp

cubic1=sp.ploy1d([1,2,3,4])
cubic2=sp.poly1d([1,2,-2,-3])
print(cubic1)
print(cubic2)
print('-'*36)
print(cubic1*cubic2)

   3     2
1 x + 2 x + 3 x + 4
   3     2
1 x + 2 x - 2 x - 3
------------------------------------
   6     5     4     3     2
1 x + 4 x + 5 x + 3 x - 4 x - 17 x - 12
```

计算结果与我们手动进行计算的结果相一致：

$$(x^3 + 2x^2 + 3x + 4)(x^3 + 2x^2 - 2x - 3)$$
$$= x^6 + 4x^5 + 5x^4 + 3x^3 - 4x^2 - 17x - 12$$

像这样的多项式表达式可以用于积分、微分和其他的数学和物理运算。具有这样功能的函数在 NumPy、SciPy 以及其他的扩展包中都非常常见。这也使得 Python 可以作为 MATLAB 的有力替代语言在很多学术领域得到广泛应用。

10.3.2 B 样条插值

SciPy 提供很多不同种类的插值方法。下面的例子使用了 B 样条和计算其导数的 interpolate. splev( ) 函数，以及高维 B 样条曲线的 interpolate. splprep( ) 函数，结果如图 10-3 所示。

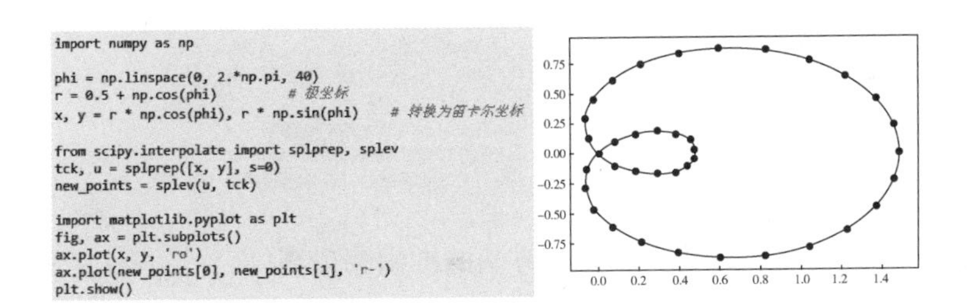

图 10-3　B 样条插值

10.3.3 数值积分

下面我们来看一个使用 SciPy 中的数值积分函数进行积分的例子。这里我们用到 Simpson 方法和 Romberg 方法。与此同时，我们将其结果与 NumPy 中的梯形算法进行比较。假设我们需要对函数 $f(x) = \sin(x)$ 在 $(0, \pi)$ 进行积分。

我们知道积分结果为 2,如图 10-4 所示。

$$\int_0^{\pi} \sin(x)\mathrm{d}x = -\cos(x)\mid_0^{\pi} = 2$$

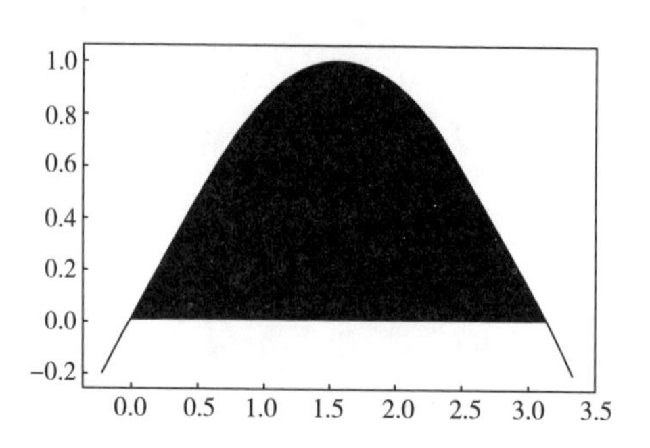

图 10-4　使用 Numpy 进行数值积分

下面我们通过三种不同的方法对以上函数进行数值积分,其中一种来自 NumPy,两种来自 SciPy。具体代码和结果如下:

```
import numpy as np
from scipy.integrate import simps,romberg

a=0;b=np.pi #积分上下限
n=10

x=np.linspace(a,b,n)
y=np.sin(x)
yromb=lambda x: np.sin(x)

trapz=np.trapz(y,x)
simpson=simps(y,x)
romb=romberg(yromb,a,b)

print("error of trapezoindal is:"+str(100*np.abs(trapz-2)/2)+'%')
print("error of Simpson is:"+str(100*np.abs(simpson-2)/2)+'%')
print("error of Romberg is:"+str(100*np.abs(romb-2)/2)+'%')

        error of trapezoindal is:1.01745943918%
        error of Simpson is:0.0225631709798%
        error of Romberg is:6.60582699652e-11%
```

从以上结果可以发现,Romberg 方法的准确率最高,而梯形算法最低。

10.4　Python 的性能增强

Python 用户经常会将他们的内循环重新用 C 语言编辑并且从 Python 中调用编译的 C 语言函数来增强程序的运算性能。有很多的项目都致力于让这种优化变得更加便捷,例如 Cython。然而,我们更加希望让 Python 已有的代码变得更快而不是依赖其他的编程语言。

在 Python 中,也有一些其他的办法来增强 Python 代码的运行速度。我们在这里进行简要的介绍。

(1)使用 Numbapro:这是一个由 Continuum Analytics 公司研发的 Python 编译器。它可以编译 Python 代码并在可用 CUDA 的 GPU 或多核 CPU 上运行。这种代码运行原始编译代码使得运算速度比解释型代码快很多倍。Numbapro 通过运行时同步编译来实现(这就是实时编译或 JIT 编译)。通过 Numbapro,我们可以实现编写标准的 Python 函数,并将其在 GPU 上运行。Numbapro 设计用于数组导向的计算任务,例如被广泛应用的 NumPy 库。Numbapro 是 Numba 的增强版本,是 Continuum Analytics 公司商业许可的 Anaconda Accelerate 产品的一部分。

(2)使用 Scipy. weave:这是一个可以让我们插入 C 语言代码片段并无缝转化 NumPy 数组到 C 层次的模块。它同样也包含一些有效的宏命令。

(3)使用多核方法;Python2. 6 及以上版本的多处理包提供一个相对简单的机制来生成子处理。现在即便台式电脑也有多核处理器,因此我们可以使多个处理器同时工作,这比使用多线程要容易很多。

(4)使用称为 pool 的进程池:这是多处理包的另外一个类型。利用 pool,我们可以定义一个 pool 当中生成工作进程的数量,并让一个可迭代对象中包含的参数在每个进程中传递。

(5)在一个分布式计算包中使用 Python(例如 Disco):这是一个基于 MapReduce 模式的轻量级分布式计算开源框架(https//discoproject. org)。其他类似的包还包括 Hadoop Streaming、mrjob、dumbo、hadoopy、pydoop 等。

第四部分：使用 Python 进行基础数据可视化

通过第三部分的介绍，我们已经对 Python 的基本数据结构和编程方法有了一定的了解。接下来我们将为大家介绍如何使用 Python 进行基础的数据可视化分析，如何使用 Python 中的 matplotlib 库以及 pyechart 库绘制基本的图形，并且通过一些实际案例介绍可视化的编程和分析方法。这一部分所介绍的数据可视化方法是基于数据的直接可视化，不需要进行数据分析和统计建模。在下一部分我们将介绍基于统计模型的数据可视化方法。

 11　使用 matplotlib 绘制数据可视化基础图形

matplotlib 是一个 Python 的 2D 绘图库,它以各种硬拷贝格式和跨平台的交互式环境生成出版质量级别的图形。Matplotlib 的功能和 MATLAB 中的画图功能十分类似。用 MATLAB 画图相对来说比较复杂,而使用 Python 中的 matplotlib 来画图比较方便。通过 matplotlib,开发者仅需要几行代码,便可以生成折线图、直方图、热力图、条形图、饼图、散点图等。

matplotlib. pyplot 是 matplotlib 中一个有命令风格的函数包。每一个 pyplot 函数都可以使图像做出些许改变。例如创建一幅图,在图中创建一个绘图区域,在绘图区域中添加一条线等。在 matplotlib. pyplot 中,各种状态通过函数调用保存起来,以便于可以随时跟踪如当前图像和绘图区域这样的参数。

在本章,我们将介绍几种利用 matplotlib 进行绘图的常用方法,主要包括:折线图、直方图、核密度估计图、柱状图和条形图、饼图、散点图、热力图、矩阵图和三维曲面图。其他图形通常都可以通过类似方法来完成。下一章我们将提供一些完整的可视化案例供大家参考。

11. 1　折线图

在可视化中,折线图是最为常见的绘图方式之一,它可以用于描述任何数值函数关系。折线图可以很方便地使用 matplotlib 中的 plot( ) 函数实现。除了绘制折线图外,我们还可以对图形添加必要的标注,如标题、坐标标注、网格以及图例等。我们通过以下简单的例子来说明它的使用方法,如图 11-1 所示。

```
import numpy as np
import matplotlib.pyplot as plt
x = np.arange(0, 4*np.pi, 0.01)
y = np.cos(x)
plt.plot(x, y,color="red", linewidth=2.5, linestyle="-")

plt.xlabel('x')
plt.ylabel('y')
plt.title('Cosine Line')
plt.grid(True)
plt.show()
plt.savefig("line_chart.png")
```

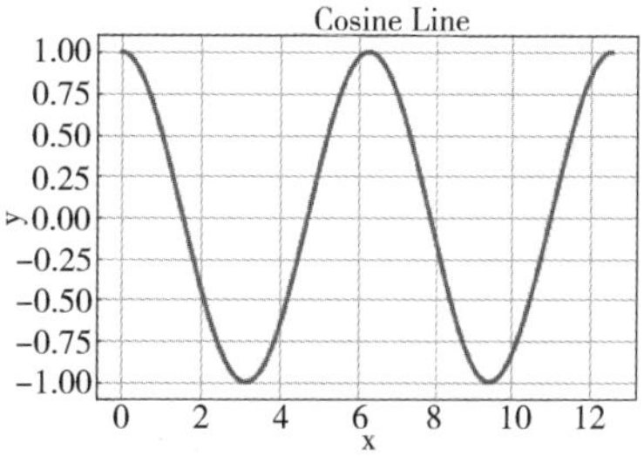

图 11-1　通过函数绘制折线图

我们首先需要定义 x 轴的范围,通常使用 arange( )函数定义等距数组来实现;其次通过函数表达式定义 y 轴的值。调用 plot( )函数可以帮助我们构造相应的图形。在 plot( )函数中,我们可以使用 color 控制颜色,linewidth 控制线宽,linestyle 控制线型等。我们还可以使用相应语句用于添加横纵坐标的标注(xlabel, ylabel)、图像标题(title)、网格线(grid)以及图例(legend)等;show( )函数表示在控制台中展示图形,savefig( )函数用于对图形进行保存。

除了使用数学函数来表示折线关系外,还可分别定义 x,y 的数组来定义折线关系。除此之外,我们可以同时在图中绘制多条折线,如图 11-2 所示。或者将不同的折线画在不同的图形框中,如图 11-3 所示。

```
import numpy as np
import matplotlib.pyplot as plt

x=np.arange(0,10,1)
y1=[1,2,5,4,8,6,7,11,9,10]
y2=[4,3,6,7,2,9,6,11,12,10]
plt.plot(x,y1,linestyle='--',label='y1')
plt.plot(x,y2,linestyle='-.',label='y2')

plt.xlabel('x')
plt.ylabel('y')
plt.title('Python Line Chart: Multiple Lines')
plt.grid(True)
plt.legend(loc='upper left')
plt.show()
```

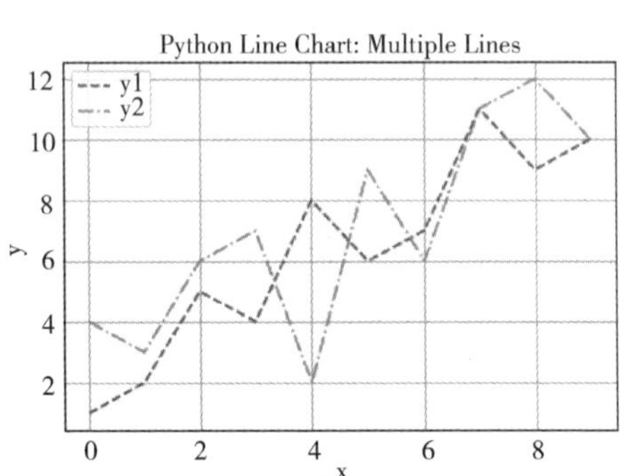

图 11-2　在一张图中绘制多条折线

```
import numpy as np
import matplotlib.pyplot as plt

x = np.arange(0, 10, 1)
y1 = [1,2,5,4,8,6,7,11,9,10]
y2 = [4,3,6,7,2,9,6,11,12,10]

plt.subplot(2,1,1) #图形按照两行一列排列, 下面是第一个图
plt.plot(x, y1, linestyle='--')
plt.ylabel('y')
plt.title('First Chart')
plt.grid(True)

plt.subplot(2,1,2) #图形按照两行一列排列, 下面是第二个图
plt.plot(x, y2, linestyle='-.')
plt.xlabel('x')
plt.ylabel('y')
plt.title('Second Chart')
plt.grid(True)

plt.show()
```

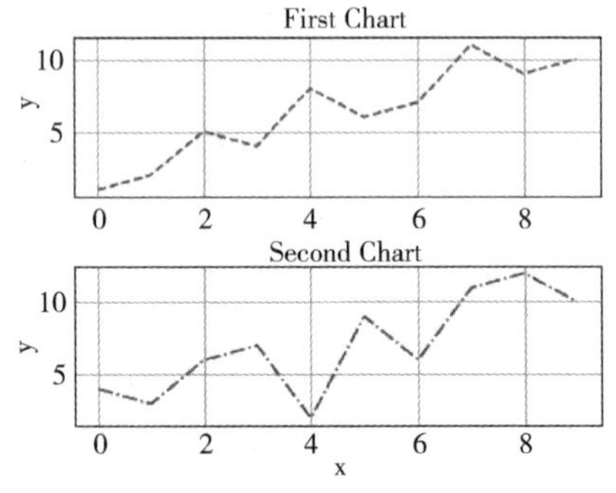

图 11-3　在多张图中绘制不同的折线

在绘制折线图时,有时我们需要将横坐标设置为时间轴。这时我们可以调用 datetime 库中的相应函数来实现。如图 11-4 所示,其中,起始时间选择为 2019 年 1

月 5 日 18:30,我们也可以使用 datetime. datatime. now( )来表示现在时间。关于 plot( )函数的其他细节请参考:https://matplotlib. org/api/_as_gen/matplotlib. pyplot. plot. html。

```
import matplotlib.pyplot as plt
import datetime

# 生成数据
customdate = datetime.datetime(2019, 1, 5, 18, 30)
y = [ 2,5,8,4,15,12,17,11,8,20 ]
x = [customdate + datetime.timedelta(hours=i) for i in range(len(y))]

# 作图
plt.plot(x,y)
plt.gcf().autofmt_xdate()# 自动调整横坐标刻度位置
plt.show()
```

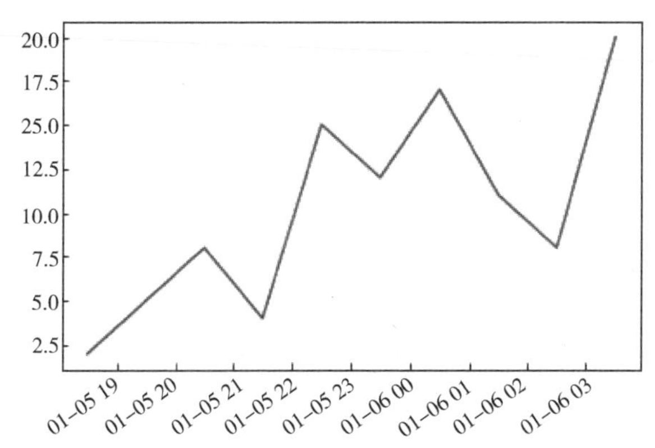

图 11-4　调用 datetime 库中的函数将横坐标设置为时间轴

11. 2　直方图

直方图是用于展示连续数值变量分布规律的常用可视化方法。matplotlib 中,直方图通过函数 hist( )实现。hist( )函数最重要的两个参数为数据和箱框个数,其中箱框个数用于控制直方图的窗宽。除此之外,hist( )函数还包含一些其他参数,包括直方图颜色(facecolor)和透明度(alpha)等。下面为一个最为简单的直方图绘制例子,如图 11-5 所示。

除简单的直方图外,我们还可以使用 mlab 包中的函数来添加随机变量分布的拟合曲线。下面提供了一个正态分布直方图与正态拟合曲线的例子,如图 11-6 所示,其中我们用 xhist、yhist 和 patches 分别储存直方图的横坐标值、纵坐标值,以及其他辅助补丁值。本例中,hist( )函数使用了参数 normed,取值为 True 或 1 时纵坐标表示密度,取 False 或 0 时表示数量。关于 hist( )函数的其他细节请参考:https://matplotlib. org/api/_as_gen/matplotlib. pyplot. hist. html。

```
import numpy as np
import matplotlib.pyplot as plt

x = np.random.rand(20)#随机生成20个样本
num_bins = 5
plt.hist(x, num_bins, facecolor='blue', alpha=0.5)
plt.show()
```

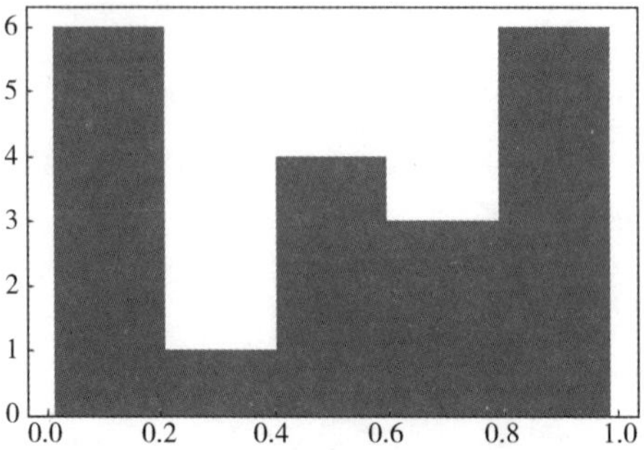

图 11-5　调用 hist( ) 函数绘制直方图

```
import numpy as np
import matplotlib.mlab as mlab
import matplotlib.pyplot as plt

 # 样本数据
mu = 100 # 分布期望
sigma = 15 # 分布标准差
x = mu + sigma * np.random.randn(10000)
num_bins = 20

# 绘制数据分布
yhist,xhist,patches=plt.hist(x,num_bins,normed=1,facecolor='blue',alpha=0.5)

# 添加拟合曲线
y = mlab.normpdf(xhist, mu, sigma)
plt.plot(xhist, y, 'r--')
plt.xlabel('x')
plt.ylabel('Probability')
plt.title('Histogram of Normality: $\mu=100$, $\sigma=15$')
plt.show()
```

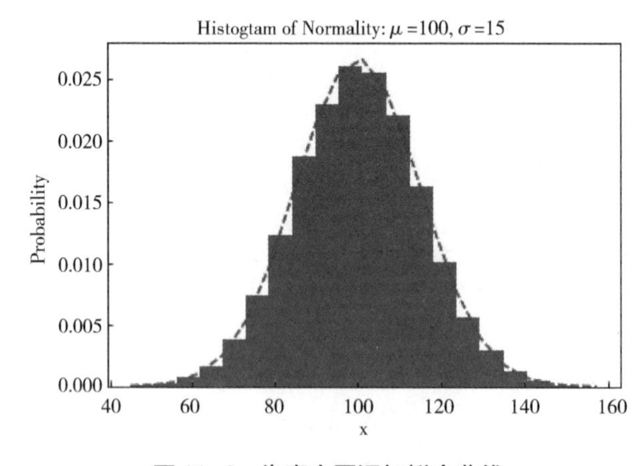

图 11-6　为直方图添加拟合曲线

11.3　核密度估计图

Python 包含能够在各种深度和层次完成一个 KDE 图(核密度估计图)的软件库,包括 matplotlib、Scipy、scikit-learn 和 seaborn 等。下面我们通过两个例子来展示绘制 KDE 图的方法。

在下面的例子中,我们通过少量代码使用样本量为 250 的随机数据集和 seaborn 软件库展示随机样本的分布,具体如图 11-7 所示。

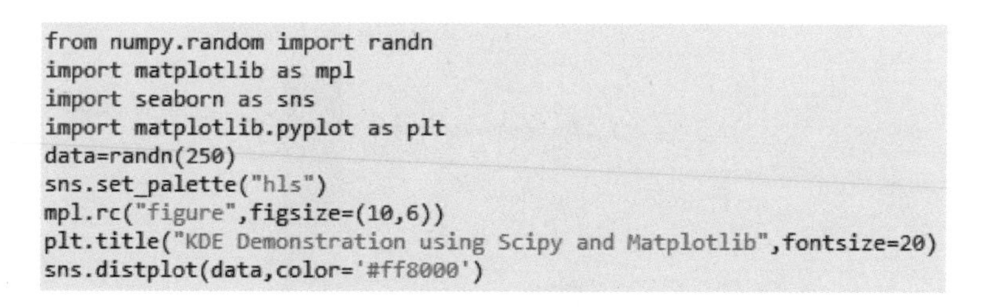

```
from numpy.random import randn
import matplotlib as mpl
import seaborn as sns
import matplotlib.pyplot as plt
data=randn(250)
sns.set_palette("hls")
mpl.rc("figure",figsize=(10,6))
plt.title("KDE Demonstration using Scipy and Matplotlib",fontsize=20)
sns.distplot(data,color='#ff8000')
```

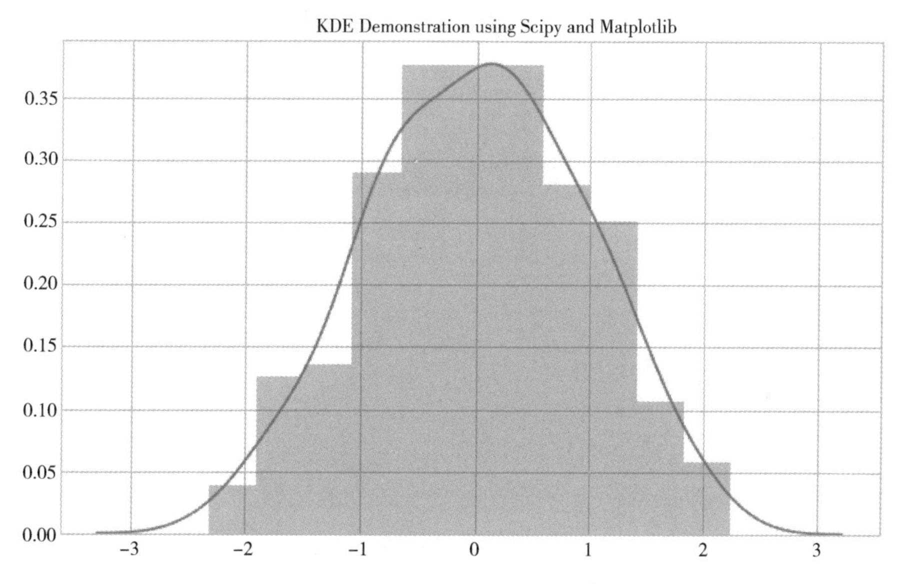

图 11-7　核密度估计图

在第二个例子中,我们用 SciPy 和 NumPy 展示概率密度函数,如图 11-8 所示。首先我们用 SciPy 中的 norm( ) 函数创建正态分布样本,而后用 NumPy 中的 hstack( ) 进行水平方向上的堆叠,并应用 SciPy 中的 gaussian_kde( ) 函数对其分布进行拟合。

```
from scipy.stats.kde import gaussian_kde
from scipy.stats import norm
from numpy import linspace,hstack
from pylab import plot,show,hist
sample1=norm.rvs(loc=-1.0,scale=1,size=320)
sample2=norm.rvs(loc=2.0,scale=0.6,size=320)
sample=hstack([sample1,sample2])
probDensityFun=gaussian_kde(sample)
plt.title("KDE Demonstration using Scipy and Numpy",fontsize=20)
x=linspace(-5,5,200)
plot(x,probDensityFun(x),'r')
hist(sample,normed=1,alpha=0.45,color='purple')
show()
```

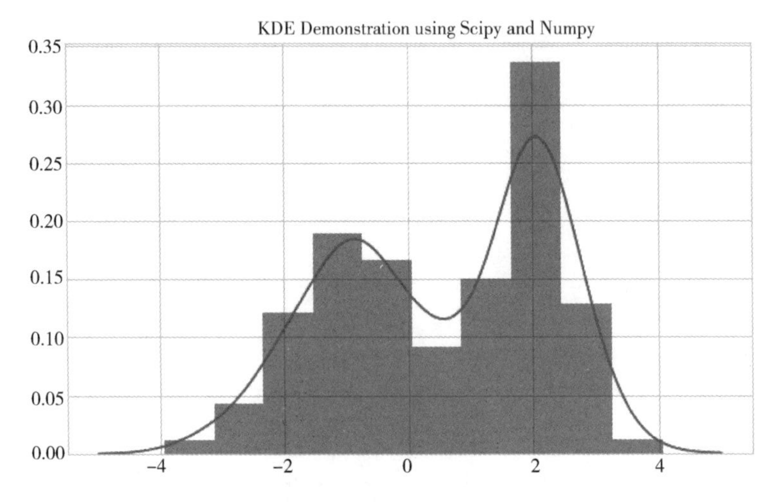

图 11-8 用 SciPy 和 NumPy 展示概率密度函数

11.4 柱状图与条形图

柱状图是用于展示分类变量分布特征的可视化方法,它与直方图非常类似,但区别在于直方图的横坐标是数值变量划分的区间,而柱状图横坐标代表不同类别。在 matplotlib 中,我们可以使用 bar( ) 函数来绘制柱状图,用 barh( ) 函数绘制条形图。它们之间的唯一区别是柱状图纵置,而条形图是横置的。这两个函数的核心参数是 x 轴的值(柱子的位置),以及 y 轴的值(柱子的高度)。X 轴上的类别标记使用 xticks( ) 函数来定义。具体如图 11-9 所示。

除此之外,我们还可以利用 bar( ) 函数生成重叠柱状图和并列柱状图对不同类型的分布进行对比,具体如图 11-10 和图 11-11 所示。另外,瀑布图和南丁格尔玫瑰图也都是柱状图的变形,可以使用 bar( ) 函数实现。关于 bar( ) 函数的其他细节请参考:https://matplotlib.org/api/_as_gen/matplotlib.pyplot.bar.html。

```
import numpy as np
import matplotlib.pyplot as plt

objects = ('Python', 'C++', 'C', 'Java', 'C#', 'PHP')
x = np.arange(len(objects))
y = [10,8,6,4,2,1]

plt.bar(x, y, align='center', alpha=0.5)
plt.xticks(x, objects)
plt.ylabel('Usage')
plt.title('Programming language usage')

plt.show()
```

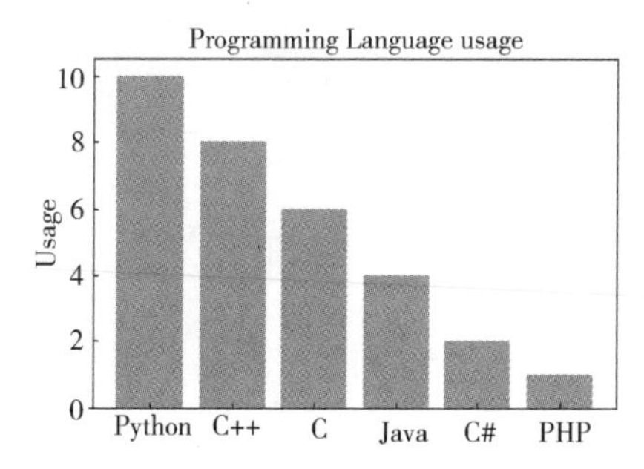

图 11-9　柱状图

```
import numpy as np
import matplotlib.pyplot as plt

# 定义数据
n_course = 4
y_Ali = (91, 55, 50, 75)
y_Bet = (85, 45, 54, 30)

# 生成图形
x = np.arange(n_course)
bar_width = 0.35 #定义宽度
opacity = 0.8 #定义透明度

bar1 = plt.bar(x, y_Ali, bar_width,
               alpha=opacity,
               color='b',
               label='Ali')

bar2 = plt.bar(x, y_Bet, bar_width,
               alpha=opacity,
               color='g',
               label='Bet',bottom=y_Ali)

plt.xlabel('Course')
plt.ylabel('Scores')
plt.title('Scores by person')
plt.xticks(x, ('CourseA', 'CourseB', 'CourseC', 'CourseD'))
plt.legend()

plt.show()
```

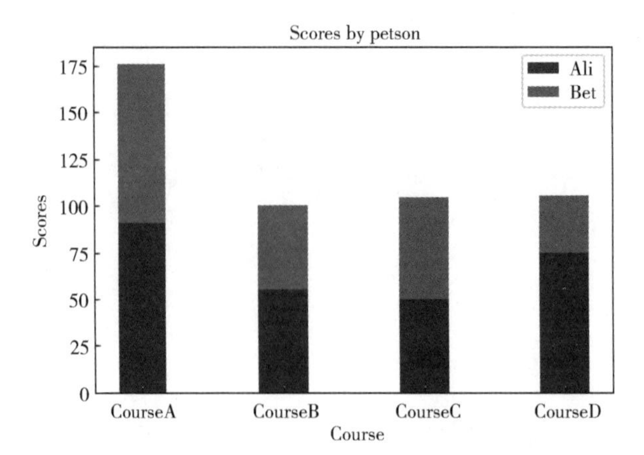

图 11-10　重叠柱状图

```
import numpy as np
import matplotlib.pyplot as plt

# 定义数据
n_course = 4
y_Ali = (91, 55, 50, 75)
y_Bet = (85, 45, 54, 30)

# 生成图形
x = np.arange(n_course)
bar_width = 0.35 #定义宽度
opacity = 0.8 #定义透明度

bar1 = plt.bar(x, y_Ali, bar_width,
               alpha=opacity,
               color='b',
               label='Ali')

bar2 = plt.bar(x + bar_width, y_Bet, bar_width,
               alpha=opacity,
               color='g',
               label='Bet')

plt.xlabel('Course')
plt.ylabel('Scores')
plt.title('Scores by person')
plt.xticks(x + bar_width/2, ('CourseA', 'CourseB', 'CourseC', 'CourseD'))
plt.legend()
plt.show()
```

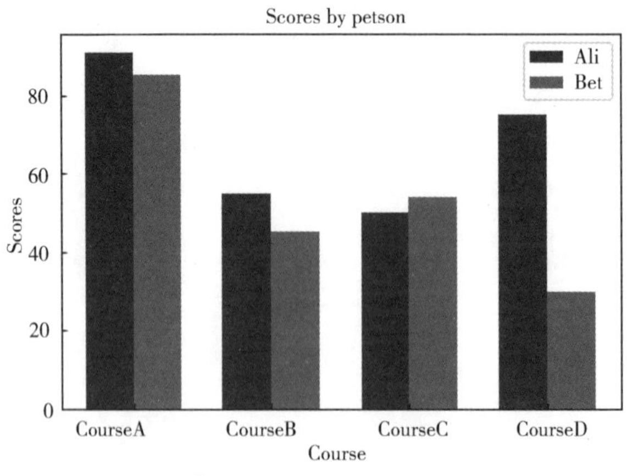

图 11-11　并列柱状图

11.5 饼图

饼图是另一种反映分类变量分布的可视化方法。相比于柱状图常用于进行不同类别之间的对比,饼图更能反映各个类别与总体之间的比例关系。我们可以使用 matplotlib 中的 pie( ) 函数方便地完成饼图的绘制。其中,pie( ) 函数的主要参数包括:不同类型的个数关系(size),某些部分往外延伸进行强调(explode),标签(labels),颜色(colors),自动添加比例(autopct),添加阴影(shadow),起始角度(startangle)等。axis( ) 函数用于控制饼图的视觉角度。

除此之外,我们还可以利用 pie( ) 函数生成圆圈图和分层阳光图。圆圈图可以看作是单层的阳光图。圆圈图(或者阳光图)与饼图的差别在于中间是空心的,这可以通过设置饼图的楔形比例(wedgeprops)来实现。这里需要注意的是,pie( ) 函数的 wedgeprops 参数是一个字典型数据。以下是一个简单的分层阳光图的例子,如图 11-13 所示。关于 pie( ) 函数的其他细节请参考:https://matplotlib.org/api/_as_gen/matplotlib.pyplot.pie.html。

```
import matplotlib.pyplot as plt

# 绘图数据
labels = 'Python', 'C++', 'C', 'Java'
sizes = [215, 130, 245, 210]
colors = ['gold', 'yellowgreen', 'lightcoral', 'lightskyblue']
explode = (0.1, 0, 0, 0)

# 绘图
plt.pie(sizes, explode=explode, labels=labels, colors=colors,
        autopct='%1.1f%%', shadow=True, startangle=140)

plt.axis('equal')
plt.show()
```

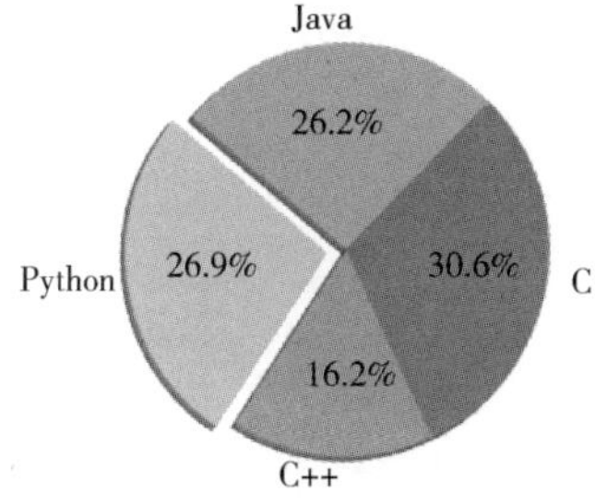

图 11-12 axis( ) 函数控制饼图的视觉角度

```
import numpy as np
import matplotlib.pyplot as plt

size = 0.3
vals = np.array([[60, 32], [37, 40], [29, 10]])

#定义颜色映射
cmap = plt.get_cmap("tab20c")
outer_colors = cmap(np.arange(3)*4)
inner_colors = cmap(np.array([1, 2, 5, 6, 9, 10]))

#绘图
plt.pie(vals.sum(axis=1), radius=1, colors=outer_colors,
       wedgeprops={'width':size,'edgecolor':'w'})
plt.pie(vals.flatten(), radius=1-size, colors=inner_colors,
       wedgeprops={'width':size,'edgecolor':'w'})

plt.axis("equal")
plt.title('sunshine chart')
plt.show()
```

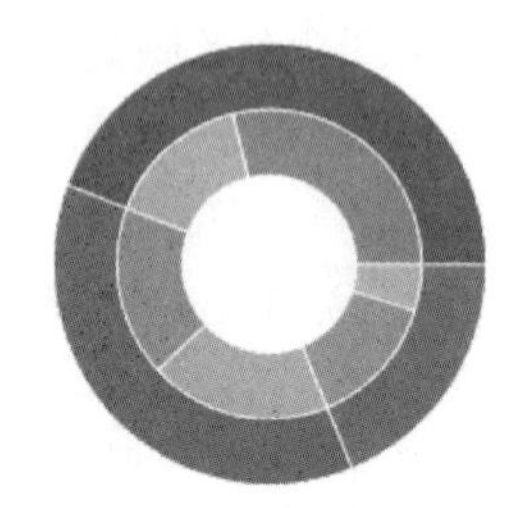

图 11-13　分层阳光图

11.6　热力图

热力图是一种俯视的三维直方图。由于俯视,无法观察直方图的高度,因此我们用不同颜色来替代。我们可以使用 NumPy 中的 histogram2d( ) 函数和 matplotlib 中的 imshow( ) 函数来实现对热力图的绘制。以下是一个简单的热力图例子,如图 11-14 所示。

```
import numpy as np
import matplotlib.pyplot as plt

# 生成随机数据
x = np.random.randn(900)
y = np.random.randn(900)

# 生成热力函数
heatmap, xedges, yedges = np.histogram2d(x, y, bins=(30,30))
extent = [xedges[0], xedges[-1], yedges[0], yedges[-1]]

# 绘制热力图
plt.title('heatmap example')
plt.ylabel('y')
plt.xlabel('x')
plt.imshow(heatmap, extent=extent)
plt.show()
```

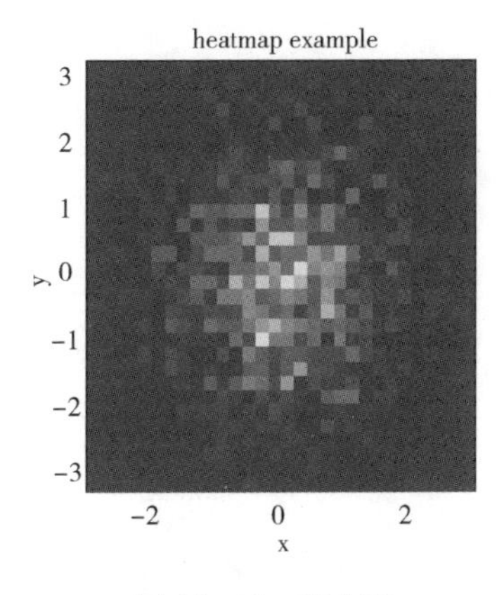

图 11-14 热力图

11.7 散点图

散点图是一种最为常见的描述两个数值数据之间关系的可视化方法。matplotlib 中的 scatter( ) 函数可以方便地进行散点图的绘制。scatter( ) 函数中,除了定义横纵坐标变量以外,还有一些非常常用的参数,包括点的大小(s)、点的颜色(c)、透明度(alpha)等。通过对以上参数的设定也可轻松地将散点图变为气泡图(设置较大的点并使用较小的透明度)。以下是一个绘制散点图的简单例子,如图 11-15 所示。

```
import numpy as np
import matplotlib.pyplot as plt

# 生成随机数据
n = 500
x = np.random.rand(n)
y = np.random.rand(n)
colors = 'b' #定义点的颜色
area = 10 #定义点的大小

# 绘制散点图
plt.scatter(x, y, s=area, c=colors, alpha=0.5)
plt.title('Scatter plot example')
plt.xlabel('x')
plt.ylabel('y')
plt.show()
```

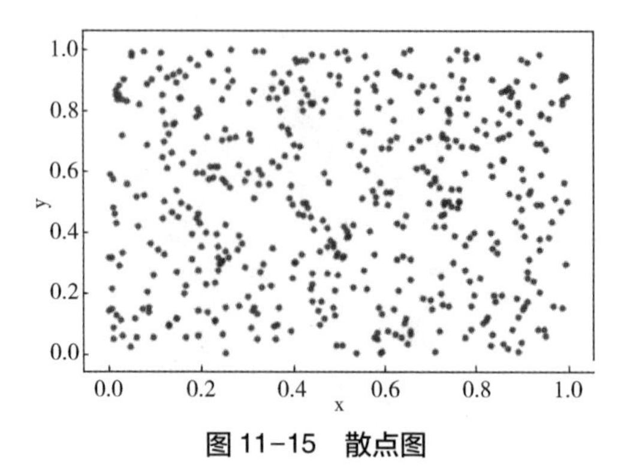

图 11-15　散点图

除此之外,我们常常在散点图中通过不同的颜色或形状,加入除 x,y 之外的第三个变量(通常是分类变量)的信息。具体例子如下所示(图 11-16):

```
import numpy as np
import matplotlib.pyplot as plt

# 随机生成数据
N = 100
class1 = (60 + 60 * np.random.rand(N), 100*np.random.rand(N))
class2 = (40+30 * np.random.rand(N), 50*np.random.rand(N))
class3 = (50*np.random.rand(N),30*np.random.rand(N))

data = np.array([class1,class2,class3])
colors = ("red", "green", "blue")
groups = ("classA", "classB", "classC")

# 生成图形
for i in np.arange(3):
    plt.scatter(data[i,0], data[i,1], alpha=0.8, c=colors[i],
                edgecolors='none', s=30, label=groups[i])

plt.title('scatter plot example')
plt.xlabel('final exam')
plt.ylabel('midterm exam')
plt.legend(loc='upper left')
plt.show()
```

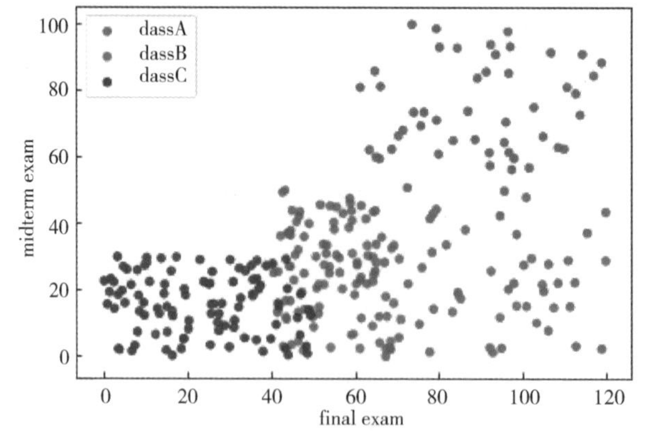

图 11-16　加入其他变量的散点图

有时候我们需要同时考虑三个维度的数值变量之间的关系，这时候我们需要调用 gca( ) 函数在原有的维度基础上增加第三个维度，如图 11-17 所示。关于 scatter( ) 函数的其他细节请参考：https://matplotlib.org/api/_as_gen/matplotlib.pyplot.scatter.html。

```
import numpy as np
import matplotlib.pyplot as plt

# 生成数据
n = 100
class1=(60 + 60 * np.random.rand(n), np.random.rand(n),40+10*np.random.rand(n))
class2=(40+30 * np.random.rand(n), 50*np.random.rand(n),10*np.random.rand(n))
class3=(30*np.random.rand(n),30*np.random.rand(n),30*np.random.rand(n))

data = (class1, class2, class3)
colors = ("red", "green", "blue")
groups = ("class1", "class2", "class3")

# 生成3D图
fig = plt.figure()
ax = fig.gca(projection='3d')

for data, color, group in zip(data, colors, groups):
    x, y, z = data
    ax.scatter(x,y,z,alpha=0.8,c=color,edgecolors='none',s=50,label=group)

plt.title('3D scatter plot')
ax.set_xlabel('final exam')
ax.set_ylabel('quiz1')
ax.set_zlabel('quiz2')
plt.legend(loc=2)
plt.show()
```

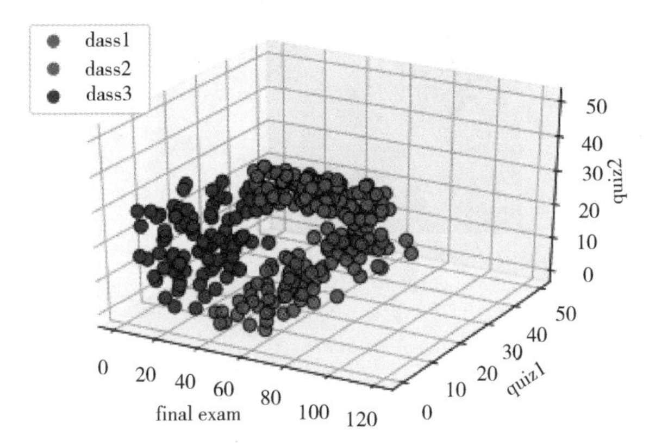

图 11-17　增加第三个维度的散点图

11.8　矩阵图

矩阵图常用于反映多个变量之间的相关结构。例如对相关系数矩阵进行可视化，描述稀疏矩阵的稀疏结构，或者描述空间中的临界矩阵等。matplotlib 中，matshow( ) 函数可以非常方便地帮助我们完成以上任务。下面是一个可视化 5 维矩阵的简单例子，如图 11-18 所示。关于 matshow( ) 函数的其他细节请参考：https://matplotlib.org/api/_as_gen/matplotlib.pyplot.matshow.html。

```
import matplotlib.pyplot as plt
import numpy as np

m = [
[1,0,0.2,0,0],
[0.1,1,0.1,0.2,0],
[0,0.4,1,0,0],
[0,0.4,0.4,1,0.2],
[0.1,0.3,0,0,1],
]

plt.matshow(m)

groups = ['Group1','Group2','Group3','Group4','Group5']

x_pos = np.arange(len(groups))
plt.xticks(x_pos,groups)

y_pos = np.arange(len(groups))
plt.yticks(y_pos,groups)

plt.show()
```

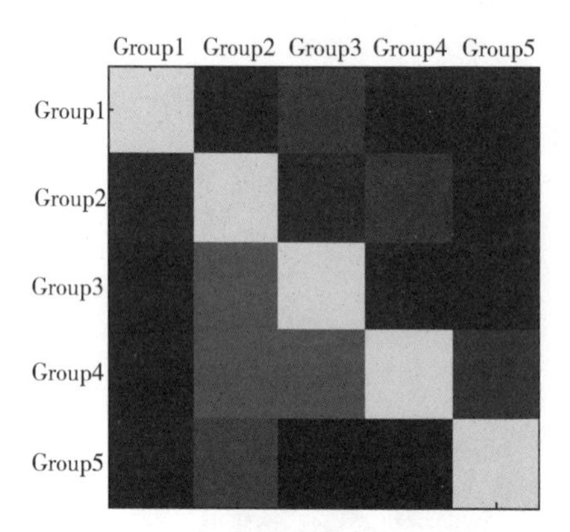

图 11-18　矩阵图

11.9　三维曲面图

三维曲面图由双变量函数生成,我们将它定义为 (X,Y) 的函数 Z ,函数表达式为 $Z=f(X,Y)$,在这个例子中,我们将绘制 $Z=\sin(sqrt(X^2+Y^2))$,这与二维抛物线基本类似,具体如图 11-19 所示。绘图时需要按照如下步骤:

(1)产生 X 和 Y 的二维网格,并根据二维网格计算对应函数值。

```
import numpy as np
x=np.arange(-4,4,0.25)
y=np.arange(-4,4,0.25)
x,y=np.meshgrid(x,y)
r=np.sqrt(x**2+y**2)
z=np.sin(r)
```

(2)用 mpl_toolkits( )函数绘制函数 $Z=\sin(sqrt(X^2+Y^2))$ 的三维曲面图。

```
from mpl_toolkits.mplot3d import Axes3D
from matplotlib import cm
from matplotlib.ticker import LinearLocator, FormatStrFormatter
import matplotlib.pyplot as plt

fig=plt.figure(figsize=(12,9))
ax=fig.gca(projection='3d')
surf=ax.plot_surface(x,y,z,rstride=1,cstride=1,cmap=cm.coolwarm,
                     linewidth=0,antialiased=False)
ax.set_zlim(-1.01,1.01)
ax.zaxis.set_major_locator(LinearLocator(10))
ax.zaxis.set_major_formatter(FormatStrFormatter('%.01f'))
fig.colorbar(surf,shrink=0.6,aspect=6)
plt.show()
```

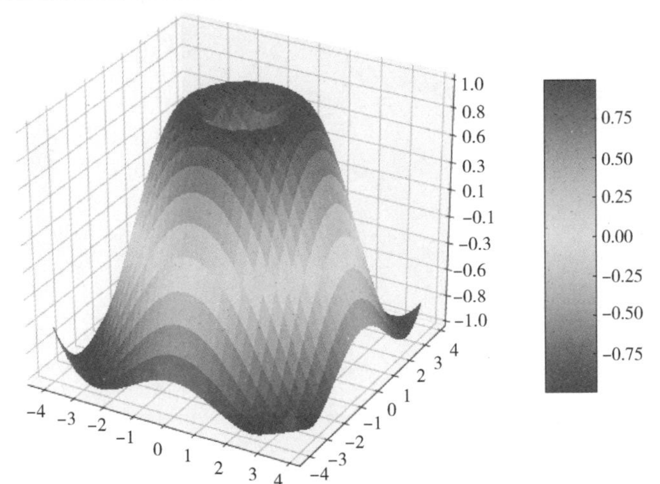

图 11-19　三维曲面图

通过以上内容，我们简单介绍了利用 matplotlib 进行可视化的几种常见的方法。当然，matplotlib 的功能远远不止于此。我们可以使用 matplotlib 完成几乎所有类型的可视化，对于其他应用，可以参考 matplotlib 的官方网站 https://matplotlib.org 进行进一步的学习。

 12 使用 pyecharts 绘制数据可视化基础图形

ECharts(Enterprise Charts),商业级数据图表,是百度的一个开源数据可视化工具,一个纯 Javascript 图表库。ECharts 提供直观、生动、可交互、可高度个性化定制的数据可视化图表。而 Python 是一门富有表达力的语言,很适合用于数据分析。当数据分析遇上数据可视化时,pyecharts 便诞生了。pyecharts 的作图功能非常强大,能满足绝大部分可视化需求。本章我们将介绍一些 pyecharts 的基本作图思路和方法,使读者能快速入门。更为详细的 pyecharts 介绍可以参考其官网使用手册 https://pyecharts.org。

12.1 pyecharts 快速入门

在使用 pyecharts 之前,我们需要提前安装 pyecharts 库。如果 Anaconda 导航界面中无法找到 pyecharts,可以在 Anaconda Prompt 中输入 pip install pyecharts 利用 pip 安装 pyecharts。

为了让大家更快地熟悉 pyecharts,我们以绘制柱状图为例,介绍 pyecharts 的基本语法和编程框架。当大家了解基本框架后,其他的可视化需求便能很好地举一反三。

使用 pycharts 生成图表主要步骤包括:

(1)导入相关图表包。

(2)进行图表的基础设置,创建图表对象。

(3)利用 add()方法进行数据输入与图表设置。

(4)利用 render()方法来进行图表保存和展示。

在以下示例程序中,Bar 为 pyecharts 中绘制柱状图的包。我们通过添加其横纵坐标的方式来赋予柱状图相应的内容,如图 12-1 所示。需要注意的是,pyecharts 中的数据需要以列表的形式输入。如果数据是其他形式,需要首先将其转换为列表或高维列表。最后我们使用 render 将图形生成本地 HTML 文件,默认会在当前目录生成 render.html 文件,也可以传入路径参数,如 bar.render("C:/pyecharts/mycharts.html")。

```
from pyecharts.charts import Bar
bar = Bar()
bar.add_xaxis(["衬衫","羊毛衫","雪纺衫","裤子","高跟鞋","袜子"])
bar.add_yaxis("商家A", [5, 20, 36, 10, 75, 90])
bar.render()
```

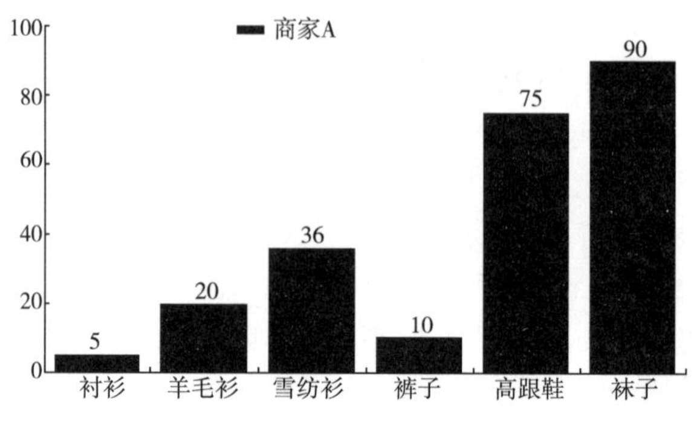

图 12-1　柱状图

除以上的方式外,我们还可以使用链式调用的方式来进行编程。当我们需要添加的参数较多时,这种形式会更为方便简洁。

```
from pyecharts.charts import Bar
bar = (
Bar()
    .add_xaxis(["衬衫","羊毛衫","雪纺衫","裤子","高跟鞋","袜子"])
    .add_yaxis("商家A", [5, 20, 36, 10, 75, 90])
)
bar.render()
```

在以上基本构图的基础上,我们可以通过设置配置项的方式来优化图形,例如添加标题以及设置主题等,如图 12-2 所示。其中,设置配置项需要调用 pyecharts 中的 options 包,可通过设置全局配置 set_gobal_opts()进行设置,以及在调用绘图包 Bar()中进行初始化设置。设置全局变量需要调用 pyecharts.globals 中的相应类型。例如主题为 ThemeType。对于配置项的设置,我们将在后面的小节中具体介绍。

```
from pyecharts.charts import Bar
from pyecharts import options as opts
from pyecharts.globals import ThemeType
bar = (
Bar(init_opts=opts.InitOpts(theme=ThemeType.LIGHT))
    .add_xaxis(["衬衫","羊毛衫","雪纺衫","裤子","高跟鞋","袜子"])
    .add_yaxis("商家A", [5, 20, 36, 10, 75, 90])
    .add_yaxis("商家B", [15, 6, 45, 20, 35, 66])
    .set_global_opts(title_opts=opts.TitleOpts(title="主标题", subtitle="副标题"))
)
bar.render()
```

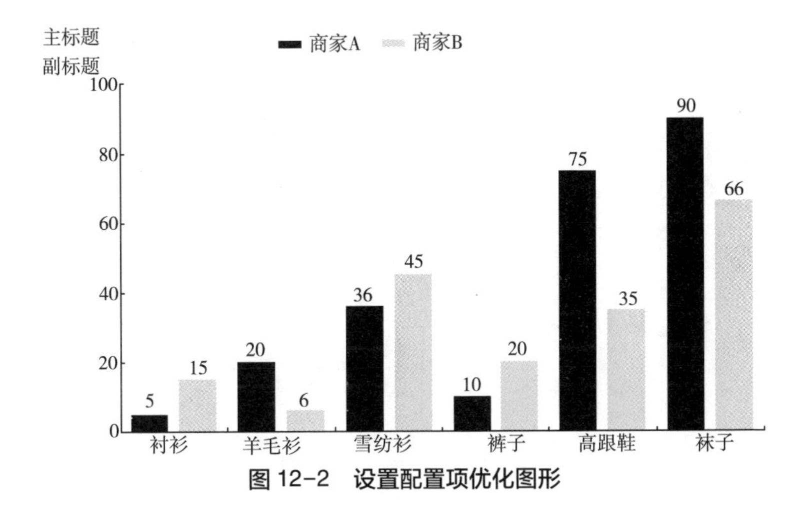

图 12-2　设置配置项优化图形

生成图表后,我们除了可以生成 html 文件外,还可以使用 snapshot-selenium 将其渲染为图片格式,具体方式如下:

```
from pyecharts.charts import Bar
from pyecharts.render import make_snapshot
from snapshot_selenium import snapshot
bar = (
Bar()
    .add_xaxis(["衬衫", "羊毛衫", "雪纺衫", "裤子", "高跟鞋", "袜子"])
    .add_yaxis("商家A", [5, 20, 36, 10, 75, 90])
)
make_snapshot(snapshot, bar.render(), "bar.png")
```

12.2 pyecharts 中的图表类型

在 pyecharts 中,有丰富的图表可以选择,其使用方法和上一小节介绍的柱状图类似。具体的图表包括以下类型。每种类型的图形具体生成格式,请参考 pyecharts 官网使用手册。

(1)基础类图表,如图 12-3 所示。

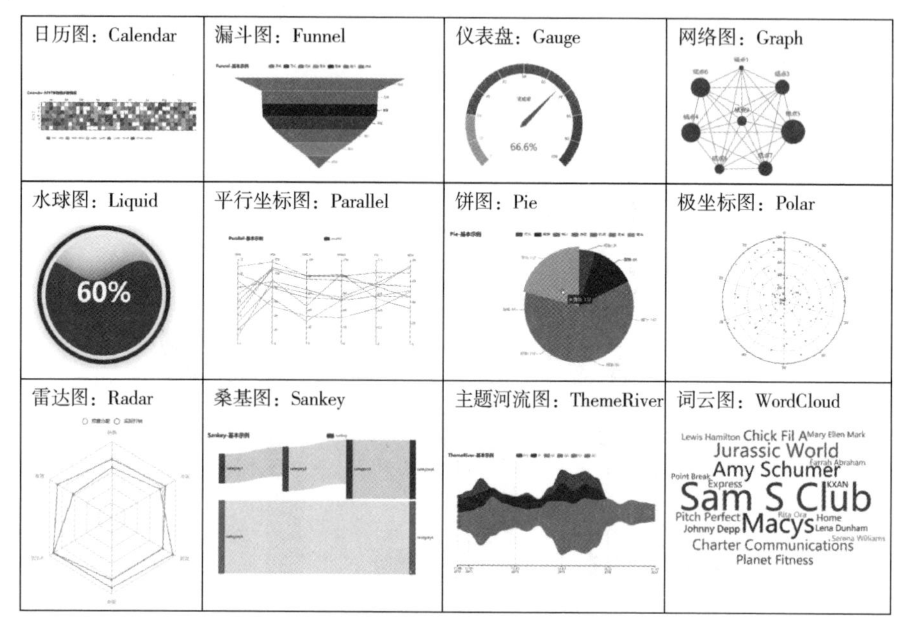

图 12-3 基础类图表

(2)直角坐标系图表,如图 12-4 所示。

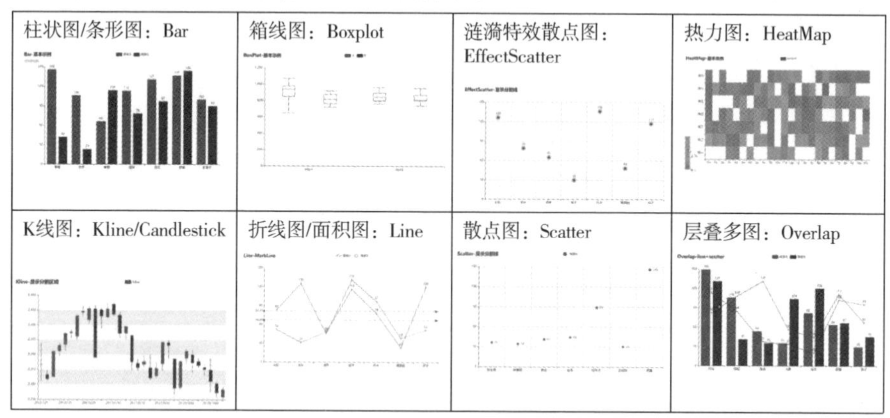

图 12-4 直角坐标系图表

（3）树型图表，如图 12-5 所示。

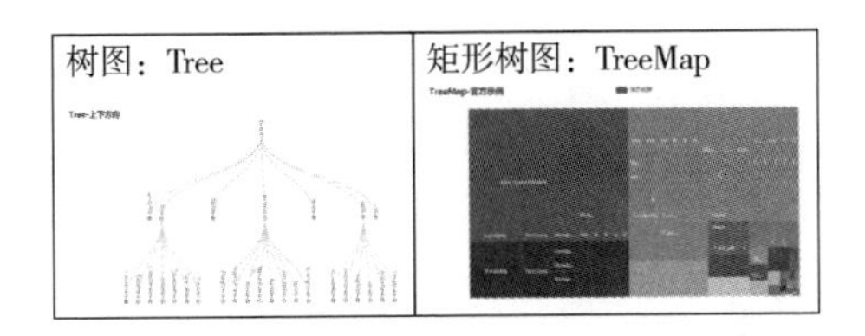

图 12-5　树型图表

（4）地理图表，如图 12-6 所示。

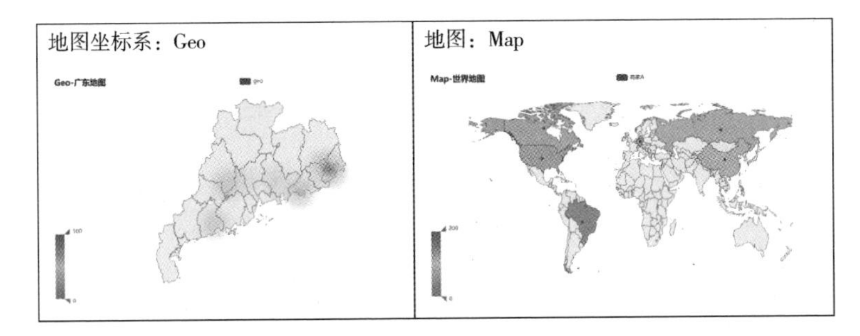

图 12-6　地理图表

（5）3D 图表，如图 12-7 所示。

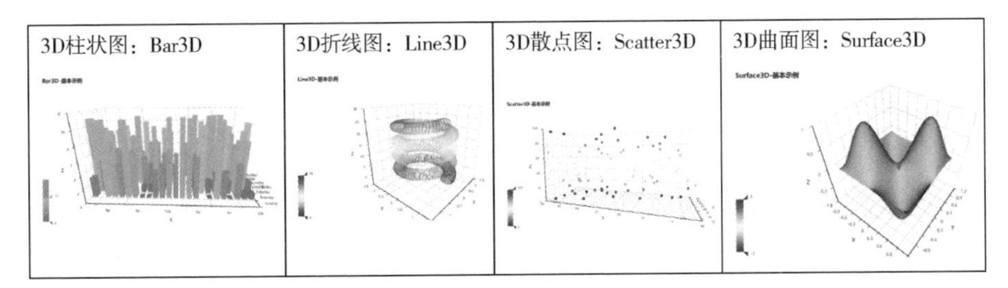

图 12-7　3D 图表

（6）组合图表，如图 12-8 所示。

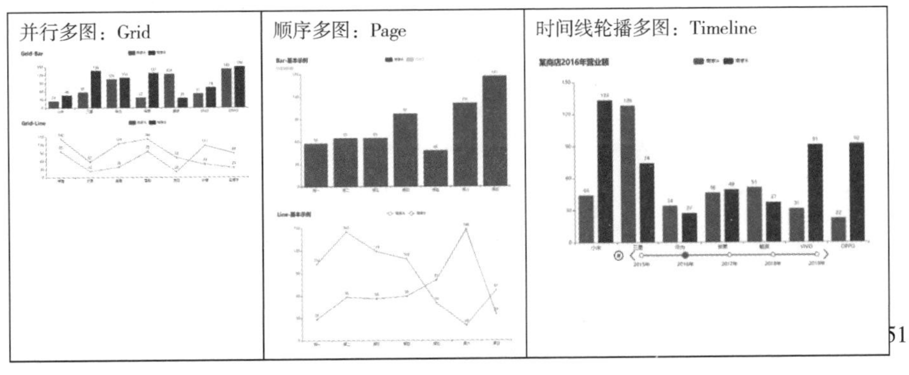

图 12-8　组合图表

12.3 pyecharts 中的配置选项

我们可以通过设置 pyecharts 中的配置选项来优化或个性化设置表格。Pyecharts 中的配置选项分为初始化配置项、全局配置项以及系列配置项。例如，下面绘制条形图的程序中 init_opts = opts. InitOpts( ) 为设置初始化配置项，set_global_opts( ) 为设置全局配置项，set_series_opts( ) 为设置系列配置项。需要注意的是，初始化配置项一般在调用图形函数中设置。

```
from pyecharts.charts import Bar
from pyecharts import options as opts
from pyecharts.globals import ThemeType
def bar_reversal_axis() -> Bar:
    c = (
Bar(init_opts=opts.InitOpts(theme=ThemeType.LIGHT))
        .add_xaxis(Faker.choose())
        .add_yaxis("商家 A", Faker.values())
        .add_yaxis("商家 B", Faker.values())
        .reversal_axis()
        .set_series_opts(label_opts=opts.LabelOpts(position="right"))
        .set_global_opts(title_opts=opts.TitleOpts(title="Bar-翻转 XY 轴"))
    )
return c
```

初始化配置主要设置图形的基本规格和风格形式，主要包括的内容如表 12-1所示。

表 12-1　初始化配置

配置内容	配置名称	默认设置
图表画布宽度	width	"900px"
图表画布高度	height	"500px"
图表 ID	chart_id	
渲染风格(可选 canvas 或 svg)	renderer	RenderType. CANVAS
-' 网页标题	page_title	"Awesome-pyecharts"
图表主题	theme	"white"

续表

配置内容	配置名称	默认设置
图表背景颜色	bg_color	
远程 js	js_host	""

全局配置项主要就图表中的某些元素进行设置，主要包含的内容可由图 12-9所示。

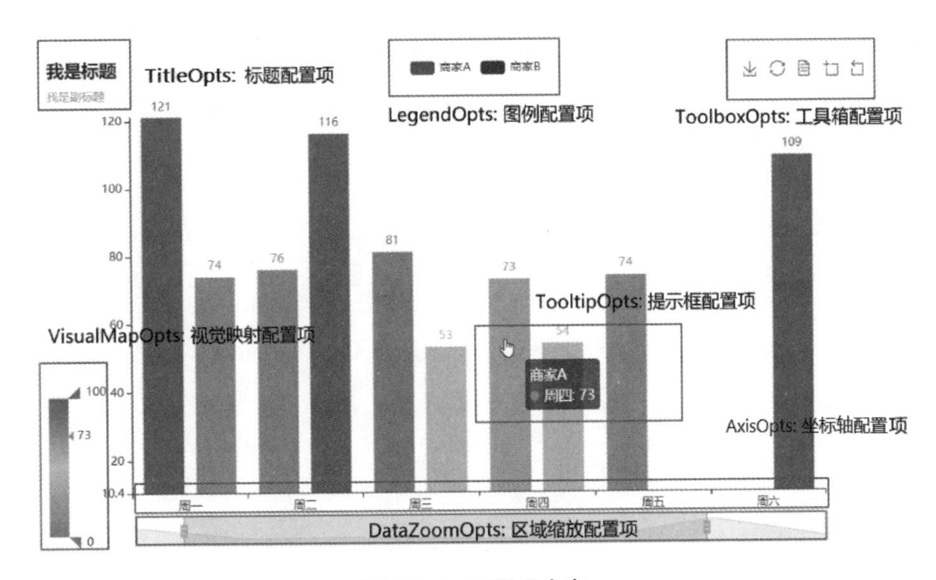

图 12-9 配置项内容

具体的全局配置项包含以下内容，详细使用方法请参见 pyecharts 官网使用手册。

表 12-2 全局配置项内容

配置内容	配置名称
工具箱工具配置项	ToolBoxFeatureOpts
工具箱配置项	ToolboxOpts
标题配置项	TitleOpts
区域缩放配置项	DataZoomOpts
图例配置项	LegendOpts
视觉映射配置项	VisualMapOpts
提示框配置项	TooltipOpts

续表

配置内容	配置名称
坐标轴轴线配置项	AxisLineOpts
坐标轴刻度配置项	AxisTickOpts
坐标轴指示器配置项	AxisPointerOpts
坐标轴配置项	AxisOpts
单轴配置项	SingleAxisOpts

系列配置项主要用于设置在图表中的图形颜色、透明度、添加的文字、标签、分割线、标记点、标记线、标记区域等。具体的系列配置项包含以下内容，详细使用方法请参见 pyecharts 官网使用手册。

表 12-3　系列配置项内容

配置内容	配置名称
图元样式配置项	ItemStyleOpts
文字样式配置项	TextStyleOpts
标签配置项	LabelOpts
线样式配置项	LineStyleOpts
分割线配置项	SplitLineOpts
标记点数据项	MarkPointItem
标记点配置项	MarkPointOpts
标记线数据项	MarkLineItem
标记线配置项	MarkLineOpts
标记区域数据项	MarkAreaItem
标记区域配置项	MarkAreaOpts
涟漪特效配置项	EffectOpts
区域填充样式配置项	AreaStyleOpts
分隔区域配置项	SplitAreaOpts

13 基础数据可视化案例

前两章,我们主要站在 Python 语言编程的角度介绍可视化的基本操作。当大家熟悉这些基本可视化方法之后,就可以开始着手解决一些数据分析和可视化工作中的实际问题了。本章将介绍六个实际问题中的案例,从问题本身出发,展示可视化的完整过程,为大家提供一些参考。

13.1 我国各地区经济发展水平可视化分析

随着改革开放的深化和社会经济的发展,我国综合国力不断增强,正逐渐走向富强之路,国内生产总值持续增长位列世界第二。但由于区域经济发展的不均衡,使得各地区的经济水平存在较大差异。因此我们希望通过数据可视化来了解我国各地区经济发展情况。

首先,将我国按照行政区进行划分,通过饼图展示 2017 年我国七大行政区域(东北 DB、华北 HB、华东 HD、华南 HN、华中 HZ、西北 XB、西南 XN)的国内生产总值 GDP 占比情况(数据来源:国家统计局),如图 13-1 所示。通过饼图我们发现:华东地区是我国经济发展的引擎,其 GDP 占全国总量的百分之 37.8%;而西北地区 GDP 仅占 5.5%,需要进一步地发展经济。

```
import matplotlib.pyplot as plt
import pandas as pd
data=pd.read_csv("area-gdp.csv")
data_2017=data[data['YEAR']==2017]
data_2017['PRO']=data_2017['GDP']/sum(data_2017['GDP'])
labels = 'DB','HB','HD','HN','HZ','XB','XN'
sizes = data_2017['PRO']
colors = ['yellowgreen','gold','lightskyblue','lightcoral','red','purple','#f280de']
explode = (0,0,0.1,0,0,0.1,0)
plt.pie(sizes, explode=explode, labels=labels,
autopct='%1.1f%%', colors=colors)
plt.axis('equal')
plt.show()
```

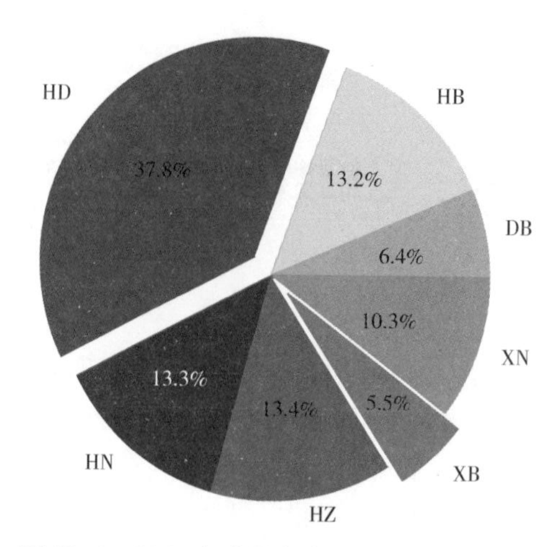

图 13-1　2017 年我国七大行政区域 GDP 饼图

我们可以进一步使用 squarify 函数绘制方块树图来展示 GDP 排名前十的省份，如图 13-2 所示。这里需要注意的是：在绘图之前，我们需要提前安装 squarify 包，如果 Anaconda 导航界面中无法找到 squarify，可以在 Anaconda Prompt 中输入 pip install squarify 利用 pip 安装 squarify。

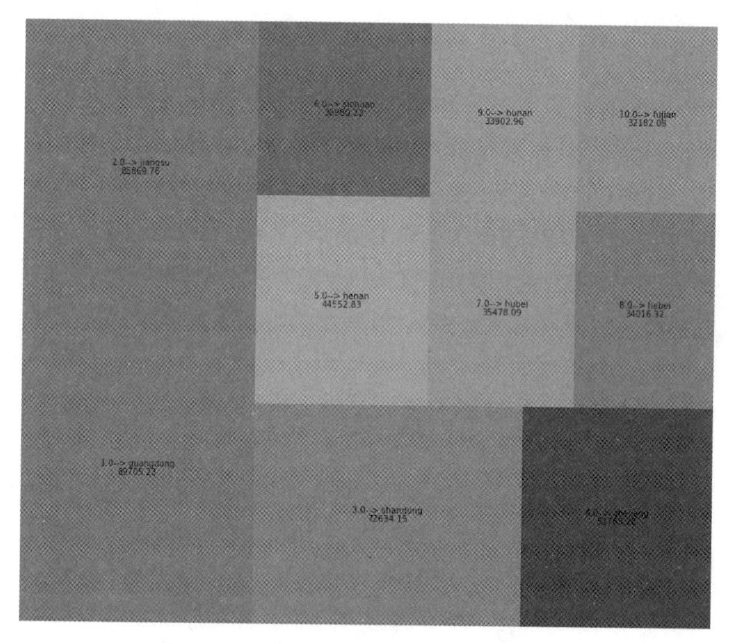

图 13-2　我国 GDP 前十省份方块树图

```
import matplotlib.pyplot as plt
import squarify
import matplotlib.cm
import random
import pandas as pd
data=pd.read_csv("gdp.csv")
data=data[(data['YEAR']==2017)]
rank_gdp=data.rank(ascending=False,axis=0)['GDP']
data['rank_gdp']=rank_gdp
df=data[(data['rank_gdp']<=10)]
province_rank=[0 for province_rank in range(0, len(df))]
for i in range(len(df)):
    province_rank[i]=str(list(df['rank_gdp'])[i])+"-->"+str(list(df['
PROVINCE'])[i])
df['province_rank']  =province_rank
name = list(df['province_rank'])
income =list(df['GDP'])
colors = ['#168cf8', '#ff0000', '#009f00', '#1d437c', '#eb912b',
        '#8663ec','#9999ff','indianred','violet','peru']
plt.figure(figsize=(15,13))
plot = squarify.plot(sizes = income,
label = name,
color = colors,
value = income,
                    )
plt.rc('font', size=10)
plot.set_title('Top 10 Province by GDP in China',fontdict = {'fontsize':15})
plt.axis('off')
plt.tick_params(top = 'off', right = 'off')
plt.show()
```

通过树图我们可以发现,广东、江苏和山东三个沿海省份位于经济发展前列。并且,经济发达省份大多为沿海省份。而内陆省份中,仅有四川、湖南和河南三省进行前十,它们大多为人口大省。

为了进一步展示各地区 GDP 随时间变化的趋势,我们绘制 2010—2017 年七大行政区的 GDP(单位:亿元)变化趋势折线图,如图 13-3 所示。我们很容易发现,华东地区不但经济总量位于全国之首,其发展速度也是最快的地区之一。

```
import numpy as np
import pandas as pd
import seaborn as sns
import matplotlib.pyplot as plt
import matplotlib.patches as mpatches
data=pd.read_csv("data-gdp.csv")
df = data.pivot(index='YEAR',columns='AREA',values='GDP')
df.plot()
```

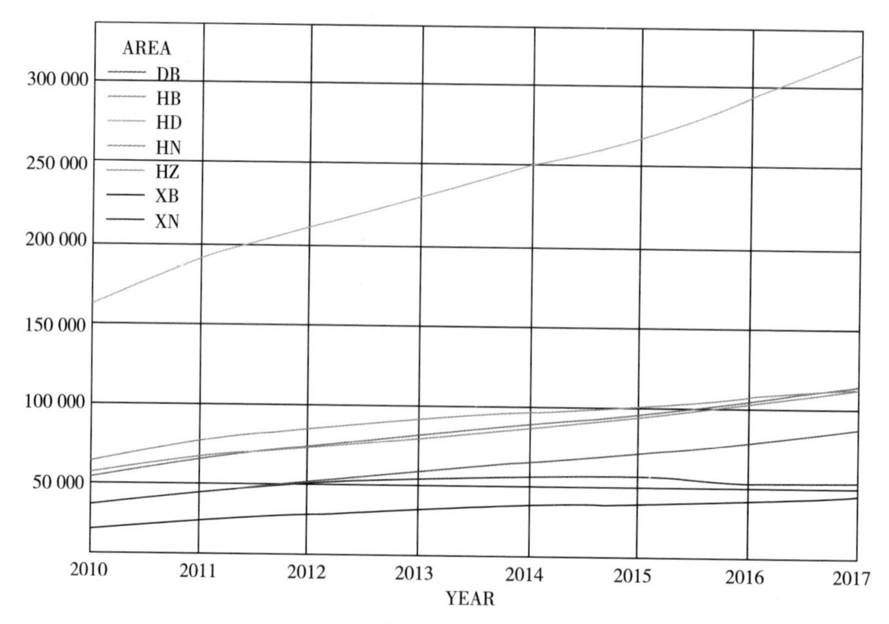

图 13-3 我国各区域 GDP 时序图

一方面,所有区域 GDP 的时间趋势展示在同一张图上可以进行非常直观的对比。然而,除非我们有一种类似于金融股票图的交互式展示模式,否则很难用一种简单的方式来对某年各地区的 GDP 进行直观比较,这正是折线图的一个缺点。那么,还有其他的可视化方法吗?我们可以考虑使用主题河流图来同时反映各地区 GDP 的比例关系和趋势,如图 13-4 所示。

```
from pyecharts import options as opts
from pyecharts.charts import Page, ThemeRiver
import pandas as pd
data=pd.read_csv("area-gdp.csv")
df = data.pivot(index='YEAR',values='GDP',columns='AREA')
data1=[]
for eachone in range(len(df.columns)-1):
data1.extend([[i,j,df.columns[eachone+1]] \
for i,j in zip(range(min(df.index),max(df.index)+1),\
df[df.columns[eachone+1]])])
def themeriver_example() -> ThemeRiver:
    c = (
ThemeRiver()
        .add(
            ['DB','HD','HN','HZ','HB','XN','XB'],
            data1,
            singleaxis_opts=opts.SingleAxisOpts(min_=min(df.index),
            max_=max(df.index),type_="value", pos_bottom="10% "),
        )
        .set_global_opts(title_opts=opts.TitleOpts(title="GDP 主题河流图"))
    )
return c
themeriver_example().render()
```

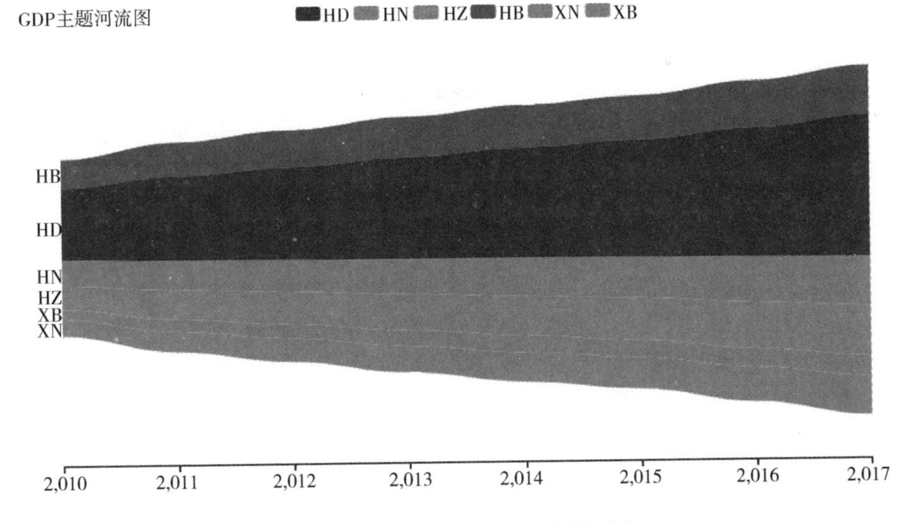

图 13-4 我国各区域 GDP 主题河流图

通过以上数据可视化,我们既可以从空间的维度比较不同行政区域以及省份的经济发展情况,也可以从时间的维度展示各行政区的经济发展趋势。当然,我们还可以将不同省份或行政区的经济发展情况绘制在地图上来展示更多空间信息,这项工作留给读者来完成。

13.2 成都天津两市空气质量可视化分析

中国近年来雾霾问题愈来愈严峻,环境污染已经成为不可争辩的事实,环境污染给我们的日常活动带来了重大的影响。随着我国经济进入一个新的阶段,接踵而至的是愈来愈严重的环境污染。近几年雾霾污染已成为环境污染的首要问题,2016 年冬季,雾霾席卷大半个中国,我国也因此经历近年来宽范围、高强度、长时间的雾霾过程。霾问题已成为解决当前环境恶化的首要问题。

雾霾会严重影响人类的身体健康。首先是对呼吸系统的影响,PM2.5 粘附在人体呼吸道和肺泡中,从而引起急性支气管炎和急性鼻炎等病症。其次,它影响血管系统,雾霾天气导致空气中污染物增多,加上空气中气压低,容易诱发血管疾病。最后,雾和霾导致紫外线辐射减弱,增强空气中感染性细菌的活性,增加感染性疾病的数量。

雾霾主要包括了微小颗粒物、氮硫化合物、碳氢化合物等。造成雾霾的关键因素是低压下气流速度慢。由于空气流动性较低,空气中的微小颗粒在空中聚集。再加上城市地表扬尘多,空气湿度相对较低,地面上的车辆和人活动频繁,使得地面灰尘被搅动起来,从而加重了空气中微小颗粒物的数量。而这些微小颗粒物的主要来源是工业企业生产活动和人类生活活动,如:工业生产企业排放的废气、汽车尾气以及建筑业施工的副产品粉尘等。雾霾污染对人类身体健康影响较大,对人类呼吸系统的影响尤为显著。随着大气污染形势的加剧,不管是普通民众还是政府都意识到空气污染的严重性和管制的重要性,也有越来越多的研究机构和学者加入对大气污染的研究和治理中。

为了研究不同污染物在不同城市的分布情况,我们搜集了成都和天津两市在 2018 年 10 月的空气质量数据①部分数据如表 13-1 所示。

① 数据来源:全国城市空气质量实时发布平台天气后报网 http://www.tianqihoubao.com。

表 13-1 成都市和天津市 2018 年 10 月空气质量部分数据

DATE	CITY	AQI	PM2.5	PM10	SO2	CO	NO2	O3_8h
2018/10/1	天津	45	13	36	5	0.5	36	84
2018/10/1	成都	47	16	26	6	0.7	37	44
2018/10/2	天津	55	15	41	5	0.5	44	84
2018/10/2	成都	52	18	34	7	0.7	41	26
2018/10/3	天津	75	30	67	9	0.9	60	95
2018/10/3	成都	39	16	26	6	0.5	31	56
2018/10/4	天津	114	49	78	18	1.2	49	175
2018/10/4	成都	48	24	39	7	0.6	38	63
2018/10/5	天津	110	51	74	15	1	51	170
2018/10/5	成都	62	44	63	7	0.7	42	70
2018/10/6	天津	51	20	51	6	0.5	33	62
2018/10/6	成都	84	62	82	7	0.9	43	69
2018/10/7	天津	65	23	63	8	0.7	52	79
2018/10/7	成都	42	26	36	7	0.6	33	54
2018/10/8	天津	78	35	74	11	0.9	62	78
2018/10/8	成都	47	24	33	6	0.6	37	79
2018/10/9	天津	34	6	34	5	0.5	21	56
2018/10/9	成都	54	17	31	7	0.6	43	67
2018/10/10	天津	45	13	37	6	0.5	36	52
2018/10/10	成都	48	17	44	8	0.5	37	95
2018/10/11	天津	52	14	38	6	0.5	41	62
2018/10/11	成都	84	59	103	10	0.9	67	41

其中，AQI 表示空气质量指数，其值越大表明空气污染越严重。考虑到这是一组变量比较多的数据，包含城市（CITY）、空气质量指数（AQI）、PM2.5、PM10、二氧化硫（SO2）、一氧化碳（CO）、二氧化氮（NO2）、臭氧（O3_8h）8 个变量的信息的混合，我们用网格绘图来可视化展示这些变量间的关系。

除去城市这个变量，剩下七个变量可进行两两交互分析，图 13-5 是其中三个变量间的关系图。我们的最终目标是通过可视化发现变量之间的关系并更好地理解数据，或者这些变量中是否存在一些有价值的规律。由于我们关注的是空气质量，因此 AQI 是关键所在。由图 13-5 我们发现：大部分时间成都的空气质量优于天津(AQI越大说明空气污染越严重),在同一AQI范围内,成都的PM10和PM2.5高于天津。

```
import pandas as pd
import seaborn as sns
import matplotlib.pyplot as plt
data=pd.read_csv("data-air.csv")
g=sns.FacetGrid(data,hue="CITY",palette="seismic",size=6,legend_out="FALSE")
g=(g.map(plt.scatter,"AQI","PM10",s=150,linewidth=0.65,edgecolor="white").add_legend())
df=data.drop(['DATE','SO2','CO','NO2','O3_8h'],axis=1)
sns.pairplot(df,hue='CITY')
```

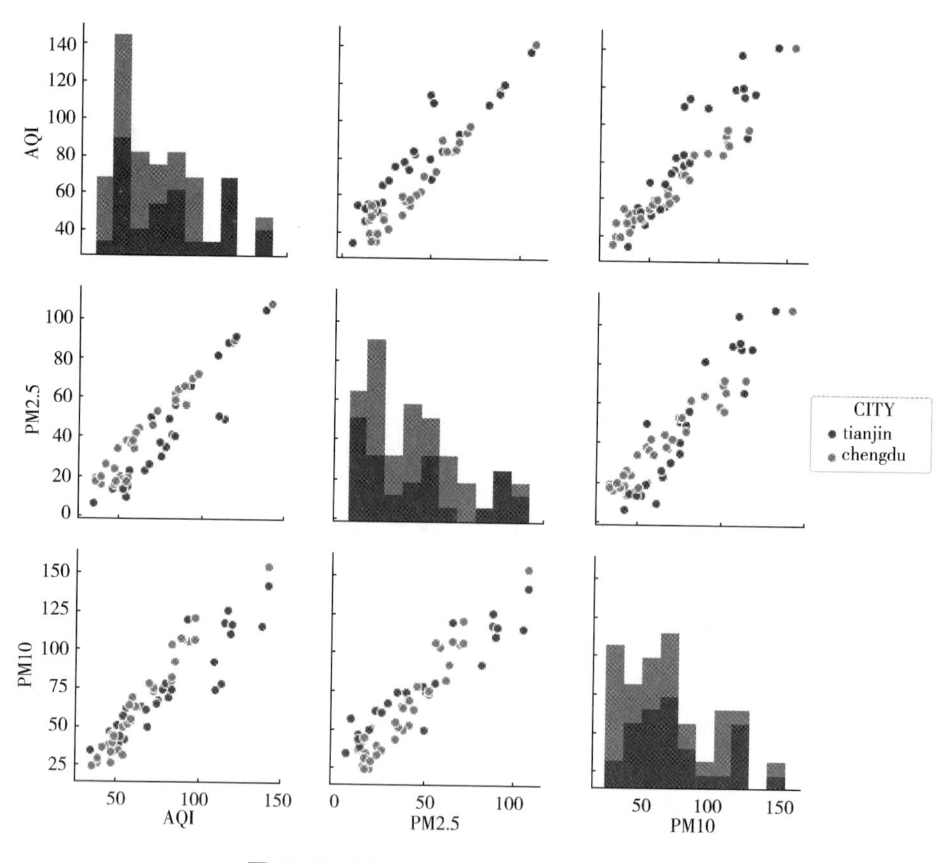

图 13-5　AQI、PM2.5、PM10 交互关系图

我们还希望了解各城市空气质量与 PM2.5 之间的具体关系。以成都市 2018 年 10 月 AQI 和 PM2.5 测量值为例，可以通过散点图确定它们之间是否存在明显的正相关关系，如图 13-6 所示。

```
import numpy as np
import pandas as pd
import seaborn as sns
import matplotlib.pyplot as plt
data = pd.read_csv("data-air.csv")
data1=data[data['CITY']=='chengdu']
g = sns.FacetGrid(data1, palette="Set1", size=7)
g.map(plt.scatter, "AQI", "PM2.5", s = 140, linewidth = .7, edgecolor = "#ffad40", color="#ff8000")
g.set_axis_labels("AQI", "PM2.5")
```

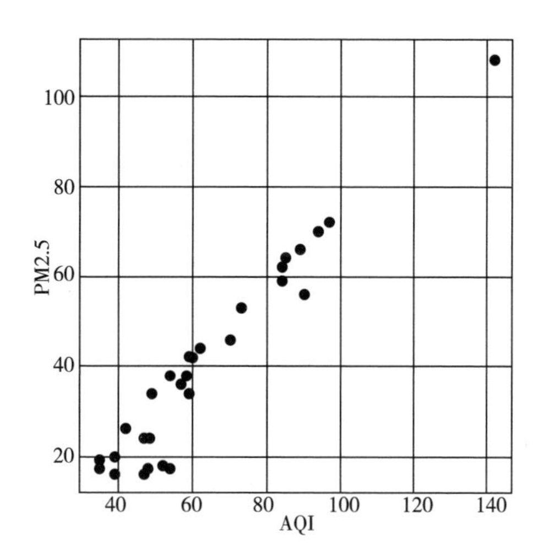

图 13-6　成都市 2018 年 10 月 AQI 与 PM2.5 散点图

我们是否可以在图 13-6 的基础上将其他的污染物信息加入图形中呢？利用成都和天津两个城市在 2018 年 10 月份的空气质量数据，我们可以绘制 AQI 和 PM2.5 的气泡图，其中，使用 PM10 的值来表示每个点的大小。图 13-7 展示了 AQI、PM2.5、PM10 三者之间的关系。我们可以发现 AQI 与 PM2.5 越大，气泡大小也越大，因此三者确实存在着正相关关系。

```
import numpy as np
import pandas as pd
import seaborn as sns
import matplotlib.pyplot as plt
sns.set(style='whitegrid')
data=pd.read_csv("data-air.csv")
x=np.array(data['AQI'])
y=np.array(data['PM2.5'])
z=np.array(data['PM10'])
cm=plt.cm.get_cmap('RdYlBu')
fig,ax=plt.subplots(figsize=(12,10))
sc=ax.scatter(x,y,s=z* 10,cmap=cm,linewidth=0.2,alpha=0.5)
ax.grid()
ax.set_xlabel('AQI',fontsize=14)
ax.set_ylabel('PM2.5',fontsize=14)
plt.show()
```

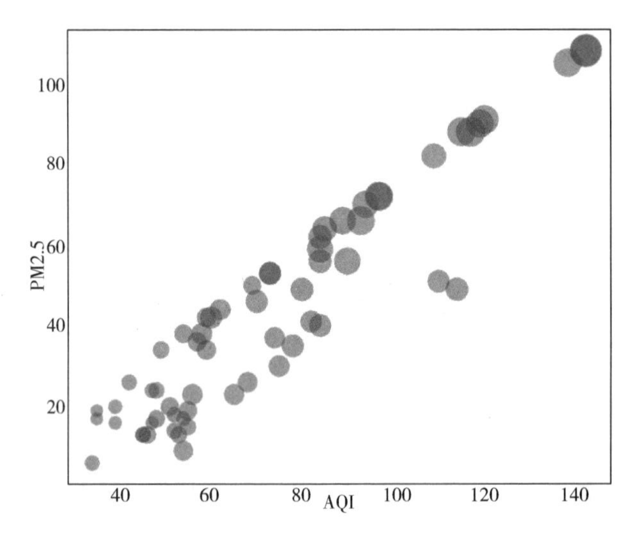

图 13-7 2018 年 10 月成都天津两市 AQI 与 PM2.5 气泡图（气泡大小为 PM10）

在图 13-7 的基础上,可以进一步考虑不同城市的因素。我们使用不同颜色的气泡来表示不同城市的 AQI、PM2.5 以及 PM10 的值,如图 13-8 所示。从图中我们不难发现,相同空气质量情况下,成都的 PM2.5 普遍高于天津。

```
import numpy as np
import pandas as pd
import seaborn as sns
import matplotlib.pyplot as plt
import matplotlib.patches as mpatches
sns.set(style='whitegrid')
data=pd.read_csv("data-air.csv")
x=np.array(data['AQI'])
y=np.array(data['PM2.5'])
z=np.array(data['PM10'])
color={'tianjin':'red','chengdu':'blue'}
plt.scatter(x, y, s=z*3,color=[color[i] for i in data['CITY']],alpha=0.5)
colors=['red','blue']
labels = ['tianjin','chengdu']
patches = [ mpatches.Patch(color=colors[i], label="{:s}".format(labels[i]) )
for i in range(len(colors)) ]
plt.legend(handles=patches, bbox_to_anchor=(0.80,1.12), ncol=7)
plt.xlabel('AQI',fontsize=12)
plt.ylabel('PM2.5',fontsize=12)
plt.show()
```

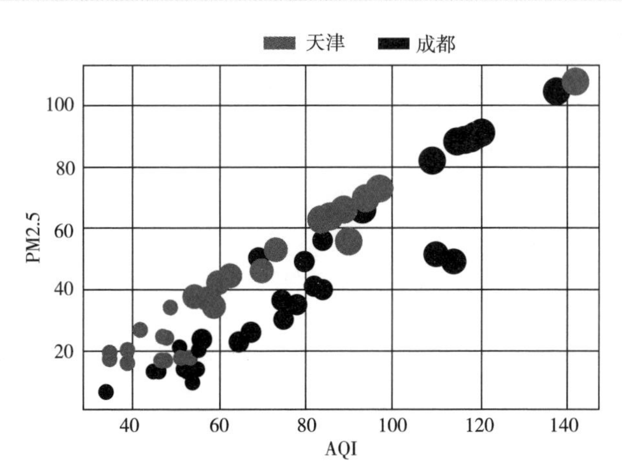

图 13-8　2018 年 10 月成都天津两市 AQI 与 PM2.5 散点图（气泡大小为 PM10）

通过以上案例，我们可以发现，比较多个定量变量之间的关系，散点图或气泡图是很好的选择。它们不但可以直观地反映变量之间的关系，还可以指导我们对这些变量建立模型来进一步分析变量间的具体数量关系。当然，我们还可以使用折线图来展示不同城市空气质量随时间变化的趋势，或者比较不同季节空气质量的规律。

13.3 全球自杀人数可视化分析

全球每年有80万以上的人死于自杀,还有更多的人企图自杀。因此,每年有数以百万计的人经历自杀带来的丧亲之痛或受此影响。自杀是一种全球性的现象,在世界所有区域都有发生。2012年,全球75%的自杀发生在低收入和中等收入国家。自杀死亡占全世界死亡总数的1.4%,在2012年的死因排序中居于第15位。基于证据的有效干预措施可以在群体、亚群体和个人层面实施,以防止自杀和企图自杀。

为了全面了解全球范围内不同国家自杀的特点,我们搜集了不同国家1985—2016年自杀人数,以及不同性别和年龄层的自杀人数。①

该数据包括全球范围内101个国家的自杀数据,一共12个指标,在本案例中我们仅研究其中五个,它们分别为国家(country)、年份(year)、性别(sex)、年龄分段(age)、自杀人数(suicides_no)。

针对这个数据,我们提出三个感兴趣的话题:

(1)1985—2015年自杀人数累计最高的国家是哪些?

(2)每个国家自杀总人数在1985—2015年的变化趋势如何?(考虑到国家太多,我们依旧选取自杀人数累计数最高的五个国家)

(3)不同年龄阶段的自杀人数特点,以及自杀人数累计数最高的国家中自杀人数比例最多的年龄层是什么?

当我们的研究对象过多,为了使读者更加清晰地看出数据的规律所在,我们往往选取部分代表性较强的数据重点研究。所以针对自杀人数数据,我们首先解决上面提出的第一个问题,找出30年来自杀人数累计数最高的五个国家,使用如下代码我们可以很容易地发现它们分别是:俄罗斯、美国、日本、法国以及乌克兰。

```
import pandas as pd
import seaborn as sns
import matplotlib.patches as mpatches
data=pd.read_csv('suicide.csv')
country_5 = data['suicides_no'].groupby([data['country']]).sum().sort_values(ascending=False).head().reset_index()
```

为了直观地展示这五个国家自杀人数随时间变化的趋势,我们将它们绘制

① 数据来源于kaggle数据库http://www.kaggle.com/russellyates88/suicide-rates-overview-1985-to-2016。

在折线图中。通过观察图 13-9,我们发现在 2010 年之前俄罗斯的自杀人数一直远远高于其他四个国家,但 2010 年之后被美国反超,并且相比其他四个国家的自杀人数在近几年处于缓慢下降的趋势,美国的自杀人数从 2010 年开始大幅度增加,这也一度将美国推上了“自杀大国”的风口浪尖。

```
top5_country=pd.merge(pd.DataFrame(country_5['country']),data)
top5_country = top_5country['suicides_no'].groupby([top5_country['country'],top5_country['year']]).sum().reset_index()
fig = plt.figure(figsize=(18,18))
plt.xlim(1985,2015)
colorsdata = ['#168cf8','#ff0000','#009f00','#1d437c','#eb912b']
labeldata = ['Russian Federation','United States','Japan','France','Ukraine']
country= ['Russian Federation','United States','Japan','France','Ukraine']
for i in range(0,5):
   plt.plot(top5_country[top5_country['country']==country[i]]['year'],top5_country[top5_country['country']==country[i]]['suicides_no'],color=colorsdata[i],
label=labeldata[i], linewidth=2)
plt.legend(loc=0, prop={'size':15})
plt.xlabel("year",fontsize=18)
plt.ylabel("suicides_no",fontsize=18)
plt.show()
```

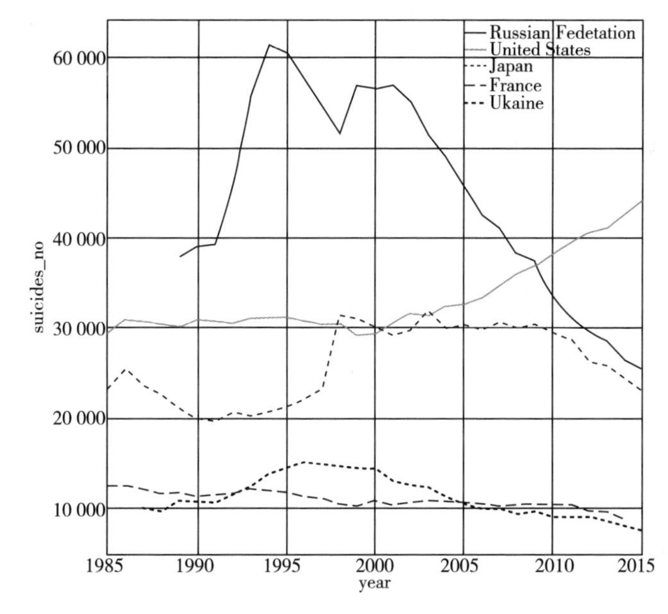

图 13-9　各国自杀人数折线图

为了更深层次地研究自杀状况,我们可以从年龄分层和性别入手绘柱状图(在这里我们选择自杀人数累计最多的国家俄罗斯作为研究对象),如图 13-10所示。

```
    import pandas as pd
    import seaborn as sns
    import matplotlib.patches as mpatches
    data=pd.read_csv('suicide.csv')

    data_Russian=data[data['country']=='Russian Federation'].drop(['country
'],axis=1)
    data_Russian=data_Russian['suicides_no'].groupby([data_Russian['sex'],
data_Russian['age']]).sum().reset_index()
    data_Russian=data_Russian.replace("5-14 years", "05-14 years")

    df = data_Russian.pivot(index='age',columns='sex',values='suicides_no')
    df.columns.name = None
    data_df_G = data_Russian.groupby(["sex"], as_index=False)
    temp_count = 1
    for index, subject_df in data_df_G:
    df.rename(columns={index: (str(index))}, inplace=True)
        temp_count += 2
    df['age'] = df.index
    df.index.name = None
    name_list = list(df['age'])
    num_list =list(df['female'])
    num_list1 = list(df['male'])
    x =list(range(len(num_list)))
    total_width, n = 0.8, 2
    width = total_width / n
    plt.figure(figsize=(8,8))
    plt.bar(x, num_list, width=width, label='female',fc = 'y')
    for i in range(len(x)):
    x[i] = x[i] + width

    plt.bar(x, num_list1, width=width, label='male',tick_label = name_list,fc = 'r')
    plt.legend()
    plt.xlabel("age")
    plt.ylabel("suicides_no")
    plt.show()
```

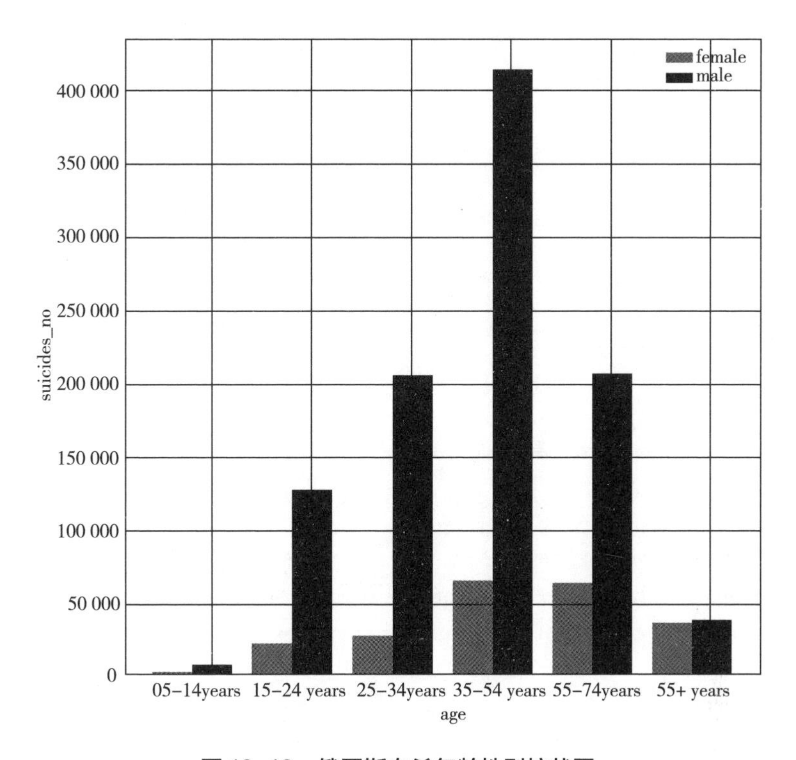

图 13-10　俄罗斯自杀年龄性别柱状图

从图 13-10 我们发现,俄罗斯的自杀人数中,男性比例远远大于女性,而且男性和女性自杀高峰的年龄阶段均是 35~54 岁,即我们所说的中年阶段,造成这一现象可能与俄罗斯的社会压力有关,读者可以从这方面继续深入研究。

通过以上数据可视化,我们同样发现一个值得关注的现象:美国自杀率从 2000 年开始大幅度提升。美国国家暴力死亡报告系统数据显示,美国自杀率近 20 年上升了 25%。到 2015 年,美国约有 4 万人死于自杀。美国疾病控制与预防中心副主任舒查特表示,自杀已成为美国一项公共卫生问题。她指出:“数据显示,自杀是美国当前十大死因之一,且该比例在不断升高,问题越来越严重”。针对这一现象,我们从原始数据中提取美国的相关数据,对美国 1985—2015 的自杀数据进行可视化展示,具体关注以下两个方面:

(1)1985—2015 年,男性、女性和全部人口的自杀人数的变化趋势。

(2)展示六个年龄组自杀人数的变化趋势。

首先,解决第一个问题,展示男性、女性以及全部人口在 1985—2015 年间的自杀人数,如图 13-11 所示。

```
import numpy as np
import pandas as pd
import matplotlib.pyplot as plt

data=pd.read_csv('suicide.csv')
data_US=data[data['country']=='United States'].drop(['country'],axis=1)

sumdata1=data_US['suicides_no'].groupby(data_US['year']).sum()
sumdata2=data_US['suicides_no'].groupby([data_US['year'],data_US['sex']]).sum()
sumdata1=sumdata1.reset_index()
sumdata2=sumdata2.reset_index()

fig = plt.figure(figsize=(15,13))
plt.xlim(1985,2015)
plt.plot(sumdata1['year'],sumdata2[sumdata2['sex']=='male']['suicides_no
'], color='#1a61c3', label='Males', linewidth=1.8)
plt.plot(sumdata1['year'],sumdata2[sumdata2['sex']=='female']['suicides_
no'],color='#bc108d', label='Females', linewidth=1.8)
plt.plot(sumdata1['year'],sumdata1['suicides_no'],color='#747e8a',label=
'All', linewidth=1.8)
plt.legend(loc=0, prop={'size':10})
plt.xlabel("year",fontsize=18)
plt.ylabel("suicides_no",fontsize=18)
plt.show()
```

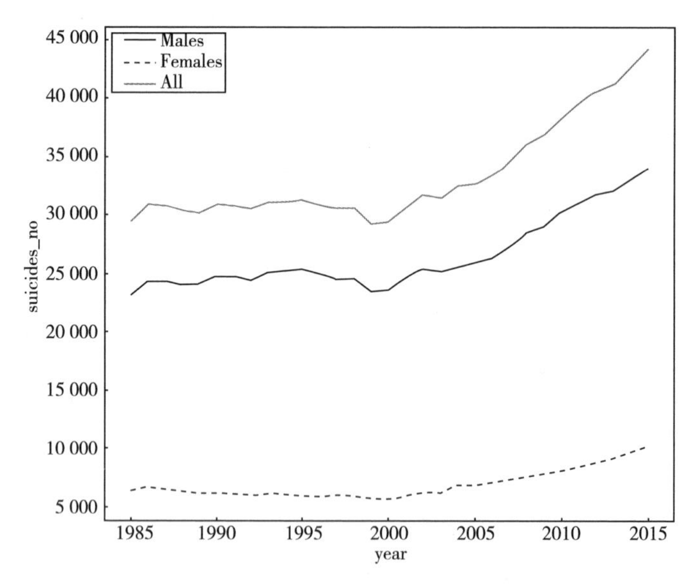

图 13-11　美国各性别自杀人数折线图

通过图 13-11 我们发现美国男性的自杀人数远远高于女性，而且男性自杀人数和女性自杀人数都在逐年上升。为了进一步进行可视化研究，我们现在解决第二个问题：从年龄的角度去分析自杀人数变化。

在该数据集中，年龄被分为六组，5~14、15~24、25~34、35~54、55~74 以及 75+岁，不同年龄段的自杀人数如图 13-12 所示。从图 13-12 我们发现，35~54 岁年龄层的自杀人数在 1985—2015 年一直处于稳步上升的趋势，结合研究报告表明可能是因为这个年龄阶段的人群要承受更多的社会压力以及家庭压力。而观察其他年龄阶段的自杀人数，在 1985—2000 年都处于较平缓的阶段，从 2000 年往后就开始逐步上升，特别是 55~74 岁年龄层。

```
    import numpy as np
    import pandas as pd
    import matplotlib.pyplot as plt

    data=pd.read_csv('suicide.csv')
    data_US=data[data['country']=='United States'].drop(['country'],axis=1)

    sumdata3=data_US['suicides_no'].groupby([data_US['year'],data_US['age']])
.sum()
    sumdata3=sumdata3.reset_index()

    fig = plt.figure(figsize=(18,18))
    plt.xlim(1985,2015)
    colorsdata = ['#168cf8', '#ff0000', '#009f00', '#1d437c', '#eb912b', '#
8663ec']
    labeldata = ['15-24', '25-34', '35-54','5-14', '55-74', '75+']
    age=sumdata3['age']
    for i in range(0,6):
    if(i==2):
    plt.plot(sumdata1['year'],sumdata3[sumdata3['age']==age[i]]['suicides_no
'], color=colorsdata[i], label=labeldata[i], linewidth=3.8)
    else:
    plt.plot(sumdata1['year'],sumdata3[sumdata3['age']==age[i]]['suicides_no
'], color=colorsdata[i], label=labeldata[i], linewidth=2)
    plt.legend(loc=0, prop={'size':15})
    plt.xlabel("year",fontsize=18)
    plt.ylabel("suicides_no",fontsize=18)
    plt.show()
```

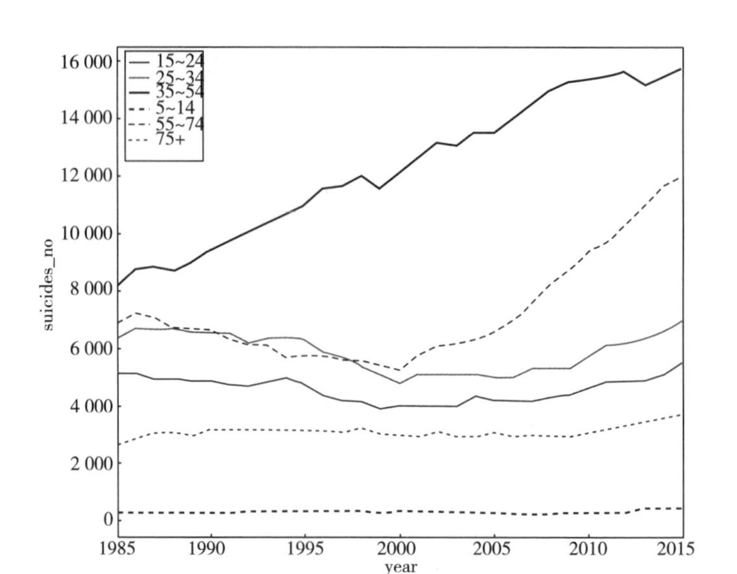

图 13-12 美国各年龄段自杀人数折线图

从以上对自杀人数的数据可视化,我们分别从不同国家、不同性别以及不同年龄段深入剖析了自杀的分布情况,从中我们可以找到诸多规律,为有效地控制自杀提供参考。

13.4 各国奥运会奖牌可视化分析

奥运会是世界级赛事中的最高赛事之一。在奥运会中拿到金牌也是各个国家运动员的梦想。不说拿金牌,只要能够拿到奖牌,就为国家带来了荣誉。运动员日复一日的训练也是为了能够在比赛中拿到好名次来为国争光,而奥运会的奖牌榜也是大家一直关心的一个话题,在近几届的奥运会中,中国的奖牌榜一直都是位列前三,最强劲的对手就是美国,那么奥运会举办了那么多届了,拿奖牌最多的国家是哪个国家呢?

为了分析历年来不同国家获得奥运会奖牌数的情况,我们收集了奥运会举办以来,各国获得奥运奖牌的数据。①

该数据包括全球 1184 个国家的信息,在本案例中我们研究的指标有:国家(Team)、年份(Year)、奖牌(Medal)。为了方便进行可视化展示,我们需要对原始数据集进行一些必要的处理:将奖牌变量中的 NA 替换成 0(表示没有获得奖

① 数据来源于 kaggle 数据库 https://www.kaggle.com/heesoo37/120-years-of-olympic-history-athletes-and-result。

牌);将获得奖牌类型(金、银、铜)替换成1(忽略奖牌类型,只关心奖牌数量)。

奥运会奖牌数是衡量一个国家运动水平的重要指标,但由于每个国家参加的奥运会的次数不同,因此每次参赛平均获得的奖牌数也很重要。我们用X轴表示奖牌数,Y轴表示年份(之所以将年份放到Y轴,是为了让图看起来更美观),气泡大小代表每次参赛平均获得的奖牌数,可绘制气泡图,如图13-13所示。我们可以发现平均每届获得奖牌数最多的国家是在1940年以后才开始参加奥运会的,它参加奥运会的次数远远低于某些国家。因此通过奖牌总数来判断国家的体育实力是不科学的。

```
    import numpy as np
    import pandas as pd
    import matplotlib.pyplot as plt

    data=pd.read_csv('athlete_events.csv')
    data=data.fillna(0)
    data=data.replace(('Gold','Bronze','Silver'),(1,1,1))
    data1=data['Medal'].groupby([data['Team'],data['Year']]).sum().reset_
index()

    team_3 = data1 ['Medal'].groupby ([data1 ['Team']]).sum ().sort_values
(ascending=False).head(3).reset_index()
    data_team_3=pd.merge(pd.DataFrame(team_3['Team']),data1)
    avg_team_3=data_team_3['Medal'].groupby([data_team_3['Team']]).mean()
.astype(int).reset_index()
    avg_team_3.columns = ['Team','avg-medal']
    data_team_3_1=pd.merge(data_team_3,avg_team_3)

    def plotCircle(x,y,radius,color, alphaval):
    circle = plt.Circle((x, y), radius=radius, fc=color, alpha=alphaval)
    fig.gca().add_patch(circle)
    nofcircle = plt.Circle((x, y), radius=radius, ec=color, fill=False)
    fig.gca().add_patch(nofcircle)
    x=data_team_3_1['Year']
    y=data_team_3_1['Medal']
    r=data_team_3_1['avg-medal']//10
    fig = plt.figure(figsize=(18,18), facecolor='w')
    for i in range(0,len(x)):
```

```
    plotCircle(y[i],x[i],r[i],'b', 0.1)

plt.axis('scaled')
plt.xlabel('Medal')
plt.ylabel('Year')
plt.show()
```

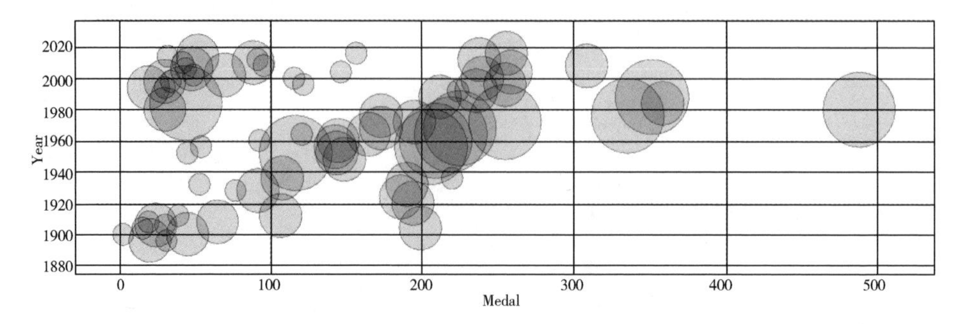

图 13-13　历年奥运奖牌数量

除此之外,如果想研究奖牌累计数前 30 的国家数据,用饼图或者条形图展示会非常杂乱,同时也很难识别图像上的标签,如图 13-14 所示。

```
import matplotlib.pyplot as plt
import seaborn
import numpy as np
import pandas as pd

data=pd.read_csv('athlete_events.csv')
data=data.fillna(0)
data=data.replace(('Gold','Bronze','Silver'),(1,1,1))
data1=data['Medal'].groupby([data['Team'],data['Year']]).sum().reset_
index()

team_30=data1['Medal'].groupby([data1['Team']]).sum().sort_values(ascend-
ing=False).head(30).reset_index()
team_30['pop']=team_30['Medal']* 100//sum(team_30['Medal'])

labels = team_30['Team']
colors = seaborn.xkcd_rgb.values()[0:30]
```

```
sizes=team_30['pop']
explode = (0.1,0,0,0,0,0,0,0,0,0,0,0,0,0,0,0,0,0,0,0,0,0,0,0,0,0,0,0,0,0,
0,0,)
plt.pie(sizes, explode=explode, labels=labels,  autopct='% 1.1f% % ', col-
ors=colors)
plt.axis('equal')
plt.show()
```

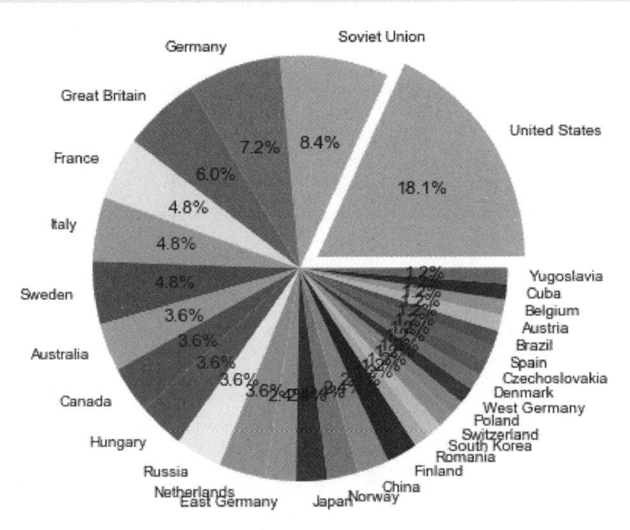

图 13-14　各国奖牌占比饼图

这时，我们可以将奖牌数位于某一特定区间的国家合并到一起研究，这样通过在图像中合并它们，我们就可以更加规整地展示这些国家的数据，如图 13-15 所示。其中，柱状图和折线图分别表示平均每年奖牌数和奖牌总数。

```
import matplotlib as mpl
import numpy as np

data=pd.read_csv('athlete_events.csv')
data=data.fillna(0)
data=data.replace(('Gold','Bronze','Silver'),(1,1,1))
data1=data['Medal'].groupby([data['Team'],data['Year']]).sum().reset_
index()

team_30=data1['Medal'].groupby([data1['Team']]).sum().sort_values(ascend-
ing=False).head(30).reset_index()
```

```
data_team_30=pd.merge(data1,pd.DataFrame(team_30['Team']))
avg_team_30=data_team_30['Medal'].groupby([data_team_30['Team']]).mean()
.astype(int).reset_index()
avg_team_30.columns = ['Team','avg-medal']
data_team_30_1=pd.merge(avg_team_30,team_30)

fig,ax1 = plt.subplots(figsize=(18,18))
scale_ls = range(30)
index_ls =data_team_30_1['Team']
plt.plot(scale_ls, data_team_30_1['Medal'],'b',label="Medal")
plt.plot(scale_ls, data_team_30_1['Medal'],'ro')
plt.xticks(scale_ls,index_ls,rotation=45)

plt.grid(True)
plt.axis('tight')
plt.xlabel("Team")
plt.ylabel('Medal')
plt.legend(loc = 1)

ax2=ax1.twinx()
plt.bar(scale_ls,data_team_30_1['avg-medal'],width = 0.5,color='g',label
="avg-medal")
plt.xticks(scale_ls,index_ls,rotation=45)
plt.ylabel("Avg-Medal")
plt.show()
```

另外，我们已经发现各个国家参加奥运会的时期不一致。有的国家参赛的时间早，有的比较晚，还有的国家有中断，所以如果使用条形图或者气泡图，我们就只能得到一维的结果。因此为了更好呈现可视化，基于不同的国家（Team），每一个国家的奖牌累计数可以画在同一时间线上。知道了绘图内容后，我们需要考虑绘图方式。用（年份，累计奖牌数）域和（累计奖牌数，年份）域绘制简单的X-Y图应该是一个好的选择。然而，输入数据中的1 184个国家绝大多数彼此无关，因此全部展示出来没有太多意义，而且Python中无法提供1 184种不重复的颜色。所以我们可以标出累计奖牌数前五的国家，如图13-16所示。

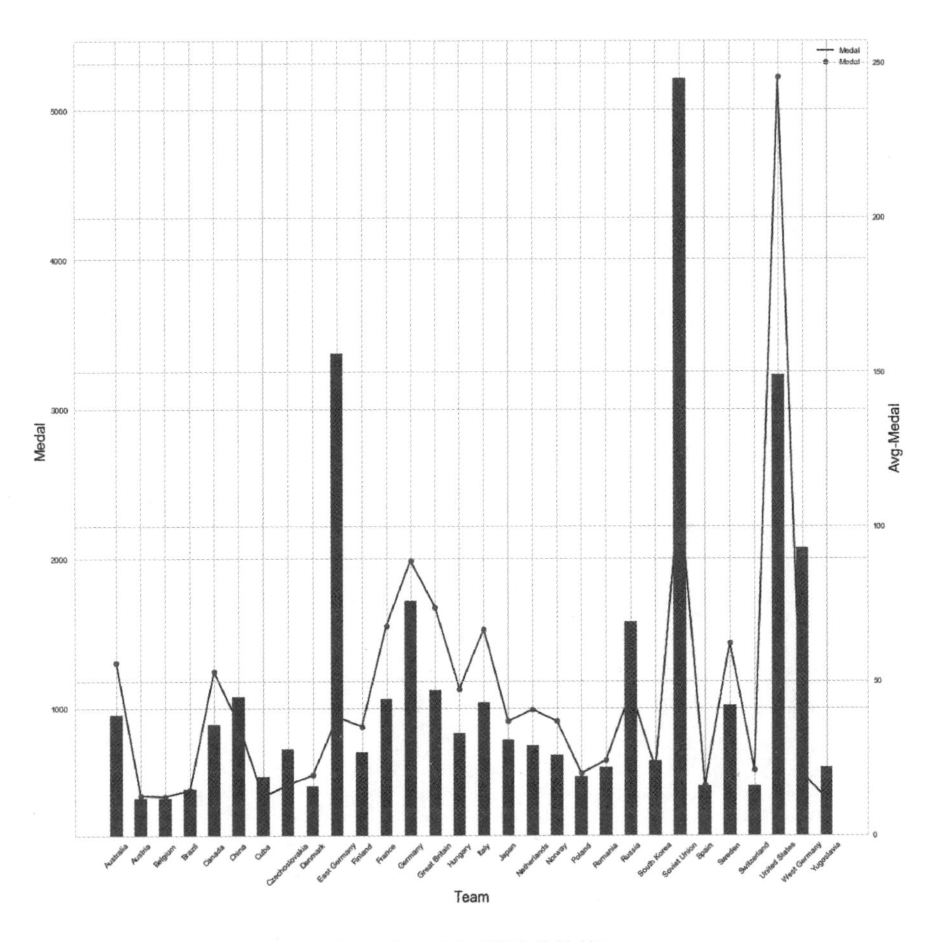

图 13-15　各国奖牌数柱状图

```
import numpy as np
import pandas as pd
import matplotlib.pyplot as plt

data=pd.read_csv('athlete_events.csv')
data=data.fillna(0)
data=data.replace(('Gold','Bronze','Silver'),(1,1,1))

data1=data['Medal'].groupby([data['Team'],data['Year']]).sum().reset_index()
```

```
    team_50=data['Medal'].groupby([data['Team']]).sum().sort_values(ascending
=False).head(50).reset_index()
    data2=pd.merge(pd.DataFrame(team_50['Team']),data1)

    df=data2.pivot(index='Year',columns='Team',values='Medal')
    df.columns.name = None
    data_df_G = data2.groupby(["Year"], as_index=False)
    temp_count = 1
    for index, subject_df in data_df_G:
    df.rename(columns={index: (str(index))}, inplace=True)
        temp_count += 2
    df['Year'] = df.index
    df.index.name = None

    year=pd.DataFrame(df.index,columns=['year'])
    sum_data=pd.DataFrame(df.index,columns=['year'])
    columnsname=df.columns.values.tolist()
    for i in range(len(columnsname)):
    country=list(df[columnsname[i]])
        sum_country=[0 for sum_country in range(0, len(country))]
    for j in range(len(country)):
    if country[j]>0:
    if j <1:
                sum_country[j]=country[j]
    else:
                sum_country[j]=country[j]+sum_country[j-1]
    else:
            sum_country[j]=sum_country[j-1]
        sum_country=pd.DataFrame(sum_country,columns=[columnsname[i]])
        sum_country['year']=year
        sum_data=pd.merge(sum_data, sum_country,how='left',on='year')
    sum_data1=sum_data.drop('Year',axis=1).melt(id_vars='year',var_name='
Team',value_name='Medal')
    sum_data2=sum_data1[sum_data1['Medal']! =0]
    sum_data3=pd.merge(pd.DataFrame(team_50['Team']),sum_data2)

    def getQbNames(data):
    qbnames = ['United States']
    name=''
```

```
    i=0
for j in range(0,len(data)):
if ( data['Team'][j] ! = name and qbnames[i] ! = data['Team'][j]):
qbnames.append(data['Team'][j])
          i = i+1
return qbnames

def num(s):
try:
return int(s)
except ValueError:
return 0

qbnames = getQbNames(sum_data3)
colorsdata = ['#168cf8','#ff0000','#009f00','#1d437c','#eb912b']

plt.figure(figsize=(15,15))
for i in range(0,5):
       x=sum_data3[sum_data3['Team']==qbnames[i]]['year']
       y=sum_data3[sum_data3['Team']==qbnames[i]]['Medal']
       r=team_50['Medal'][i]
       plt.plot(x,y,color=colorsdata[i],label=qbnames[i], linewidth=2.5)
plt.text(2014, r, qbnames[i]+"("+str(r)+")",fontsize=12)
plt.legend(loc=0, prop={'size':15})

for i in range(5,50):
       x=sum_data3[sum_data3['Team']==qbnames[i]]['year']
       y=sum_data3[sum_data3['Team']==qbnames[i]]['Medal']
       plt.plot(x,y, color='grey',linewidth=2)
plt.xlabel('Year', fontsize=18)
plt.ylabel('Medal', fontsize=18)
plt.show()
```

从上面的分析中,我们可以得到每个国家所得奖牌数的时间序列图,并标记出截止到2016年,累计所得奖牌数最多的5个国家。基于上述可视化数据,我们可以进一步尝试分析和思考,还能从数据中推断出什么结论,这些问题可以围绕下面的问题进行展开:

(1)累计获得奥运奖牌最多的五个国家中哪些国家参加奥运会的年限最长?

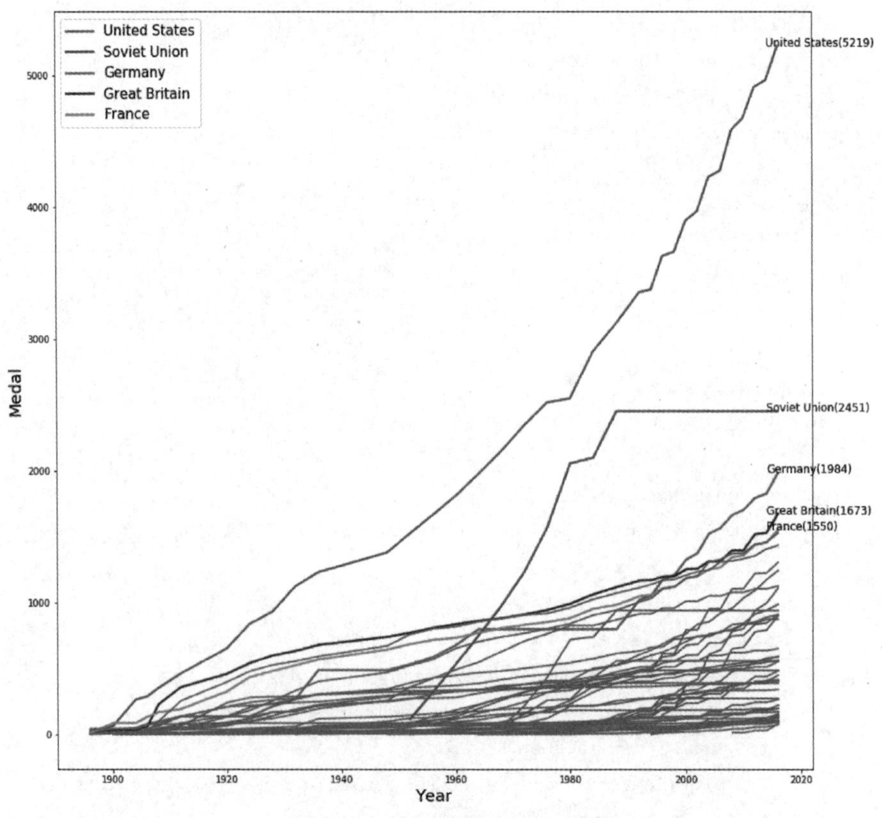

图 13-16　奥运奖牌获得数折线图

(2)参加奥运会年限短的国家的奖牌数什么时候能超越参加年限长的国家的奖牌数,即哪个国家的潜力最大?

在可视化之前,我们首先需要筛选出累计所得奖牌数最多的前 5 个国家:

```
import numpy as np
import pandas as pd
import matplotlib.pyplot as plt

data=pd.read_csv('athlete_events.csv')
data=data.fillna(0)
data=data.replace(('Gold','Bronze','Silver'),(1,1,1))
data1=data['Medal'].groupby([data['Team'],data['Year']]).sum().reset_index()
team_5=data['Medal'].groupby([data['Team']]).sum().sort_values(ascending=False).head().reset_index()
data2=pd.merge(pd.DataFrame(team_5['Team']),data1)
```

在读取数据文件时,我们并没有发现可以用来作为参加年限指标的相关字段,但我们可以利用 Year 指标计算出每个国家参加奥运会的年限,即当年年份与首次参加奥运会年份之差:

```
df=data2.pivot(index='Year',columns='Team',values='Medal')
df.columns.name = None
data_df_G = data2.groupby(["Year"], as_index=False)
temp_count = 1
for index, subject_df in data_df_G:
df.rename(columns={index: (str(index))}, inplace=True)
    temp_count += 2
df['Year'] = df.index
df.index.name = None

age_data=list(range(1,len(df)+1))
age_data=pd.DataFrame(age_data,columns=['age'])
columnsname=df.columns.values.tolist()[0:5]
for i in range(len(columnsname)):
country=list(df[columnsname[i]])
    sum_country=[0 for sum_country in range(0, len(country))]
age=[0 for age in range(0, len(country))]
    a=1
for j in range(len(country)):
if country[j]>0:
age[j]=a
           a=a+1
if j <1:
                sum_country[j]=country[j]
else:
                sum_country[j]=country[j]+sum_country[j-1]
    sum_country=pd.DataFrame(sum_country,columns=[columnsname[i]])
    sum_country['age']=age
    age_data=pd.merge(age_data, sum_country,how='left',on='age')
```

将上述得到的数据展示在图 13-17 中,我们可以发现,法国、英国、美国三个国家参加奥运会的年限最长,从累计奖牌走势看,法国、英国相差不大,美国则一路遥遥领先,而苏联参加奥运会的年限最短,但在同等年限条件下,苏联的累计奖牌量已经远超美国。

```
df=age_data
columnsname=df.columns.values.tolist()
name_list = list(df['age'])
x =list(range(len(name_list)))
total_width, n = 0.8, 5
width = total_width / n
text_width=[0,0.16,0.32,0.48,0.64]
plt.figure(figsize=(15,15))
num_list=[]
for i in range(5):
if i <4:
        num_list=list(df[columnsname[i+1]])
        plt.bar(x, num_list, width=width, label=columnsname[i+1])
else:
        num_list=list(df[columnsname[i+1]])
        plt.bar(x, num_list, width=width, label=columnsname[i+1])
plt.legend()
plt.xlabel("Participation_Year_No", fontsize=18)
plt.ylabel("Medal_No", fontsize=18)
plt.show()
for j in range(len(x)):
x[j] = x[j] + width
```

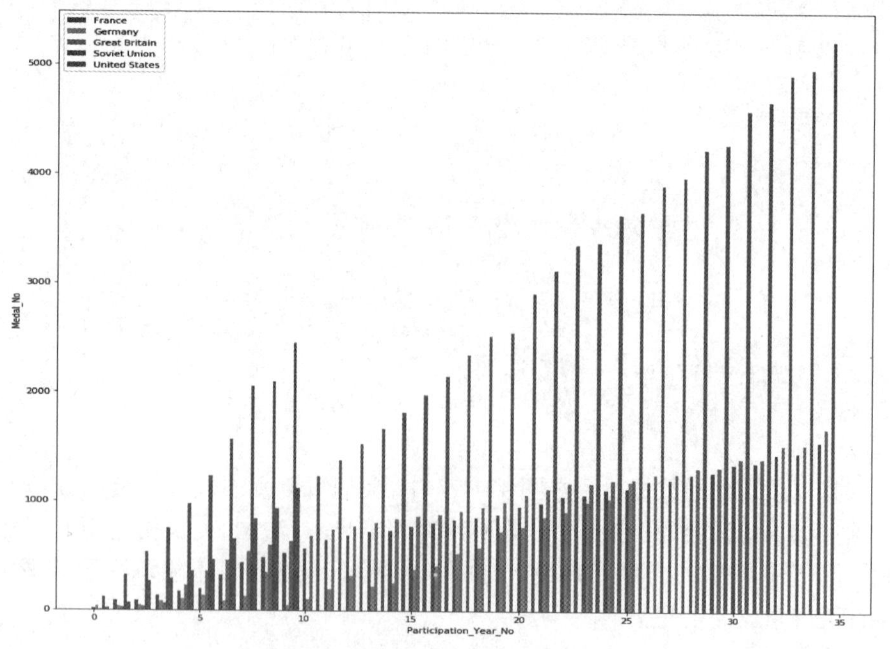

图 13-17　奥运参赛年限与奖牌获得数柱状图

通过以上分析,我们可以发现,使用什么样的可视化方法,完全取决于我们关心的问题。当数据给我们提供的信息非常庞杂时,我们可以尝试首先提出问题,再根据我们关注的问题进行数据可视化分析,这样往往可以达到事半功倍的效果。

13.5 文本数据可视化分析

词云(wordcloud),又称标签云或者文字云,是一种根据单词频率对单词进行可视化的方法。我们利用不同的字体、布局方式、配色方案来构造词云。一个词的重要程度,即它在文章中出现的次数将通过它在词云中的大小来展示。词云中最大的单词也就是在文本中出现次数最多的单词。

词云除可直接展示文本中不同单词的出现次数,还可用于社交媒体和市场营销等领域。它的一些应用场景如下:

• 企业通过词云了解客户如何看待他们的产品:一些机构会创造性地用一些方法让用户用几个词语来描述他们对公司品牌的看法,然后将这些词语放到词云中,以便客户能更好地理解他们的产品品牌在客户心中的共同印象。

• 通过考察竞争品牌的网络形象来了解竞争对手:利用网络上的信息制作词云,可以更好地理解什么样的词语和主题对产品的目标市场更具吸引力。

为了制作词云,我们可以自行编写一段 python 代码,或者利用一些已经存在的词云制作程序。下面首先介绍一下怎么安装词云库和分词库:

在命令窗口输入:pip install wordcloud

如果你的电脑同时安装了好几个版本的 python,则需要在命令窗口输入:

Python2 -m pip install wordcloud/Python3 -m pip install wordcloud

分词库是专门用于处理中文文档的,因为我们在构造词云之前需要将文章中的句子划分为不同的单词。我们常用的中文分词库是 jieba。具体安装方式为:pip install jieba。

本节我们将介绍两个具体的例子。第一个例子将展示如何从一些已知网站上提取文本数据,并从中提取单词。第二个例子将展示如何从已有的文本中,提取高频词制作词云图片。

13.5.1 信息来源

大部分新闻和技术服务网站都存在结构清晰的 RSS 或日志信息源。尽管我们的目标是将提取的文本内容严格限定在技术领域,但我们还是可以先确定少量的信息源列表,如下面的代码所示。为了能够解析这些信息源,我们需要使用 feedparser 当中的 parser( ) 函数。词云有它自己的 stopwords 列表,但我们在收集数据的同时也可以自定义一个 stopwords 列表，代码如下：

```
import feedparser
from os import path
import re

d = path.dirname('__file__')
mystopwords = [  'test', 'quot', 'nbsp']
feedlist = ['http://www.techcrunch.com/rssfeeds/',
            'http://www.computerweekly.com/rss',
            'http://feeds.twit.tv/tnt.xml',
            'https://www.apple.com/pr/feeds/pr.rss',
            'https://news.google.com/? output=rss',
            'http://www.forbes.com/technology/feed/',
            'http://rss. nytimes.com/services/xml/rss/nyt/Technology.xml',
            'http://www. nytimes.com/roomfordebate/topics/technology.rss',
            'http://feeds.webservice.techradar.com/us/rss/reviews',
            'http://feeds.webservice.techradar.com/us/rss/news/software',
            'http://feeds.webservice.techradar.com/us/rss',
            'http://www.cnet.com/rss/',
            'http://feeds.feedburner.com/ibm-big-data-hub? format=xml',
             'http://feeds.feedburner.com/ResearchDiscussions-DataScien ce-
Central? format=xml',
             'http://feeds.feedburner.com/ BdnDailyPressReleasesDiscussions
-BigDataNews? format=xml',
                    ' http://http://feeds.feedburner.com/ibm - big - data -
hubgalleries? format=xml',
              ' http://http://feeds.feedburner.com/ PlanetBigData? format =
xml',
            'http://rss.cnn.com/rss/cnn_tech.rss',
            'http://news.yahoo.com/rss/tech',
            'http://slashdot.org/slashdot.rdf',
            'http://bbc.com/news/technology/']
def extractPlainText(ht):
plaintxt=''
    s=0
for char in ht:
if char == '<': s = 1
elif char == '>':
```

```
            s = 0
    plaintxt +=''
    elif s == 0: plaintxt += char
    return plaintxt

    def separatewords(text):
    splitter = re.compile('\W*')
    return [s.lower() for s in splitter.split(text) if len(s) > 3]

    def combineWordsFromFeed(filename):
    with open(filename, 'w') as wfile:
    for feed in feedlist:
    print "Parsing " + feed
    fp = feedparser.parse(feed)
    for e in fp.entries:
    txt = e.title.encode(' utf8') +extractPlainText (e.description.encode ('
utf8'))
    words = separatewords(txt)
    for word in words:
    if word.isdigit() == False and word not in mystopwords:
    wfile.write(word)
    wfile.write(" ")
    wfile.write(" \n")
    wfile.close()
    return
    combineWordsFromFeed("wordcloudInput_FromFeeds.txt")
```

最终获得的关键词存放在 wordcloudInput_FromFeeds. txt 文件中，如图 13-18 所示（只展示部分关键词）。

13.5.2 制作词云图片

下面我们利用已经下载好的文本（10 首励志歌曲：geci. txt），提取高频词并绘制词云图片，出现次数越多的单词在词云图片中就越大，如图 13-19 所示。这里我们使用的是美洲豹的图案，图片保存在 picture.jpg 中。另外，我们还需要提前下载字体文件。本例的字体文件为 msyh. ttf。大家需要注意的是，在制作词云之前，我们需要提前下载文本文件、背景图片文件以及字体文件，三者缺一不可（如图 13-20 所示）。

```
import sys
from collections import Counter
import jieba.posseg as psg
import matplotlib.pyplot as plt
from scipy.misc import imread
from wordcloud import WordCloud,ImageColorGenerator
from imp import reload
import imp

def cut_and_cache(text):
    words_with_attr = [(x.word,x.flag) for x in psg.cut(text) if len(x.word) >= 2]
with open('cut_result.txt','w+') as f:
for x in words_with_attr:
f.write('{0}\t{1}\n'.format(x[0],x[1]))
return words_with_attr

def read_cut_result():
    words_with_attr = []
with open('cut_result.txt','r') as f:
for x in f.readlines():
pair = x.split()
if len(pair) < 2:
continue
            words_with_attr.append((pair[0],pair[1]))
return words_with_attr

def get_topn_words(words,topn):
    c = Counter(words).most_common(topn)
    top_words_with_freq = {}
with open('top{0}_words.txt'.format(topn),'w+') as f:
for x in c:
f.write('{0},{1}\n'.format(x[0],x[1]))
            top_words_with_freq[x[0]] = x[1]
return top_words_with_freq

def get_top_words(file_path,topn):
text = open(file_path, encoding="gbk").read()
    words_with_attr = cut_and_cache(text)
    words_with_attr = read_cut_result()
```

```
        stop_attr = ['a','ad','b','c','d','f','df','m','mq','p','r','rr','s','t','u
','v','z']
    words = [x[0] for x in words_with_attr if x[1] not in stop_attr]
        top_words_with_freq = get_topn_words(words = words,topn =topn)
    return top_words_with_freq

    def generate_word_cloud(img_bg_path,top_words_with_freq,font_path,to_save
_img_path,
    background_color = 'white'):
        img_bg = imread(img_bg_path)
    wc = WordCloud(font_path = font_path,
        background_color = background_color,
        max_words = 500,
    mask = img_bg,
        max_font_size = 50,
        random_state = 30,
    width = 1000,
    margin = 5,
    height = 700 )

        wc.generate_from_frequencies(top_words_with_freq)

    plt.imshow(wc)
    plt.axis('off')
    plt.show()
        #如果背景图片颜色比较鲜明,可以用如下两行代码获取背景图片颜色函数,然后生成和背景
图片颜色色调相似的词云
        #img_bg_colors = ImageColorGenerator(img_bg)
        #plt.imshow(wc.recolor(color_func = img_bg_colors))

    wc.to_file(to_save_img_path)

    def main():
        top_words_with_freq = get_top_words('geci.txt',300)
        generate_word_cloud('picture.jpg',top_words_with_freq,'msyh.ttf','pic-
ture1.png')
    print ('finish')

    if __name__ == '__main__':
    main()
```

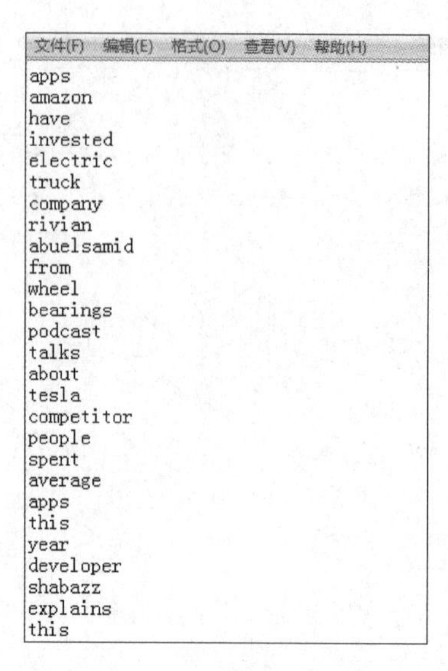

文件(F) 编辑(E) 格式(O) 查看(V) 帮助(H)

```
apps
amazon
have
invested
electric
truck
company
rivian
abuelsamid
from
wheel
bearings
podcast
talks
about
tesla
competitor
people
spent
average
apps
this
year
developer
shabazz
explains
this
```

图 13-18　网站搜索关键词文件

图 13-19　励志歌曲词云图

文件(F) 编辑(E) 格式(O) 查看(V) 帮助(H)

该不该搁下重重的壳 寻找到底哪里有蓝天 随着轻轻的风轻轻的飘 历经的伤都不感觉疼 我要一步一步往上爬 等待阳光静静看着它的脸 小小

速度七十迈 心情是自由自在 希望终点是爱琴海 全力奔跑梦在彼岸 我们想漫游世界 看奇迹就在眼前 等待夕阳染红了天 肩并着肩许下心愿

追逐雷和闪电的力量 把浩瀚的海洋装进我胸膛 即使再小的帆也能远航 随风飞翔有梦作翅膀 敢爱敢做勇敢闯一闯 哪怕遇见再大的风险再大

看风筝飞多远未断线 看一生万里路路遥漫漫 看牺牲的脚步尽化温暖 暖的心爱追忆你的微笑 滔滔风雨浪心声相碰撞信将爱能力创 心中的翼

苦涩的沙吹痛脸庞的感觉 像父亲的责骂母亲的哭泣 永远难忘记 年少的我喜欢一个人在海边 卷起裤管光着脚丫踩在沙滩上 总是幻想海洋的

他说风雨中这点痛算什么 擦干泪不要问为什么 长大以后为了理想而努力 渐渐的忽略了父亲母亲和 故乡的消息 如今的我生活就像在演戏 说

一丝丝记忆勾起了一串串滋味 它不少也不会多分享了重聚跟别离 一张张照片框起了一个个天地 不声不语偏说出岁月多依稀 一声声叹息终止

我来自偶然像一颗尘土 有谁看出我的脆弱 我来自何方我情归何处 谁在下一刻呼唤我 天地虽宽这条路却难走 我看遍这人间坎坷辛苦 我还有

这次我从头面对 过去和以后 人如何自欺 再不管这对否 人如何不舍 也放开所有 从堕入深沟 完全不想悔疚 我决意沉迷下去 放眼迎以后 人

听起来是奇闻，讲起来是笑谈 任凭那扁担把脊背压弯，任凭那脚板把木屐磨穿. 面对着王屋与太行，凭着是一身肝胆，讲起来不是那奇闻，谈起来

那一天知道你要走 我们一句话也没有说 当午夜的钟声敲痛离别的心门 却打不开我深深的沉默 那一天送你送到最后 我们一句话也没有留 当

在我心中曾经有一个梦 要用歌声让你忘了所有的痛 灿烂星空谁是真的英雄 平凡的人们给我最多感动 再没有恨也没有了痛 但愿人间处处都

图 13-20　文本文件、背景图片以及字体文件

词云图是当今分析网络文本数据的利器。在构造词云图之前我们首先需要获得文本数据,再利用分词工具进行分词,最终提取并绘制词云图分析文本中出现频率较高的词语。我们还可以通过分析这些词语的特征来进一步建立模型,分析影响文本作者的态度或情感的因素。当然,这需要使用文本数据挖掘的相应知识,感兴趣的读者可以自行深入学习。

13.6 股票价格可视化分析

在我国一共有四家证券交易所:上海证券交易所、深圳证券交易所、香港证券交易所及台湾证券交易所。其中大陆有两家,即1990年11月26日成立的上海证券交易所和1990年12月1日成立的深圳证券交易所。今天大部分的证券交易都采用电子化的形式,而不再使用实物证书,因此证券交易的数据很容易获得。除了上交所与深交所外,还有众多的网站提供实时的股价数据服务。

下面我们将讨论三种获取数据及绘图的方法,每一种方法都有其优点和局限。

(1)使用tushare包获取股票数据,同时使用matplotlib. cbook和pylab进行绘图。Tushare是一个免费、开源的python财经数据接口包,我们能很容易通过该接口获取股票数据。通过以下代码,我们获取到上证指数(股票代码:000001)2015年1月1日到2018年12月31日的数据,包含指标有:日期(date)、开盘价(open)、最高价(high)、收盘价(close)、最低价(low)、交易量(volume)、成交金额(amount)。

```
import tushare as ts
import matplotlib.cbook as cbook
from pylab import plotfile
import pylab
data=ts.get_h_data('000001',start='2015-01-01',end='2018-12-31')
print(data)
```

接下来我们使用matplotlib. cbook和pylab进行绘图,结果如图13-21所示。需要注意的是,采用这种方法进行绘图时,我们需要先把时间数据转化为%d-%m-%Y的形式。

```
    data=ts.get_h_data('000001',start='2015-01-01',end='2018-12-31')
    #print(data)
    data.to_csv('C:\\Users\\lwm\\Desktop\\python\\data\\000001.csv',encoding=
'gbk')
    df=cbook.get_sample_data('C:\\Users\\lwm\\Desktop\\python\\data\\
000001.csv',asfileobj=False)
    plotfile(df, ('date','high','low','close'), subplots=False)
    pylab.title('SSE Composite Index')
    pylab.show()
```

图 13-21　股票价格时序图

同时我们可以将绘图分为两个部分,一部分用来展示股票的价格,另一部分用来展示交易量,如图 13-22 所示。

```
    df=cbook.get_sample_data('C:\\Users\\lwm\\Desktop\\python\\data\\
000001.csv',asfileobj=False)
    plotfile(df, ('date','volume','open'), plotfuncs={'volume':'bar'})
    pylab.show()
```

(2)采用 baostock 包获取数据,plotTicker 绘图。baostock 是一个免费、开源的 Python 证券数据接口包,需要注意的是,采用该方法需要登陆,但是并不需要注册,使用 anonymous 用户名就可以了。

当我们尝试利用图像对不同股票的价格进行比较时,会发现图像中无法显

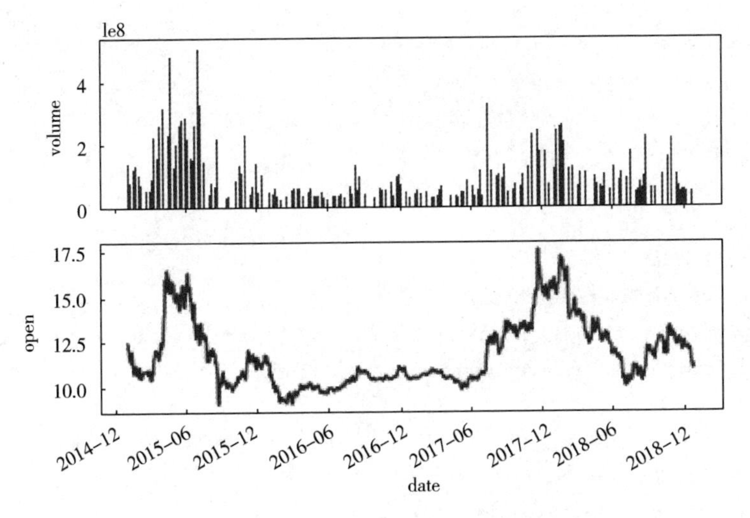

图 13-22 股票价格及交易量

示交易量的信息,因为每一种股票的交易量是不同的。另一方面,如果存在交易量信息,图像也会显得过于杂乱。因此 plotTicker( )函数就此产生,该函数可以将所有股票画在同一坐标系下,具体代码如下:

```
import datetime
import numpy as np
import matplotlib.finance as finance
import matplotlib.dates as mdates
import matplotlib.mlab as mlab
import matplotlib.pyplot as plt
import pandas as pd
import baostock as bs
import matplotlib as mpl

def plotTicker(ticker, startdate, enddate, fillcolor):
lg = bs.login(user_id="anonymous", password="123456")
    rs = bs.query_history_k_data(ticker, "date,code,open,high,low,close,
preclose, volume, amount, adjustflag, turn, tradestatus, pctChg, peTTM, pbMRQ,
psTTM,pcfNcfTTM,isST",
        start_date=startdate, end_date=enddate, frequency="d", adjustflag
="3")
data_list = []
```

```
while (rs.error_code == '0') & rs.next():
        data_list.append(rs.get_row_data())
result = pd.DataFrame(data_list, columns=rs.fields)
bs.logout()
    r=result
prices =list(r['open'])
dates=r['date']
date= pd.to_datetime(dates)
ax.plot(date, prices, color=fillcolor, lw=2, label=ticker)
ax.legend(loc='top right', shadow=True, fancybox=True)

startdate = '2014-01-01'
today = enddate = '2018-12-31'
fig=plt.figure(figsize=(10,12))
ax=plt.gca()

date_format=mpl.dates.DateFormatter('%Y-%m-%d')
ax.xaxis.set_major_formatter(date_format)
ax.xaxis.set_major_locator(mpl.ticker.MultipleLocator(120))
fig.autofmt_xdate()

plotTicker('sh.600000', startdate, enddate, 'red') #浦发银行
plotTicker('sh.600036', startdate, enddate, '#1066ee') #招商银行
plotTicker('sh.601398', startdate, enddate, '#506612') #工商银行
plt.show()
```

我们用这种方法比较浦发银行(sh.60000)、招商银行(sh.600036)、工商银行(sh.601398)的股价,所得图像如图13-23所示。

用如下代码绘制图像,比较中国平安、中国人寿、中国太保的股价,如图13-24所示。

```
plotTicker('sh.601318', startdate, enddate, 'red')
plotTicker('sh.601628', startdate, enddate, '#1066ee')
plotTicker('sh.601601', startdate, enddate, '#506612')
```

同时,我们也可以在图像中加入交易量,利用下面的代码可以得到一个加入交易量的图像,如图13-25所示。

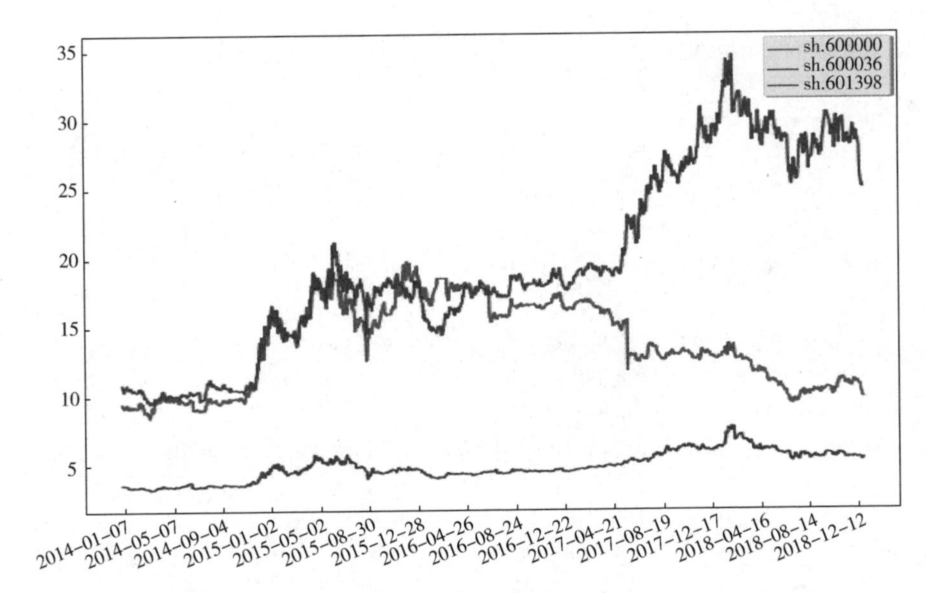

图 13-23 比较多支股票股价

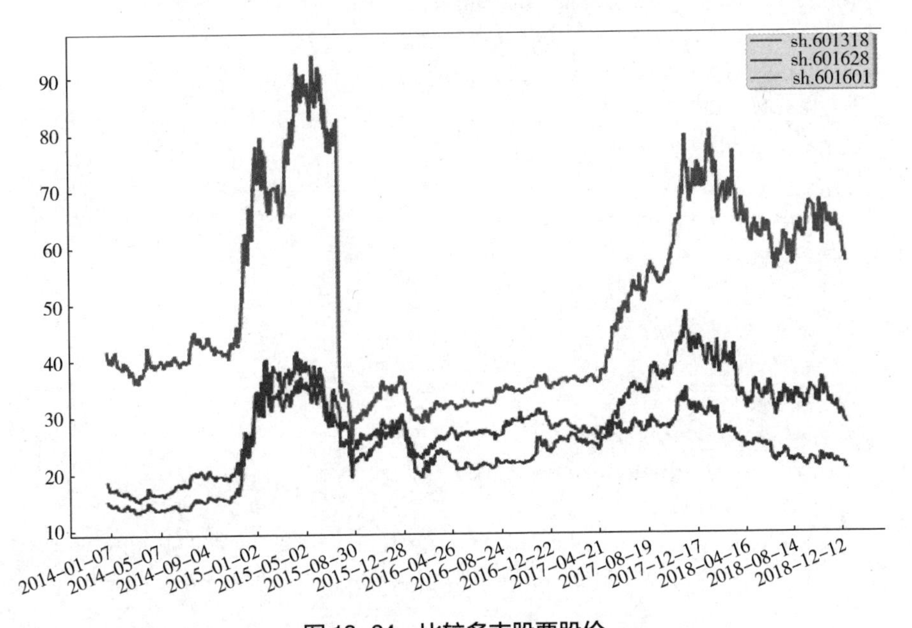

图 13-24 比较多支股票股价

```
import datetime
import matplotlib.pyplot as plt
import pandas as pd
```

```
    import numpy as np
    import matplotlib as mpl
    import baostock as bs

    startdate = '2014-01-01'
    today = enddate = '2018-12-31'
    ticker='sh.600000'

    lg = bs.login(user_id="anonymous", password="123456")
    rs = bs.query_history_k_data('sh.600000',"date,code,open,high,low,close,
preclose,volume,
    amount,adjustflag ,turn,tradestatus,pctChg,peTTM,pbMRQ,psTTM,pcfNcfTTM,
isST",
        start_date=startdate, end_date=enddate,  frequency="d", adjustflag="
3")
    data_list = []
    while (rs.error_code == '0') & rs.next():
        data_list.append(rs.get_row_data())
    result = pd.DataFrame(data_list, columns=rs.fields)
    bs.logout()
    r=result

    fig=plt.figure(figsize=(10,12))
    ax=plt.gca()

    prices = r['open']
    dates=r['date']
    prices1,dates1 = [],[]
    for i in range(len(dates)):
        date1 = datetime.strptime(dates[i], '% Y-% m-% d')
    dates1.append(date1)
    price = float(prices[i])
    prices1.append(price)

    ax.plot(dates1, prices1, color=r'#1066ee', lw=2)

    fcolor = 'darkgoldenrod'
    ax.fill_between(dates1,prices1,0,  facecolor='#BBD7E5')
    ax.set_ylim(0,1.1* max(prices1))
```

```
ax.legend(loc='upper right', shadow=True, fancybox=True)

axt = ax.twinx()
close=r['close']
close = list(map(float, close))
volume1=r['volume']
volume1= list(map(float, volume1))
volume = np.multiply(np.array(close),np.array(volume1))/1e6
vmax = volume.max()

axt.fill_between(dates1, volume, 0, facecolor=fcolor)
axt.set_ylim(0, 2* vmax)
axt.set_yticks([])


date_format=mpl.dates.DateFormatter('% Y-% m-% d')
ax.xaxis.set_major_formatter(date_format)
ax.xaxis.set_major_locator(mpl.ticker.MultipleLocator(120))
ax.legend(loc='top right', shadow=True, fancybox=True)
fig.autofmt_xdate()
plt.show()
...
```

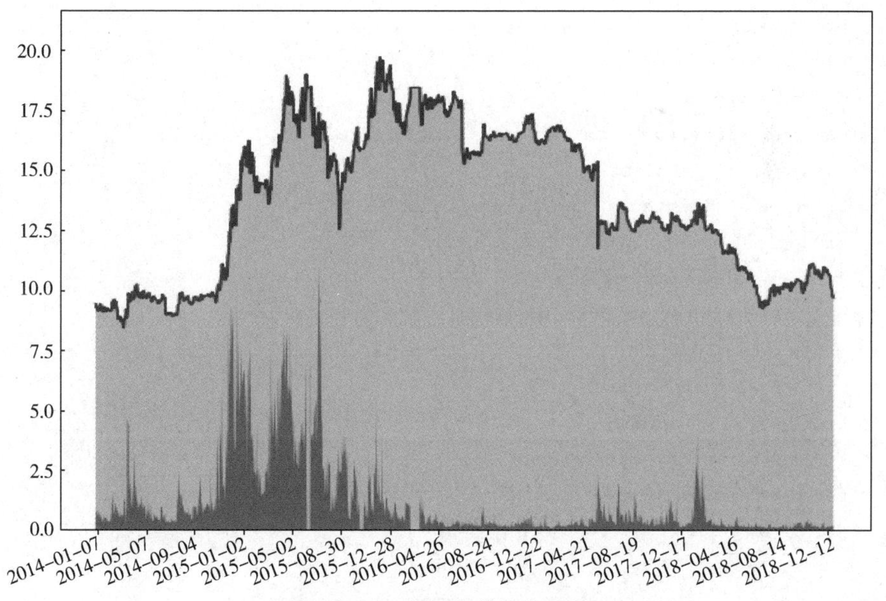

图 13-25 股票股价与交易量

(3)采用 easyquotation 库获取股票数据。采用 easyquotation 要求 Python 版本大于3.5,但该方法相比 Tushare 能获取到更全面的单支股票数据。

```
import itertools
import easyquotation
import numpy as np
from datetime import datetime
import matplotlib.pyplot as plt

quotation  = easyquotation.use("daykline")
data = quotation.real('00001')
def dict_get(dict, objkey, default=None):
tmp = dict
for k,v in tmp.items():
if k == = objkey:
return v
else:
if type(v) is dict:
ret = dict_get(v, objkey)
if ret is not default:
return ret
return default
ret=dict_get(data, '00001')
print(ret)
df=np.matrix(ret)
date=df[:,0].tolist()
date=list(itertools.chain.from_iterable(date))
price=df[:,1].tolist()
price=list(itertools.chain.from_iterable(price))
prices,dates = [],[]
for i in range(len(date)):
    date1 = datetime.strptime(date[i],'%Y-%m-%d')
dates.append(date1)
    price1 = float(price[i])
prices.append(price1)
fig,ax=plt.subplots(figsize=(10,12))
plt.plot(dates,prices)
plt.show()
```

根据所选股票不同,绘制不同的图像,如图 13-26 所示绘制港股 00001 股价图。

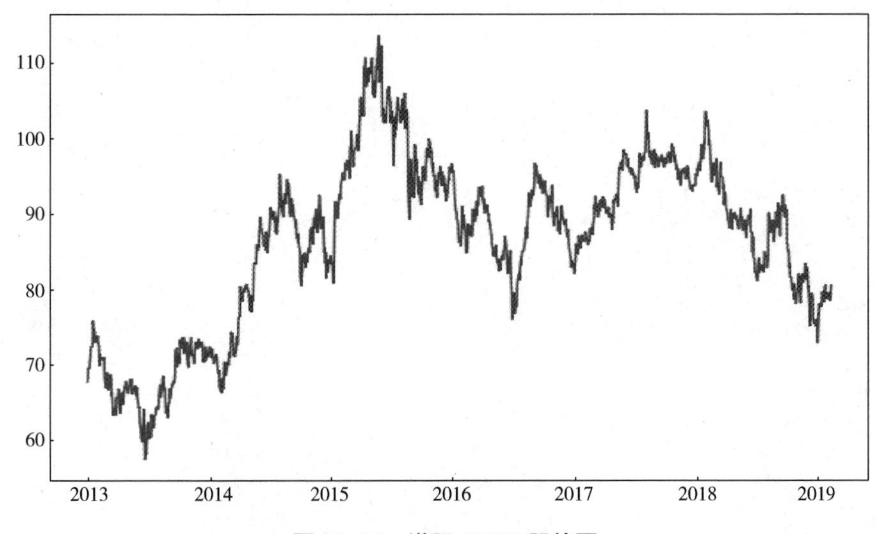

图 13-26 港股 00001 股价图

对于股票数据,我们除了使用简单的折线图来进行可视化分析以外,K 线图也是很好的选择,它除了可以反映股票价格的走势,还可以反映股价波动的情况。绘制股票价格 K 线图的工作留给读者来进一步完成。

第五部分　数据可视化建模

数据可视化是数据工作者了解并展示数据最为有效的工具。在计算机出现以前，人们已经开始利用可视化方法传递信息。而计算机的出现，使得可视化变得更加便利。然而，简单的数据可视化仅仅能展示数据的表象，隐藏在数据背后的规律则需要通过数据分析和建模来挖掘和展示。在第三章中，我们也曾通过钻石的例子来说明，有时候简单的数据可视化不但不能帮助我们发现数据的规律，反而常常误导我们得到错误的结论。

这一部分，我们将介绍常用的数据建模方法，主要包括统计学习模型、网络模型。

14 统计学习模型

统计学习是基于数据并利用计算机来构建概率统计模型并使用该模型来进行预测和分析的学科。统计学习的主要特点有:①统计学习基于计算机和网络,建立在计算机和网络之上;②统计学习以数据为研究对象,是一种数据驱动的学科;③统计学习的目的是预测和分析数据;④统计学习以方法为中心,统计学习方法用于构建模型,模型用于预测和分析;⑤统计学习是概率论、统计学、信息论、计算理论、优化理论和计算机科学的结合。

赫伯特·西蒙(Herbert A. Simon)曾对“学习”给出以下定义:“如果一个系统可以通过执行一个过程来提高其性能,那就是学习。”根据这种观点,统计学习是一种机器学习系统,它使用计算机系统和统计方法来提高系统性能。

统计学习分为有监督学习与无监督学习。有监督学习又被称为“有老师的学习”,所谓的“老师”就是标签。有监督学习先通过已知的训练样本(如已知输入和对应的输出)来训练,从而得到一个最优模型,再将这个模型应用在新的数据上,映射为输出结果。经过此过程后,模型就有了预知能力。而无监督学习被称为“没有老师的学习”,无监督相比于有监督,没有了训练的过程,而是直接用数据进行建模分析,这意味着要通过机器学习自行学习探索。有监督学习的核心是分类,无监督学习的核心是聚类(将数据集合分成由类似对象组成的多个类)。

在本章,我们将为大家介绍K-近邻算法、逻辑斯谛回归、支持向量机、集成学习这四种常见的有监督学习方法,以及主成分分析和K-均值聚类算法这两种无监督学习方法。

14.1 K-近邻算法

K-近邻法(K-nearest neighbor,KNN)是一种基本分类与回归的方法,1968年由Cover和Hart提出,本书仅讨论分类问题中的K-最近邻法。对应于特征空间的点,输出是一类实例,可以采用多个类。对于新实例,基于其k个最近邻居的训练实例的类别,通过多数表决等进行预测。因此,K-近邻法没有明确的学习过程作为其分类的“模型”。

14.1.1 算法介绍

测试样本(中心圆)可分为第一类方块或第二类三角形。如果 k=3(实线圆),它被分配到第二类,因为在内圆中只有2个三角形和1个方块。如果 k=5(虚线),则将其分配给第一类(外圆内有3个方块和2个三角形),如图14-1所示。

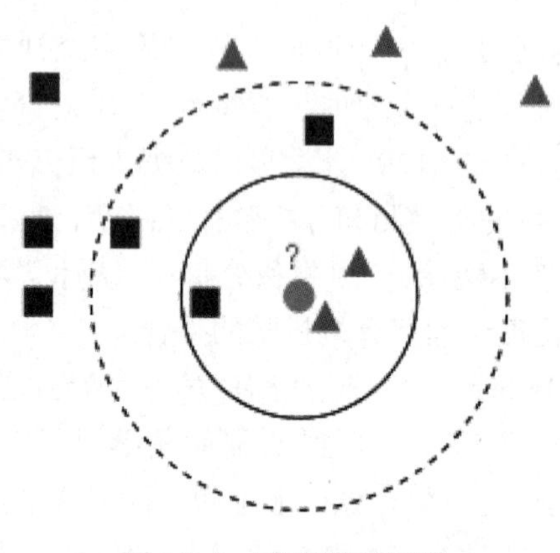

图14-1 KNN算法示例

训练示例是多维特征空间中的向量,每个向量都有一个类标签。该算法的训练阶段只存储训练样本的特征向量和类标签。在分类阶段,k 是用户定义的常量,而向量(查询或测试点)是通过分配在最接近该查询点的 k 个训练样本中分配最频繁的标签来分类的。

连续变量的常用距离度量是欧几里德距离。对于离散变量,例如用于文本分类,可以使用另一个度量,例如重叠度量(或汉明距离)。在基因表达微阵列数据的背景下,例如,KNN 也被用于相关系数,如 Pearson 和 Spearman。通常,如果通过诸如大边距最近邻或邻域分量分析的专门算法来学习距离度量,则可以显著提高 KNN 的分类准确度。

当类分布偏斜时,“多数表决”分类会发生缺陷。也就是说,更频繁的类的例子倾向于支配新例子的预测,它们往往在 k 个最近的邻居之间是共同的,因为它们的数量很大。克服该问题的一种方法是对分类进行加权,同时考虑从测试点到其每个 k 个最近邻居的距离。k 个最近点中的每一个的类(或回归问题中的值)乘以与从该点到测试点的距离的倒数成比例的权重。克服偏差的另一种方法是通过数据表示的抽象。例如,在自组织映射(SOM)中,每个节点是类似点的集群的代表(中心),而不管它们在原始训练数据中的密度,然后再将 KNN 应用于 SOM。

14.1.2 参数选择

k 的最佳选择取决于数据,通常,较大的 k 值会降低噪声对分类的影响,但会使类之间的界限不那么明显,可以通过各种启发式技术选择好的 k。

KNN 算法的准确性可能因嘈杂或不相关特征的存在而严重降低。如果特征尺度与其重要性不一致,可选择或缩放特征以改进分类。一种特别流行的方法是使用进化算法来优化特征缩放。另一种流行的方法是通过训练数据与训练课程的相互信息来扩展特征。在二进制(两类)分类问题中,选择 k 作为奇数是很有帮助的,因为这避免了票数的限制。在这种情况下,选择最优 k 的一种常用方法是 bootstrap 法。

14.1.3 KNN 算法的性质

KNN 是一种特殊的情况,它是一种具有均匀核的可变带宽、核密度"气球"估计量。该算法的原始版本很容易通过计算从测试示例到所有存储示例的距离来实现,但是对于大型训练集来说,它的计算量很大。但使用近似最近邻搜索算法,可以使得 KNN 即使对于大的数据集也能进行计算。近年来,人们提出了许多最近邻搜索算法,这些算法通常寻求减少实际执行距离评估的数量。

KNN 有一些很强的一致性结果,当数据量接近无穷大时,两类 KNN 算法保证产生的错误率不低于贝叶斯错误率(给定数据分布的最小可实现错误率)的两倍。使用邻近图可以对 KNN 速度进行各种改进。

对于多类 KNN 分类,Cover 和 Hart(1967)证明了

$$R^* \leqslant R_{kNN} \leqslant R^*\left(2 - \frac{MR^*}{M-1}\right)$$

其中,R^* 是可能的最小错误率,R_{kNN} 是 KNN 错误率,M 是问题中的类数。对于 $M=2$,当贝叶斯错误率 R^* 接近零时,此限制降低到"不超过贝叶斯错误率的两倍"。

我们使用鸢尾花数据来展示 KNN 算法的实现,代码如下:

```
#-* -coding:utf-8 -* -
from sklearn import datasets
#导入内置数据集模块
from sklearn.neighbors import KNeighborsClassifier
#导入 sklearn.neighbors 模块中 KNN 类
import numpy as np
iris=datasets.load_iris()
```

```
#导入鸢尾花的数据集,iris 是一个数据集,内部有样本数据
iris_x=iris.data
iris_y=iris.target

indices = np.random.permutation(len(iris_x))
#permutation 接收一个数作为参数(150),产生一个 0-149 一维数组,只不过是随机打乱的
iris_x_train = iris_x[indices[:-10]]
#随机选取 140 个样本作为训练数据集
iris_y_train = iris_y[indices[:-10]]
# 并且选取这 140 个样本的标签作为训练数据集的标签
iris_x_test = iris_x[indices[-10:]]
# 剩下的 10 个样本作为测试数据集
iris_y_test = iris_y[indices[-10:]]
# 并且把剩下 10 个样本对应标签作为测试数据集的标签

knn = KNeighborsClassifier()
# 定义一个 knn 分类器对象
knn.fit(iris_x_train, iris_y_train)
# 调用该对象的训练方法,主要接收两个参数:训练数据集及其样本标签
iris_y_predict = knn.predict(iris_x_test)
# 调用该对象的测试方法,主要接收一个参数:测试数据集
score = knn.score(iris_x_test, iris_y_test, sample_weight=None)
# 调用该对象的打分方法,计算出准确率

print('iris_y_predict = ')
print(iris_y_predict)
# 输出测试的结果
print('iris_y_test = ')
print(iris_y_test)
# 输出原始测试数据集的正确标签,以方便对比
print('Accuracy:', score)
# 输出准确率计算结果
输出如下:
iris_y_predict =
[1 1 1 2 0 1 2 2 1 2]
iris_y_test =
[1 1 1 2 0 1 2 2 1 2]
Accuracy: 1.0
```

14.2 逻辑斯谛回归

逻辑斯谛回归(Logistics Regression)是统计学习中的经典分类方法,属于广义线性模型。

14.2.1 算法介绍

我们想要的功能应该是接受所有输入并预测类别。例如,在两个类的情况下,上述函数输出 0 或 1。也许你已经接触过这种性质的函数,称为 Heaviside 阶跃函数,或者直接称为单位阶跃函数。但是,Heaviside 阶跃函数的问题是:此功能在跳转点从 0 跳到 1,此瞬时跳转过程有时难以处理。幸运的是,另一个函数具有类似的性质,在数学上更容易处理。Sigmoid 函数具体的计算公式如下:

$$\sigma(z) = \frac{1}{1 + e^{-z}}$$

图 14-2 给出了 Sigmoid 函数在不同坐标尺度下的两条曲线图。当 x 为 0 时,Sigmoid 函数值为 0.5。随着 x 的增大,对应的 Sigmoid 值将逼近于 1;而随着 x 的减小, Sigmoid 值将逼近于 0。如果横坐标刻度足够大(见图 14-2),Sigmoid 函数看起来很像一个阶跃函数。

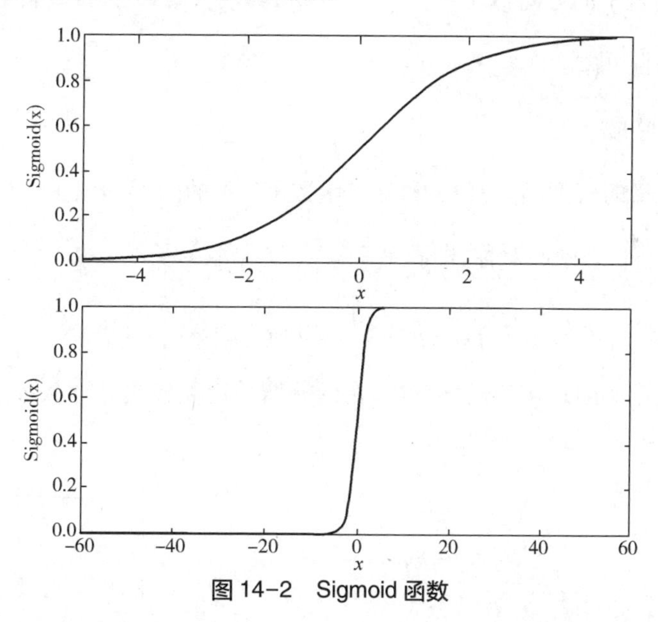

图 14-2 Sigmoid 函数

因此,为了实现逻辑斯谛回归分类器,我们可以在每个特征上都乘以一个回归系数,然后把所有的结果值相加,将这个总和代入 Sigmoid 函数中,进而得到一个范围在0~1之间的数值。任何大于0.5的数据被分入1类,小于0.5即被归为0类。所以,逻辑斯谛回归也可以被看成是一种概率估计。

14.2.2 参数介绍

Sigmoid函数的输入记为z,由下面公式得出:

$$z = w_0x_0 + w_1x_1 + w_2x_2 + \cdots + w_nx_n$$

如果采用向量的写法,上述公式可以写成$z = w^Tx$,这意味着两个数值向量的相应元素相乘,然后全部相加以获得z值。向量x是分类器的输入数据,向量w是我们想要找到的最佳参数(系数),因此分类器应尽可能准确。为了找到最佳参数,需要一些优化理论知识。此处用到的是梯度上升法。

梯度上升法基于的思想是:要找到某函数的最大值,最好的方法是沿着该函数的梯度方向探寻。如果梯度记为∇,则函数$f(x,y)$的梯度由下式表示:

$$\nabla f(x,y) = \begin{pmatrix} \dfrac{\partial f(x,y)}{\partial x} \\ \dfrac{\partial f(x,y)}{\partial y} \end{pmatrix}$$

这是机器学习中最令人困惑的地方之一。该梯度意味着沿着基部移动$\dfrac{\partial f(x,y)}{\partial x}$,沿着$y$的方向移动$\dfrac{\partial f(x,y)}{\partial y}$,其中,函数$f(x,y)$必须要待在计算的点上有定义并且可微。

14.2.3 性质

逻辑斯谛的密度函数$f(x)$和分布函数$F(x)$的图形如图14-3所示,该曲线以点$\left(\mu,\dfrac{1}{2}\right)$为中心对称,即满足

$$F(-x+\mu) - \frac{1}{2} = F(x-\mu) + \frac{1}{2}$$

曲线在中心附近增长速度较快,在两端增长速度较慢。形状参数γ的值越小,曲线在中心附近增长得越快。

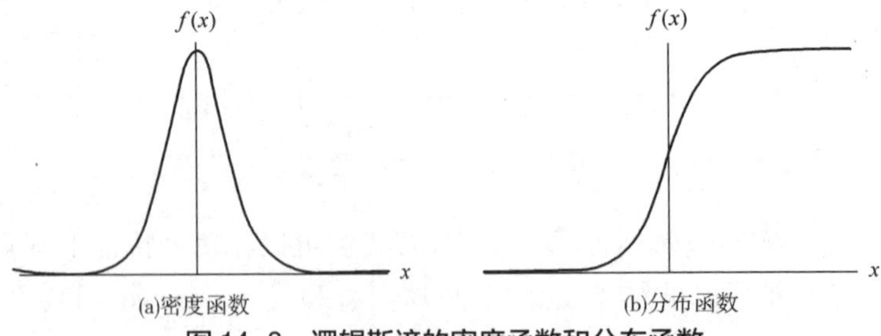

图14-3 逻辑斯谛的密度函数和分布函数

逻辑斯谛回归梯度上升优化算法程序代码如下：

```
#Logistic 回归梯度上升优化算法
/* 代码在开头提供了一个便利函数 loadDataSet(),它的主要功能是打开文件 data.txt 并逐行读取。每行前两个值分别是 X1 和 X2,第三个值是数据对应的类别标签。此外,为了方便计算,该函数还将 X0 的值设为 1,0. */
def loadDataSet():
    dataMat = []; labelMat = []
    fr = open('data.txt')
    for line in fr.readlines():
        lineArr = line.strip().split()
        dataMat.append([1.0, float(lineArr[0]), float(lineArr[1])])
        labelMat.append(int(lineArr[2]))
    return dataMat,labelMat

def sigmoid(inX):
    return 1.0/(1+exp(-inX))

def gradAscent(dataMatIn, classLabels):
    dataMatrix = mat(dataMatIn)
    labelMat = mat(classLabels).transpose()
    m,n = shape(dataMatrix)
    alpha = 0.001
    maxCycles = 500
    weights = ones((n,1))
    for k in range(maxCycles):
        h = sigmoid(dataMatrix* weights)
        error = (labelMat - h)
        weights = weights + alpha * dataMatrix.transpose()* error
    return weights

A,B = loadDataSet()
gradAscent(A, B)

输出:
matrix([[-19.4948988 ],
        [  2.56997295],
        [ -0.9688063 ]])
```

14.3 支持向量机

支持向量机被一些人认为是最好的存储分类器,存储的意思是不轻易变动。这意味着可以从其基本形式获取分类器并在数据上运行它,并且结果有较低的误差率。支持向量机可以对训练集外的数据点做出正确的决策。

支持向量机(SVM)通常被认为是需要理论知识的算法。通俗理解二维上的 SVM 算法,就是找一条分割线把两类分开,问题是,如图 14-4 中,可以使用三种颜色线来区分点和星,但哪条线是最佳的,这是我们必须考虑的问题。

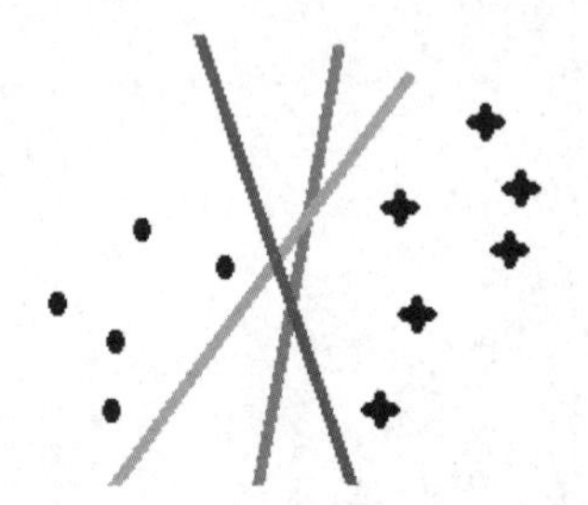

图 14-4 三色线区分的点和星

图 14-5 中四个 A-D 框中的数据点分布,如果在图表中绘制一条直线可以很容易地分离出两组数据点。在这种情况下,该组数据称为线性可分离数据。

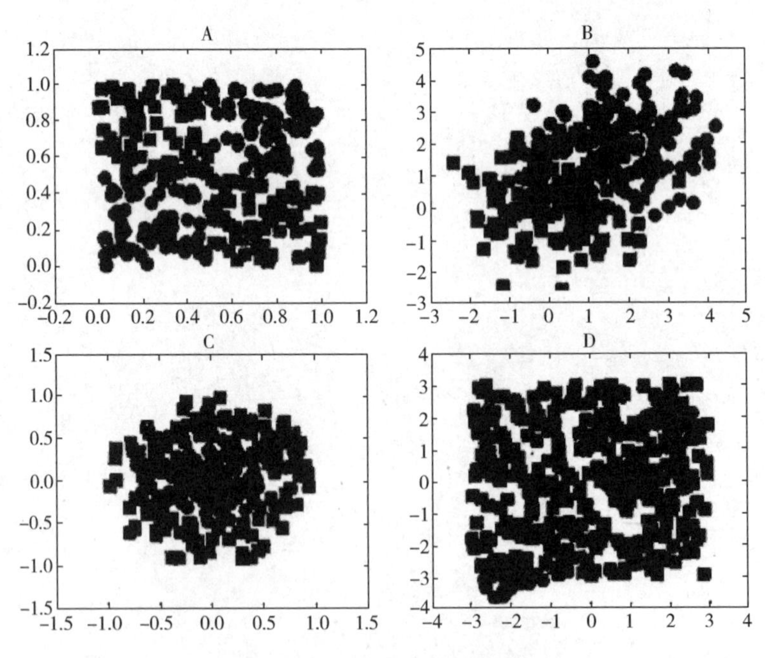

图 14-5 A-D 框中的数据点分布

上述分隔数据集的行称为分离超平面。在上面给出的例子中，由于数据点都在二维平面上，超平面的分离只是一条直线。但是，如果给定的数据集是三维的，那么此时用于分离数据的数据集就是一个平面。显而易见，更高维的情况可以依此类推。如果数据集是 1 024 维，那么您需要一个 1 023 维对象来分隔数据。这个 1 023 维的某某对象到底应该叫什么？N-1 维呢？该对象称为超平面，它是分类的决策边界。分布在超平面一侧的所有数据属于一个类别，而分布在另一侧的所有数据属于另一个类别。

我们希望通过这种方式可以建立一个分类器，也就是说，如果数据点距离决策边界越远，那么最终的预测结果将更加可信。考虑图 14-6 中方框 B 到方框 D 的三条线，它们可以分离数据，但哪一条最好？是否应最小化从数据点到分离的超平面的最小距离？是否需要寻找最合适的直线？是的，上面的方法有点像直线拟合，但这不是最好的解决方案。我们希望找到离分离超平面的最近点，确保它们尽可能远离分离面。从点到分离表面的距离称为间隔。我们希望区间尽可能大，因为虽然在有限的数据上训练分类器，但还是希望分类器尽可能健壮。支持向量是最接近分离的超平面的向量。接下来，尝试最大化从支撑向量到分离表面的距离。

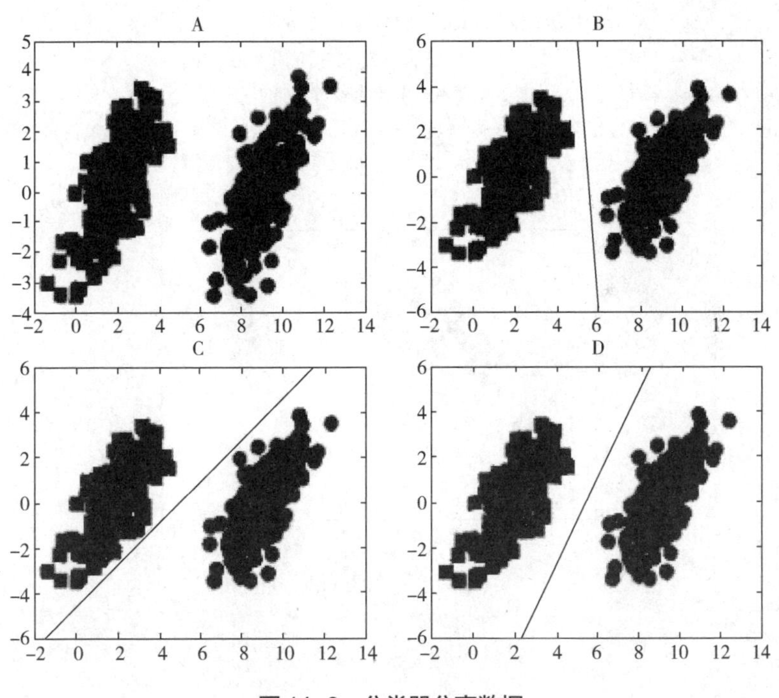

图 14-6　分类器分离数据

之前已经提到了分类器,但尚未对其进行描述,了解它的工作原理将有助于理解基于优化问题的分类器解决方案过程。将数据输入分类器将输出类别标签,这相当于一个类似于 Sigmoid 的函数在起作用。以下将使用像 Heaviside 阶跃函数这样的函数对(即单位阶跃函数) $w^T x + b$ 作用得到 $f(w^T x + b)$,其中当 $u < 0$ 时 $f(u)$ 输出-1,反之则输出+1。这和逻辑斯谛回归有所不同,逻辑斯谛回归中的类别标签是 0 或 1。

现在我们必须找到具有最小间隔的数据点,一旦我们找到间隔最小的数据点,我们需要最大化间隔。SVM 属于一类广义线性分类器,可以解释为感知器的扩展,也可以被视为规范化的特殊情况。它们有一个特殊的属性,可以同时最小化经验错误和最大化几何边缘区域,因此它们也被称为最大间隔分类器。

我们用以下假想数据(见图 14-7 所示)来展示支持向量机的算法,代码如下:

```
import numpy as np
from sklearn import svm
import matplotlib.pyplot as plt
data_set = np.loadtxt("data.txt")
train_data = data_set[:,0:2]
train_target = np.sign(data_set[:2])
test_data = [[3,-1], [1,1], [7,-3], [9,0]] #测试特征空间
test_target = [-1, -1, 1, 1]  #测试集类标号
plt.scatter(data_set[:,0],data_set[:,1],c=data_set[:,2])  #绘制可视化图
plt.show()
```

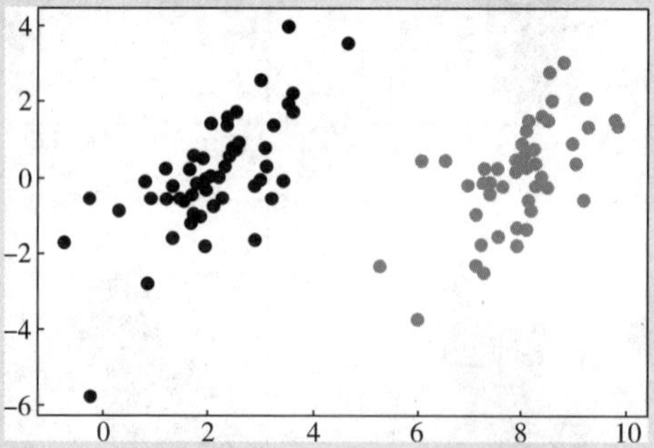

图 14-7　假想数据

```
#创建模型
clf = svm.SVC()
clf.fit(X=train_data, y=train_target,sample_weight=None) #训练模型。参数
sample_weight 为每个样本设置权重。应对非均衡问题
result = clf.predict(test_data) #使用模型预测值
print('预测结果:',result) # 输出预测值[-1. -1.  1.  1.]
#获得支持向量
print('支持向量:',clf.support_vectors_)
#获得支持向量的索引
print('支持向量索引:',clf.support_)
#为每一个类别获得支持向量的数量
print('支持向量数量:',clf.n_support_)
输出:
```

14.4 集成学习

集成学习通过建立几个模型组合来解决单一预测问题。它的工作原理是生成多个分类器/模型,各自独立地学习和做出预测。这些预测最后结合成单预测,因此优于任何一个单分类做出的预测。随机森林是集成学习的一个子类。

随机森林中有许多分类树。要想对输入样本进行分类,我们需要将输入样本输入每个树中进行分类。打个形象的比喻:在森林里举行会议,讨论某个动物是小鼠还是松鼠,这取决于投票情况。森林中的每棵树都是独立的,99.9%的无关树木所做的预测涵盖了所有情况,这些预测将相互抵消。一些优秀树木的预测将超出“噪音”,并做出一个很好的预测。几个弱分类器的分类结果被投票以形成强分类器。

随机森林算法的整个过程可以简要表示如下:

(1)如果训练集大小为 N,对于每棵树而言,随机且有放回地从训练集中抽取 N 个训练样本(bootstrap 抽样方法),作为该树的训练集;每棵树的训练集都是不同的,但里面包含重复的训练样本。

(2)如果每个样本的特征维度为 M,指定一个常数 m,m<M,随机地从 M 个特征中选取 m 个特征子集,每次树进行分裂时,从这 m 个特征中选择最优的。

(3)每棵树都尽可能地生长,没有修剪过程。

随机森林算法的参数介绍如下:

(1)最大特征数 max_features:可以使用很多种类型的值,默认是“None”。通常,如果样本特征的数量很小,例如小于 50,我们可以使用默认的“无”,如果特征的数量非常大,我们可以灵活地使用刚刚描述的其他值来控制划分时考虑的最大特征数,以控制决策树的生成时间。

(2)决策树最大深度 max_depth:默认可以不输入。如果不输入的话,决策树在建立子树的时候不会限制子树的深度。通常,当数据或特征很少时,可以忽略此值。如果模型样本量很大且特征很多,建议限制此最大深度。常用的可以取值 10~100 之间。

(3)内部节点再划分所需最小样本数 min_samples_split:此值限制子树继续划分的条件。默认值为 2。如果样本量不大,则无须控制此值。如果样本量非常大,建议增加此值。

(4)叶子节点最少样本数 min_samples_leaf:此值限制叶节点的最小样本数。默认值为 1,您可以输入最小样本数,或最小样本数占样本总数的百分比。如果样本量不大,不需要管这个值。如果样本量非常大,建议增加此值。

(5)叶子节点最小的样本权重和 min_weight_fraction_leaf:此值限制叶节点的所有样本节点的权重总和的最小值。默认是 0,就是不考虑权重问题。一般来说,如果我们的很多样本有缺失值,或者如果分类树样本的分布类别偏差很大,我们将引入样本权重,这时应该注意这个值。

(6)最大叶子节点数 max_leaf_nodes:通过限制叶节点的最大数量,可以防止过度拟合。如果施加限制,则算法将在叶节点的最大数量内建立最优决策树。如果特征不多,则可以忽略此值,但特征功能分为多个,则可以限制它们。

(7)节点划分最小不纯度 min_impurity_split:此值限制决策树的增长。一般不推荐改动默认值 1e-7。

随机森林算法的优点是,在许多当前的数据集中,它比其他算法具有很大的优势并且表现良好。它可以处理非常高维(特征很多)的数据,并且没有特征选择(因为随机选择了特征子集)。在训练完后,它能够给出哪些特征比较重要,在创建随机森林时,使用遗传误差而不进行偏差估计,模型泛化能力强,训练速度快,易于制作并行化方法(树和树在训练过程中相互独立)。在训练过程中,可以检测到特征之间的相互作用,实现比较简单,对于不平衡的数据集来说,它可以平衡误差。如果大部分特征丢失,仍可保持准确性。其缺点就是,随机森林在某些噪音过大的分类或回归问题上会过拟合,对于具有不同值的属性的数据,取值划分更多的属性将对随机森林产生更大的影响。因此,随机森林在这种数据上产生的属性权重是不可信的。

随机森林算法的具体实现代码如下(我们仍以鸢尾花数据为例):

```
#coding=utf-8
from sklearn import datasets
from sklearn.ensemble import RandomForestClassifier
#应用 iris 数据集
```

```
import numpy as np
iris=datasets.load_iris()
#导入鸢尾花的数据集,iris 是一个数据集,内部有样本数据
iris_x=iris.data
iris_y=iris.target

indices = np.random.permutation(len(iris_x))
#permutation 接收一个数作为参数(150),产生一个 0-149 一维数组,只不过是随机打乱的
x_train = iris_x[indices[:-10]]
#随机选取 140 个样本作为训练数据集
y_train = iris_y[indices[:-10]]
#并且选取这 140 个样本的标签作为训练数据集的标签
x_test = iris_x[indices[-10:]]
#剩下的 10 个样本作为测试数据集
y_test = iris_y[indices[-10:]]
#并且把剩下 10 个样本对应标签作为测试数据集的标签

#分类器:自由森林
clfs = {'random_forest' : RandomForestClassifier(n_estimators=50)}

#构建分类器,训练样本,预测得分
def try_different_method(clf):
clf.fit(x_train,y_train.ravel())
score = clf.score(x_test,y_test.ravel())
print('the score is :', score)
for clf_key in clfs.keys():
print('the classifier is :',clf_key)
clf = clfs[clf_key]

try_different_method(clf)
输出:
the score is : 0.8
the classifier is : random_forest
```

14.5 主成分分析

主成分分析(Principal Component Analysis,PCA)是一个统计过程,它使用正交变换对可能的相关变量进行一组观察,使用各种值将每个实体转换为一组

称为主成分的线性不相关变量值。如果有 p 个变量的 n 个观测值，那么不同主成分的数量是 $\min(n-1,p)$ 。该转化以这样的方式使得第一主成分具有尽可能大的方差(即，占尽可能多的数据可变性)，并且依次在每个随后的部件具有最高方差可能的约束下它与前面的组件正交。得到的矢量(每个是变量的线性组合并包含 n 个观测值)是不相关的正交基组。

PCA 可以通过数据协方差(或相关)矩阵的特征值分解或数据矩阵的奇异值分解来完成。由于 PCA 对原始变量的相对缩放敏感，因此，通常需要对初始数据进行归一化处理。每个属性的归一化包括中心化，即将每个变量数据值减去其平均值，使其经验均值(平均值)为零，并且进一步将每个变量的方差归一化，使其等于 1。PCA 的结果通常根据组件得分进行讨论，有时称为因子得分(对应于特定数据点的转换变量值)和加载(每个标准化原始变量应乘以得到组件得分的权重)。如果组件分数标准化为单位方差，则加载必须包含其中的数据方差(这是特征值的大小)。如果组件得分未标准化(因此它们包含数据方差)，则加载必须按单位比例标准化，并且这些权重称为特征向量，它们是将变量正交旋转成主成分或后面的余弦。

PCA 是基于真实数据的多元分析中最简单的一种。通常，它的操作可以被认为是以一种最能解释数据差异的方式揭示数据的内部结构。如果多维数据集是高维数据空间中的一组坐标(每个变量 1 轴)，PCA 可以为用户提供低维图像，从最丰富的角度看这个目标的投影。这是通过只使用前几个主成分来完成的，这样就减少了转换后的数据。

14.5.1　主成分分析算法

设有随机变量 $X_1,X_2,\cdots,X_p$ ，样本标准差记为 $S_1,S_2,\cdots,S_p$ 。首先做标准化变换，对同一个体进行多项观察时，必定涉及多个随机变量 $(X_1,X_2,\cdots,X_p)$ ，一时难以综合。这时就需要借助主成分分析算法来概括诸多信息的主要方面。我们希望有一个或几个较好的综合指标来概括信息，而且希望综合指标互相独立地各代表某一方面的性质。

除了可靠和真实外，任何指标都必须能够完全反映个体之间的差异。如果存在不同个体的值相似的指示符，则该指示符不能用于区分不同的个体。从这个角度来看，个体之间指标的变化越大越好。因此我们把“变异大”作为“好”的标准来寻求综合指标。

我们有如下的定义：

(1)若 $C_1=a_{11}x_1+a_{12}x_2+\cdots+a_{1p}x_p$ ，且使 $\mathrm{Var}(C_1)$ 最大，则称 C_1 为第一主成分，其中 x_i 为 X_i 标准化变换后的随机变量；

(2)若 $C_2 = a_{21}x_1 + a_{22}x_2 + \cdots + a_{2p}x_p$,$(a_{21},a_{22},\cdots,a_{2p})$ 垂直于 $(a_{11},a_{12},\cdots,a_{1p})$,且使 $Var(C_2)$ 最大,则称 C_2 为第二主成分;

(3)类似地,可有第三、四、五……主成分,最多有 p 个。

主成分 $C_1,C_2,\cdots,C_p$ 具有如下几个性质:

(1)主成分间互不相关,即对任意 i 和 j , C_i 和 C_j 的相关系数

$$\mathrm{Corr}(C_i,C_j) = 0$$

(2)组合系数 $(a_{i\,1},a_{i\,2},\cdots,a_{ip})$ 构成的向量为单位向量;

(3)各主成分的方差是依次递减的,即

$\mathrm{Var}(C_1) \geqslant \mathrm{Var}(C_2) \geqslant \cdots \geqslant \mathrm{Var}(C_p)$

(4)总方差不增不减,即

$\mathrm{Var}(C_1) + \mathrm{Var}(C_2) + \cdots + \mathrm{Var}(C_p) = \mathrm{Var}(x_1) + \mathrm{Var}(x_2) + \cdots + \mathrm{Var}(x_p) = p$

这一性质说明,主成分是原变量的线性组合,是对原变量信息的一种改组,主成分不增加总信息量,也不减少总信息量。

(5)主成分和原变量的相关系数 $\mathrm{Corr}(C_i,x_j) = a_{ij} = a_{ij}$ 。

14.5.2 主成分分析的计算步骤

(1)计算相关系数矩阵。

$$R = \begin{bmatrix} r_{11} & r_{12} & \cdots & r_{1p} \\ r_{21} & r_{22} & \cdots & r_{2p} \\ \vdots & \vdots & & \vdots \\ r_{p1} & r_{p2} & \cdots & r_{pp} \end{bmatrix}$$

其中, $r_{ij}(i,j = 1,2,\cdots,p)$ 为原变量 x_i 与 x_j 的相关系数, $r_{ij} = r_{ji}$,其计算公式为

$$r_{ij} = \frac{\sum_{k=1}^{n}(x_{ki} - \bar{x}_i)(x_{kj} - \bar{x}_j)}{\sqrt{\sum_{k=1}^{n}(x_{ki} - \bar{x}_i)^2 \sum_{k=1}^{n}(x_{kj} - \bar{x}_j)^2}}$$

(2)计算特征值与特征向量。

解特征方程 $|\lambda I - R| = 0$,常用雅可比矩阵(Jacobi)求出特征值,并使其按大小顺序排列 $\lambda_1 \geqslant \lambda_2 \geqslant \cdots \lambda_p \geqslant 0$;

分别求出对应于特征值 λ_i 的特征向量 $e_i(i = 1,2,L,p)$,要求 $\|e_i\| = 1$,即 $\sum_{j=1}^{p} e_{ij}^2 = 1$,其中 e_{ij} 表示向量 e_i 的第 j 个分量。

(3)计算主成分贡献率及累计贡献率。

$$贡献率：\frac{\lambda_i}{\sum_{k=1}^{p}\lambda_k}(i=1,2,\cdots,p)$$

$$累计贡献率：\frac{\sum_{k=1}^{i}\lambda_k}{\sum_{k=1}^{p}\lambda_k}(i=1,2,\cdots,p)$$

一般取累计贡献率达 85%~95%的特征值，$\lambda_1,\lambda_2,\cdots,\lambda_m$ 所对应的第 1、第 2、…、第 $m(m \leqslant p)$ 个主成分。

(4)计算主成分载荷

$$l_{ij}=p(z_i,x_j)=\sqrt{\lambda_j}e_{ij}(i,j=1,2,\cdots,p)$$

(5)各主成分得分

$$Z=\begin{bmatrix} z_{11} & z_{12} & \cdots & z_{1m} \\ z_{21} & z_{22} & \cdots & z_{2m} \\ \vdots & \vdots & & \vdots \\ z_{n1} & z_{n2} & \cdots & z_{nm} \end{bmatrix}$$

主成份分析的程序代码如下：

```
#通过 PCA 过程将数据由二维降到一维,只需要最大的特征值对应的特征向量即可
import numpy as np
import matplotlib.pyplot as plt
data=np.array([[2.5,2.4], [0.5,0.7], [2.2,2.9], [1.9,2.2], [3.1,3.0], [2.3,
2.7], [2.0,1.6],[1.0,1.1],
[1.5,1.6], [1.1,0.9]])
plt.plot(data[:,0],data[:,1],'*')
plt.show()
meandata=np.mean(data,axis=0)                #计算每一列的平均值
data=data-meandata                          #均值归一化
covmat=np.cov(data.transpose())              #求协方差矩阵
eigVals,eigVectors=np.linalg.eig(covmat) #求解特征值和特征向量
pca_mat=eigVectors[:,-1]                     #选择第一个特征向量
pca_data=np.dot(data,pca_mat)
print(pca_data)
[-0.82797019  1.77758033 -0.99219749 -0.27421042 -1.67580142 -0.9129491
0.09910944  1.14457216  0.43804614  1.22382056]
```

输出如图 14-8 所示。

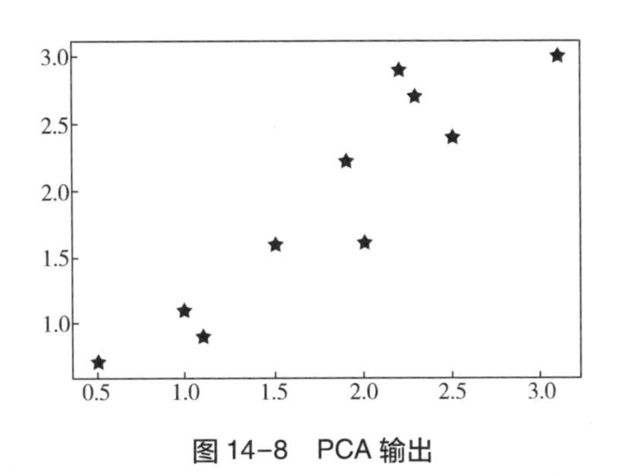

图 14-8 PCA 输出

14.6 K-均值聚类算法

聚类就是“有一些数据,把类似的东西放在一起,有哪些具体的组合”。通过聚类分析,试图将相似的东西放在一个集群中,而将不类似的东西放在另一个集群中。这种相似性的概念依赖于相似性度量。K-均值聚类算法是集简单和经典于一身的基于距离的聚类算法,采用距离作为相似性的评价指标,即认为两个对象的距离越近,其相似度就越大。每一个集群都是由一个点来描述的,这个点位于聚类中所有点的中心。K-均值聚类是一种为给定数据集查找 K 集群的算法,集群 K 的数量是用户定义的。K-均值聚类易于实现,但是仅可以收敛于局部最低点,在非常大的数据集上运行缓慢。

K-均值聚类算法是这样工作的:首先,将 K 质心随机分配给一个点。接下来,数据集中的每个点都被分配给一个集群。分配的程序是通过找到最近的节点并将点分配给该集群来完成的。在这一步之后,通过获取集群中所有点的平均值来更新所有数据。该算法认为类簇是由距离靠近的对象组成的,因此把得到紧凑且独立的簇作为最终目标。其核心思想是,通过迭代寻找 K 个类簇的一种划分方案,使得用这 K 个类簇的均值来代表相应各类样本时所得的总体误差最小,而且各聚类本身尽可能地紧凑,而各聚类之间尽可能地分开。

K-均值算法划分聚类有三个关键点。

(1)数据对象的划分。

距离度量的选择,计算数据对象之间的距离时,要选择合适的相似性度量,较著名的距离度量是欧几里得距离和曼哈顿距离,常用的是欧氏距离,公式如下:

$$d(x_i,x_j) = \sqrt{\sum_{k-1}^{d} (x_{ik} - x_{jk})^2}$$

其中，x_i，x_j 表示两个 d 维数据对象，即对象有 d 个属性，$x_i = (x_{i1}, {}_{i2}, \cdots, x_{id})$，$x_j = (x_{j1}, x_{j2}, \cdots, x_{jd})$。$d(x_i, x_j)$ 表示对象 x_i 和 x_j 之间的距离，距离越小，二者越相似。根据欧几里得距离，计算出每一个数据对象与各个簇中心的距离。

选择最小距离，K-均值聚类算法的基础是最小误差平方和准则，即如果 $d(p,m_i) = \min\{d(p,m_1), d(p,m_2), \cdots, d(p,m_k)\}$，那么，$p \in c_i$。$P$ 表示给定的数据对象；$m_1, m_2, \cdots, m_k$ 分别表示簇 $c_1, c_2, \cdots, c_k$ 的初始均值或中心。

(2)准则函数的选择。

K-均值算法采用平方误差准则函数来评估聚类的性能，即聚类结束后，对所有聚类簇用该公式评估。公式如下：

$$E = \sum_{i=1}^{k} \sum_{p \subset C_i} | p - m_i |^2$$

对于每个簇中的每个对象，求对象到其簇中心距离的平方，然后求和。其中，E 表示数据库中所有对象的平方误差和，P 表示给定的数据对象，m_i 表示簇 c_i 的均值。

(3)簇中心的计算

用每个簇内所有对象的均值作为簇中心，公式如下：

$$m_i = \frac{1}{n_i} \sum_{P \subset C_i} p, i = 1,2,\cdots,k$$

这里假设簇 $c_1, c_2, \cdots, c_k$ 中的数据对象个数分别为 $n_1, n_2, \cdots, n_k$。

各类簇内的样本越相似，其与该类均值间的误差平方越小，对所有类所得到的误差平方求和，即可验证分为 k 类时，各聚类是否是最优的。

下面是 K-均值聚类算法的伪代码：

```
******************************************************************************
为启动创建 k 点(通常是随机的)，在任何点都已更改群集分配的同时，对于数据集中的每个点：
对于每一个质心，计算点与点之间的距离，将点分配到距离最近的集群，对于每个集群，计算出该集群中各点的平均值，把质心分配给平均值
******************************************************************************
```

K-均值聚类的具体实现代码如下：

```
import os
import pandas as pd
import numpy as np
from sklearn.cluster import KMeans
import matplotlib.pyplot as plt
import matplotlib as mpl
thisFilePath=os.path.abspath('.')
os.chdir(thisFilePath)
os.getcwd() #设置工作目录为当前目录
df=pd.read_csv('DataForCluster.csv')#取全部的表
df.head()
```

		yuwen	shuxue	ClusterResult	testClusterResult
0	0	87	90	63	1
1	1	87	79	86	2
2	2	71	71	81	3
3	3	85	86	87	2
4	4	67	71	93	3

```
myData=pd.read_csv('DataForCluster.csv',usecols=['yuwen','shuxue','Cluster-Result'])#取特定的列
data_xy=np.array(myData[['yuwen','shuxue']])
data_y=myData.iloc[:,-1].values
plt.figure()
plt.clf()
plt.scatter(data_xy[:,0],data_xy[:,1],c=data_y,edgecolors='black',s=20)
plt.title('data_class')
plt.show()
```

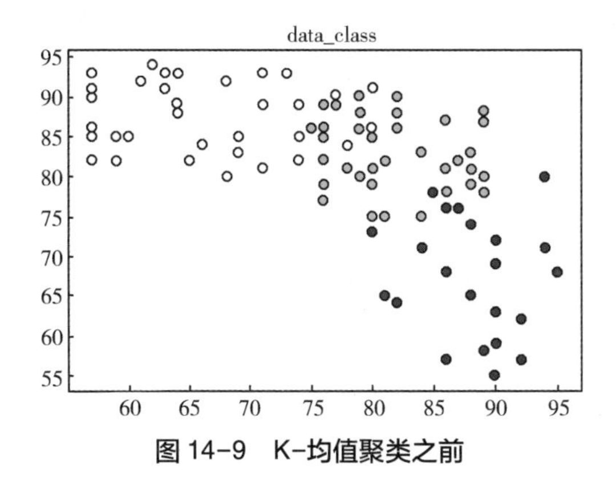

图 14-9　K-均值聚类之前

```
test_xy=np.array(myData[['yuwen','shuxue']])
model_KMeans=KMeans(n_clusters=3)    #设置 3 个聚类中心
model_KMeans=model_KMeans.fit(test_xy)
model_KMeans.cluster_centers_  #聚类中心
model_KMeans.labels_  #聚类结果
myClusterResullt=pd.DataFrame(model_KMeans.labels_, index=myData.index,
columns=['testClusterResult'])
myCompareResult=pd.merge(myData, myClusterResullt+1, right_index=True,
left_index=True)
myCompareResult.head()
```

	yuwen	shuxue	ClusterResult	testClusterResult
0	90	63	1	3
1	79	86	2	1
2	71	81	3	2
3	86	87	2	1
4	71	93	3	2

```
h = 1       # point in the mesh [x_min, x_max]x[y_min, y_max].
# Plot the decision boundary. For that, we will assign a color to each
x_min, x_max = test_xy[:, 0].min() - 1, test_xy[:, 0].max() + 1
y_min, y_max = test_xy[:, 1].min() - 1, test_xy[:, 1].max() + 1
xx, yy = np.meshgrid(np.arange(x_min, x_max, h), np.arange(y_min, y_max, h))
Z = model_KMeans.predict(np.c_[xx.ravel(), yy.ravel()])
train_y=myData.iloc[:,-1].values
plt.figure()
plt.clf()
plt.scatter(test_xy[:,0],test_xy[:,1],c=train_y,edgecolors='black',s=20)
# Plot the centroids as a white X
centroids = model_KMeans.cluster_centers_
plt.scatter(centroids[:, 0], centroids[:, 1],
            marker='x', s=169, linewidths=3,
            color='r', zorder=10)
plt.title('K-means')
plt.xlim(x_min, x_max)
plt.ylim(y_min, y_max)
plt.show()
```

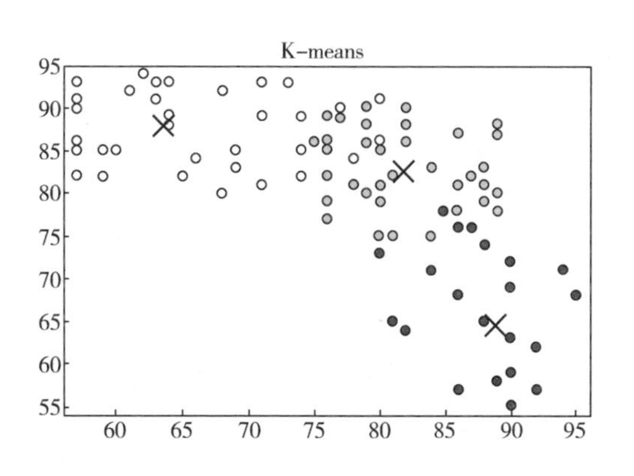

图 14-10 K-均值聚类之后

本章介绍了统计与机器学习的常用方法。K 近邻法、随机森林是分类方法，具有模型直观、方法简单、实现容易等特点。逻辑斯谛回归和支持向量机是更复杂但更有效的分类方法，并且通常具有更高的分类准确度。主成分分析可以消除评估指标之间的相关性，减少指标选择的工作量。K-均值聚类算法的最大优点是简单快速。

15 图论与网络模型

众所周知,图论起源于一个非常经典的问题——柯尼斯堡问题。如果想从四个陆地中的任何一个开始,柯尼斯堡有七座桥梁将普雷盖尔河的两座岛屿连接到河岸,每座桥只传递一次,然后再次返回起点。当然,也可以通过多次尝试来解决这个问题,但是,城市居民的任何尝试都没有成功。

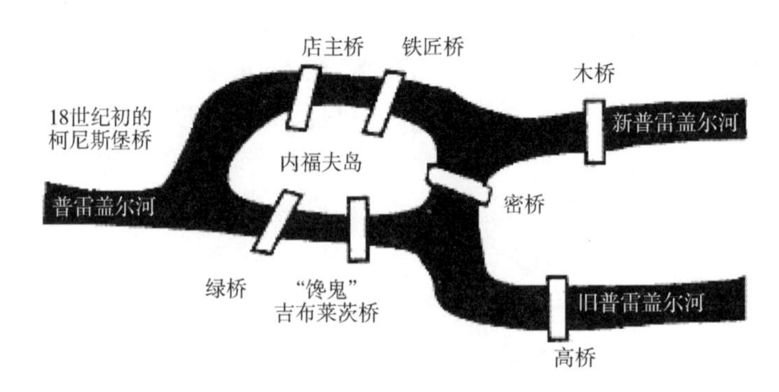

图 15-1 柯尼斯堡问题

1738 年,瑞典数学家 Leornhard Euler 解决了柯尼斯堡问题。为了解决这个问题,Euler 采用了一种建立数学模型的方法。他用几个点替换了每块土地,并用连接两点的几条线代替了每座桥。因此,得到了四个"点"和七条"线"这样一个图,如图 15-2 所示。问题简化为:从任何点出发绘制七条线然后返回起点。Euler 总结了典型一笔画的结构特征,并给出了一笔画的经验及判定法则:此地图已连接,每个点都与偶数行相关联。Euler 将这一经验法则应用于七桥问题,不仅完全解决了这个问题,而且为图论研究开创了先例。由此,图论诞生,Euler 也成为了图论的创始人。

1840 年, A. F. Mobius 提出了完全图(complete graph)和二分图(bipartite graph)的概念,Kuratowski 通过趣味谜题证明它们是平面的。Gustav Kirchhoff 于 1845 年提出树的概念,即没有环的连通图,另外,他还使用图论思想来计算电路或电网中的电流。

1852 年,Thomas Gutherie 发现了著名的四色问题。之后在 1856 年,Thomas

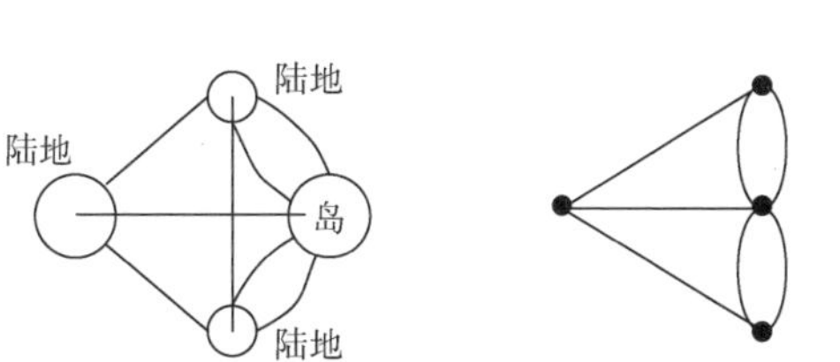

图 15-2 七桥问题简图

P. Kirkman 和 William R. Hamilton 研究了多面体循环并发明了哈密顿量的概念。1913 年,H. Dudeney 提到了一个问题,这一次被认为是图论真正的诞生。

Caley 研究了差异化学分析的具体形式,以研究树木。这在理论化学中具有许多意义。也促使了枚举图论(enumerative graph theory)的诞生。在任何情况下,术语"图形"都是由 James Joseph Sylvester 于 1878 年引入的,他将"量子不变量"与代数和分子图的协变量进行了比较。1941 年,Ramsey 致力于着色问题,这发展了图论的另一个分支——极值图论。1969 年,Heinrich 使用计算机解决了四色问题。另外,图论和拓扑学有许多共同的概念和定理,它们的历史也密切相关。

以下几点可以激励大家在日常数据科学问题中使用图论及其思想:

• 为了处理关系和交互等抽象概念,图提供了一种更好的方法。它还提供了直观的视觉方式来思考这些概念,图很自然是分析社会关系的基础。

• 图数据库已逐渐成为 SQL 和 NoSQL 数据库的替代品,是一种常用的计算工具。

• 图用于以定向非循环图(DAG)的形式进行建模及分析。

• 一些神经网络框架为了模拟不同层中的各种操作,也使用定向非循环图来实现。

• 图论在数据科学中最著名的应用是社交网络分析。图论及其思想不仅可用于研究和模拟社交网络,还可用于研究欺诈模式、功耗模式、社交媒体的病毒性和影响力等。

• 图用于聚类算法,特别是 K-均值聚类算法。

• 一些图论也用于系统动力学。

• 路径优化问题中也使用到了图的概念及理论等。

• 从计算机科学的角度来看,图提高了计算效率。与表格数据相比,某些算法的较大复杂度对于以图形式排列的数据更有优势。

15.1 无向图与有向图

无向图和有向图是图论中的基本概念,本节将为大家介绍无向图、有向图以及更为复杂的多重图的基本概念和矩阵表示方法。

15.1.1 无向图

设 V 是一个有 n 个顶点的非空集合：$V=\{v_1,v_2,\cdots,v_n\}$；E 是一个有 m 条无向边的集合：$E=\{e_1,e_2,\cdots,e_m\}$，那么集合 V 和集合 E 就构成了一个无向图，记作 $G=(V,E)$。

若 E 中任何一条边 e 连接到顶点 u、v，记为 $e=[u,v]$（或 $[v,u]$），u、v 被称为无向边 e 的两个端点，且边 e 与点 u、v 相关联，点 u 与点 v 相邻。对于图 G，顶点集 V 和无向边集 E 也可以分别表示为 $V(G)$ 和 $E(G)$。

通常使用 $|V|$ 和 $|E|$ 表示图中的顶点数和边数。

无向图有一系列基本概念，如简单图、完整图、连通图、子图、链、循环、切边和权重等。网络优化考虑的一个重要目标是加权连通图。根据实际问题的需要，每个边的权重可以是时间、成本和距离等的对应值。

15.1.2 有向图

设 V 是一个有 n 个顶点的非空集合：$V=\{v_1,v_2,\cdots,v_n\}$；E 是一个有 m 条弧的集合：$E=\{e_1,e_2,\cdots,e_m\}$，那么集合 V、集合 E 构成了一个有向图，记作 $D=(V,E)$。

有向图还有一些基本概念，例如简单图、完整图、基本图、子图、弧、度、孤立点、同构图、链、路径、循环和加权等。与加权连通图一样，加权有向图也是网络优化研究的重要对象。

15.1.3 图的矩阵表示

（1）无向图的关联矩阵和邻接矩阵。

设 $G=(V,E)$ 为一个无向图，其中 $V=\{v_1,v_2,\cdots,v_n\}$，$E=\{e_1,e_2,\cdots,e_m\}$，图 G 的关联矩阵为 $A=(a_{ij})_{n\times m}$，其中

$$a_{ij}=\begin{cases}1 & v_i \text{ 与 } e_j \text{ 关联} \\ 0 & v_i \text{ 与 } e_j \text{ 不关联}\end{cases}$$

关联矩阵描述了无向图的点和边相关联的状态。

图 G 的邻接矩阵为 $B=(b_{ij})_{n\times n}$，其中

$$b_{ij}=\begin{cases}1 & v_i \text{ 与 } v_j \text{ 间有边相连} \\ 0 & v_i \text{ 与 } v_j \text{ 间没有边相连}\end{cases}$$

邻接矩阵描述了无向图的点和点相邻接的状态。

无向图的关联矩阵和邻接矩阵有如下特点：

• 对于无向图的关联矩阵 A，第 i 行元素之和总是等于点 v_i 相关联的边的数量，并且，A 的任意一列元素之和总是等于 2；

• 无向图的邻接矩阵 B 为一个对称矩阵。

(2) 有向图的关联矩阵和邻接矩阵。

设 $D=(V,E)$ 为有向图，其中 $V=\{v_1,v_2,\cdots,v_n\}$，$E=\{e_1,e_2,\cdots,e_m\}$，也可以构造 D 的关联矩阵 $A=(a_{ij})_{n\times m}$ 和邻接矩阵 $B=(b_{ij})_{n\times n}$，其中

$$a_{ij}=\begin{cases}0, & \text{顶点 } v_i \text{ 和弧 } e_j \text{ 不关联}\\ 1, & \text{顶点 } v_i \text{ 为弧 } e_j \text{ 的起点}\\ -1, & \text{顶点 } v_i \text{ 为弧 } e_j \text{ 的终点}\end{cases}$$

b_{ij} = 以 v_i 为起点，以 v_j 为终点的弧的数量。

有向图的关联矩阵和邻接矩阵有如下特点：

• 对于有向图的关联矩阵 A，第 i 行非零元素的个数总是等于与 v_i 相关联的边的数量，并且，A 的任意一列元素之和总是等于 0；

• 有向图的邻接矩阵 B 不一定对称；

• 对于有向图的邻接矩阵 B，第 i 行各元素之和总是等于以 v_i 为起点的边的数量，第 j 列元素之和总是等于以 v_i 为终点的边的数量。

15.1.4 多重图

在无向图中，如果存在与一对顶点相关联的多个无向边，则边称为平行边，并且平行边的数量称为多重。在有向图中，如果多个有向边与一对顶点相关联，并且边的起点和终点是相同的(即，它们在同一方向上)，那我们就可以称这些边为平行边。具有平行边缘的图形称为多图形，没有平行边缘或环形的图形称为简单图形。

例如图 15-3 分图(a)中 e_5 与 e_6 是平行边，在分图(b)中 e_2 与 e_3 是平行边。注意，e_6 与 e_7 不是平行边。(a)和(b)两个都不是简单图。

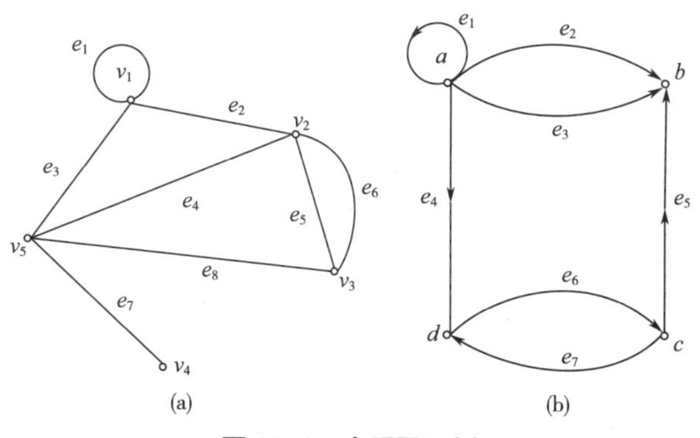

图 15-3 多重图示例

15.1.5 多重图的矩阵表示。

类似于有向图的方法可用于表示具有矩阵的多重图，其中每个元素 a_{ij}，若从 v_i 到 v_j 无边相连，则有 $a_{ij}=0$；若有边相连，且其重数为 k，则 $a_{ij}=k$。

15.2 图的集聚系数

在图论中，为了衡量图中各点趋于集聚在一起的程度，就有了集聚系数的概念。这一度量有两种版本的方法：全局的和局部的。全局方法是测量整个网络的集聚性，而局部方法是为了测量单个节点的嵌入性。

15.2.1 全局集聚系数

全局集聚系数(Global clustering coefficient)是基于节点三元组的。一个三元组是三个节点，其中两个无向边连接到开放三元组，有三个无向边连接到封闭三元组。三角形由三个闭三元组组成，且三角形集中在每个节点上。全局集聚系数是所有开三元组和闭三元组中封闭三元组的数量。定义如下：

$$C=\frac{3\times \text{三角形个数}}{\text{三元组个数}}=\frac{\text{闭三元组个数}}{\text{三元组个数}}$$

15.2.2 局部集聚系数

图中节点的局部聚合系数(Local clustering coefficient)表示相邻节点与完整图像的接近程度。1998 年，Duncan J. Watts 和 Steven Strogatz 提出了一种测量图形是否是一个小世界网络的方法。

定义：

$G=(V,E)$：图 G 包含一系列节点 V 和连接它们的边 E。

e_{ij}：连接结点 i 与节点 j 的边。

$N_i=\{v_j:e_{ij}\in E\cap e_{ji}\in E\}$：$v_i$ 的第 i 个相邻节点。

k_i：v_i 相邻节点的数量。

节点的本地聚合系数是其邻居之间的连接数与所有可能连接数之比。对于有向图，差异是不同的，因此每个相邻节点的相邻节点之间可能存在余量(节点的访问程度之和)。

节点 v_i 的局部集聚系数 C_i 是其相邻节点之间的连接数与它们所有可能存在连接的数量的比值。对于有向图来说，e_{ij} 与 e_{ji} 是有差异的，因此，每个邻节点

N_i 在邻节点之间可能存在 $k_i(k_i - 1)$ 条边。

因此,有向图的局部集聚系数为:

$$c_i = \frac{|\{e_{jk}\}|}{k_i(k_i - 1)}: v_j, v_k \in N_i, e_{jk} \in E$$

无向图的为:

$$c_i = \frac{2|\{e_{jk}\}|}{k_i(k_i - 1)}: v_j, v_k \in N_i, e_{jk} \in E$$

定义 $\lambda_G(v)$,$v \in V(G)$ 为无向图 G 中三角形的数量。$\lambda_G(v)$ 是 G 的有三条边和三个节点的子图的数量,其中一个是 v 。定义 $\tau_G(v)$ 为 $v \in V(G)$ 中三元组的数量。也就是说,$\tau_G(v)$ 是有两条边和三个节点的子图的数量,其中一个节点是 v ,因此,有 v 两条入射边。那么我们可以定义集聚系数为:

$$C_i = \frac{\lambda_G(v)}{\tau_G(v)}$$

很容易能够证明上述两个定义是等价的,因为

$$\tau_G(v) = C(k_i, 2) = \frac{1}{2}k_i(k_i - 1)$$

15.2.3 网络的平均集聚系数

由 Watts 和 Strogatz 定义的整个网络的集聚系数(Network average clustering coefficient)是:所有节点 n 的局部集聚系数的平均值:

$$\bar{C} = \frac{1}{n}\sum_{i=1}^{n} C_i$$

如果图的平均集聚系数明显高于同一节点集生成的随机图,并且平均最短距离近似于相应的随机生成的随机图,那么这个图被认为是小世界的。具有较高平均集聚系数的网络具有模块化结构,在不同节点中具有较小的平均距离。

15.3 常见的网络优化问题

在这一小节,我们将为大家介绍四种著名的网络优化问题,包括最小支撑树问题、最短路问题、最大流问题以及最小费用最大流问题。

15.3.1 最小支撑树问题

树是图论中最简单但非常重要的图。我们通常需要在最短路径网络中连接几个固定顶点,例如铺设各种管道、规划交通网络和设置通信线路。这是最小支撑树问题。

(1)树和有向树

树是一种特殊的无向图,也称为无向树,通常用 T 表示。

结论 1:如果 $T=(V,E)$ 是一棵树,且 $|V|=n,|E|=m$,则下列命题等价。

- T 连通且无回路;
- T 没有回路且只有 $n-1$ 条边,即 $m=n-1$;
- T 连通且只有 $n-1$ 条边;
- T 没有回路,但在任何两个不相邻的顶点之间添加边,正好得到一个回路;
- T 连通,且去掉 T 的任意一条边,T 不连通;
- T 任意两个顶点之间有且仅有一条初等链。

(2)支撑树

支撑树——如果无向图 G 的生成子图 T 也是树,那么就称 T 为 G 的支撑树或生成树。

结论 2:图 $G=(V,E)$ 有支撑树的充分必要条件是 G 为连通图。

(3)最小支撑树

给定网络 $G=(V,E,w)$,设 $T=(V,E_1)$ 是 G 的支撑树,所有边的权数之和就称为树 T 的权重,记作 $w(G)$

$$w(T)=\sum_{e\in E_1}w(e)$$

如果 G 的支撑树 $T^*=(V,E^*)$ 满足

$$w(T^*)=\min_{E_1}w(T)\text{ 或 }\sum_{e\in E^*}w(e)=\min_{E_1}\sum_{e\in E_1}w(e)$$

则称 T^* 为 G 的最小支撑树,简称最小树。

对于连接的网络,如何查找或构建最小支撑树通常被称为最小支撑树问题。有许多用于构建最小生成树的算法。下面描述了生成最小支撑树的两种算法:普里姆算法和克鲁斯卡尔算法。

• 普里姆算法(Prim 算法)

首先从图形中的起点 a 开始,将 a 添加至集合 U,然后从与 a 有关联的边中找到权重最小的边,且边的终点 b 位于顶点集合 $(V-U)$ 中,我们再将 b 添加至集合 U 中,合并输出边 (a,b) 的信息,以使得我们的集合 U 具有 $\{a,b\}$,然后从与 a 关联和 b 相关联的边中找到权重最小的边,并且,边的终点也在集合 $(V-U)$ 中,我们继续将 c 添加至集合 U 中,输出对应边的信息,使得我们的集合 U 具有 $\{a,b,c\}$ 三个元素,依次类推,直到所有顶点都添加至集合 U 中。

下面我们使用普里姆算法对图 15-4 求最小支撑树。

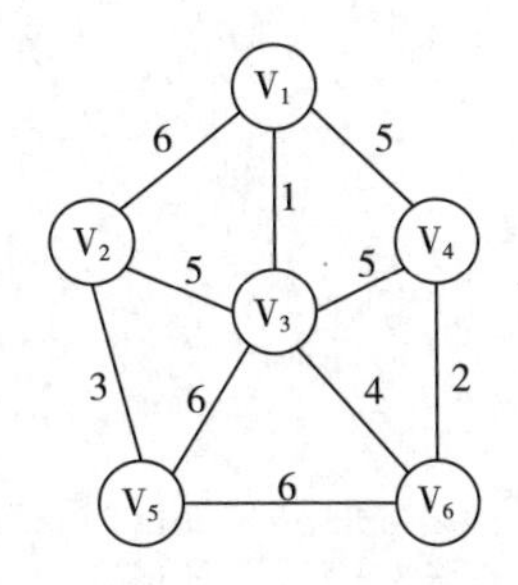

图 15-4 求最小支撑树问题

假设我们从顶点 V_1 开始,不难看出(V_1,V_3)侧的权重最小,因此,输出第一条边:$V_1-V_3=1$;

然后,我们希望能够找到权重最小的边,且由 V_1 和 V_3 作为起点。排除已经输出的(V_1,V_3),从其他边中发现(V_3,V_6)这条边的权重是最小的,所以输出第二条边:$V_3-V_6=4$;

然后从 V_1、V_3、V_6 这三个点相关联的边中找到一条权重最小的边,可以发现边(V_6,V_4)权重最小,所以输出第三条边:$V_6-V_4=2$;

再从 V_1、V_3、V_6、V_4 这四个点相关联的边中找到权重最小的边,输出第四条边:$V_3-V_2=5$;

然后是 V_1、V_3、V_6、V_4、V_2 这五个点相关联的边中找到第五条输出的边:$V_2-V_5=3$。

最后,我们发现所有六个点都已添加到集合 U 中,并且已经建立了最小支撑树,如图 15-5 所示。

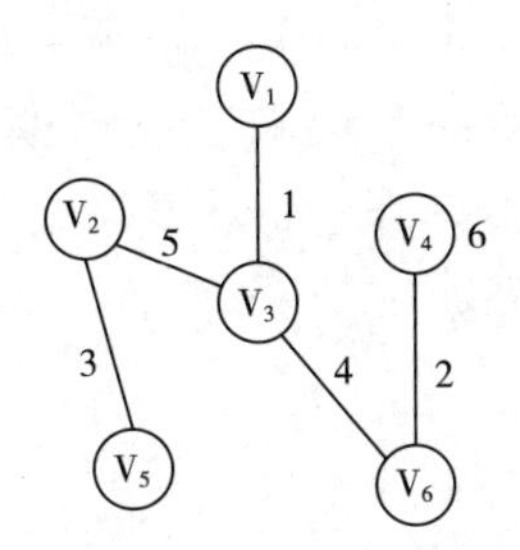

图 15-5 最小支撑树结果

该算法代码实现如下:

```
##prim 算法
def Prim(graph):
    vnum=graph.vertex_num()
    mst=[None]* vnum
    cands=PrioQue([(0,0,0)])
    count=0
    while count<vnum and not cands.is_empty():
        w,u,v=cands.dequeue()
        if mst[v]:
            continue
        mst[v]=((u,v),w)
        count+=1
        for vi,w in graph.out_edges(v):
            if not mst[vi]:
                cands.enqueue((w,v,vi))
    return mst
```

- **克鲁斯卡算法(Kruskal 算法)**

克鲁斯卡算法是一种贪心策略。其思路是:首先,将图中的所有边都去掉。在第二步中,按重量从小到大的顺序将边添加到图中,确保在添加过程中不形成循环。最后,重复第二步直到所有顶点都连接起来,此时生成最小支撑树。

我们再次根据克鲁斯卡算法建立图 15-4 的最小支撑树。

首先从这些边中找出权重最小的边,因此,输出第一条边:$V_1-V_3=1$;

然后在剩下的边中找到下一条权重最小的边,因此,输出第二条边:$V_4-V_6=2$;

以此类推,输出第三条边和第四条边:$V_2-V_5=3$、$V_3-V_6=4$;

最后,我们需要找到最后一个边来完成这棵最小支撑树的建立,此时,(V_1,V_4),(V_2,V_3),(V_3,V_4)这三条边的权重都是 5。首先我们如果选择(V_1,V_4)作为最后一条边,得到的图如图 15-6 所示:

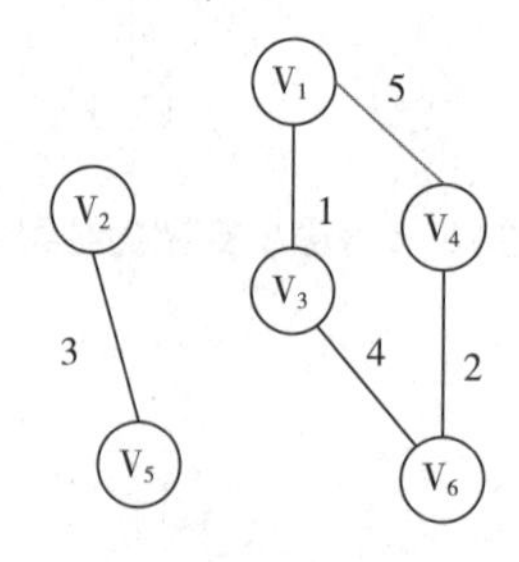

图 15-6　克鲁斯卡算法求解结果

我们发现它看起来像一个环,这绝对不符合我们的算法要求。所以我们再尝试第二个选择(V_2, V_3),如此得到了与普里姆算法相同的结果,如图 15-6 所示,该图中没有环,所有顶点都添加到树中。所以(V_2,V_3)是我们需要的最后一条边,所以最后一个输出的边是:V_2-V_3=5。

该算法代码实现如下:

```
##克鲁斯卡算法
def Kruskal(graph):
    vnum=graph.vertex_num()
    reps=[i for i in range(vnum)]
    mst,edges=[],[]
    for vi in range(vnum):
        for v,w in graph.out_edges(vi):
            edges.append((w,vi,v))
    edges.sort()
    for w,vi,vj in edges:
        if reps[vi]! =reps[vj]:
            mst.append(((vi,vj),w))
        if len(mst)==vnum-1:
            break
        rep,orep=reps[vi],reps[vj]
        for i in range(vnum):
            if reps[i]==orep:
                reps[i]=rep
    return mst
```

15.3.2 最短路径问题

最短路径问题在网络优化中非常普遍,可以解决许多实际问题,如铺管、布线、最小运费和最短运输时间。

对于一个赋权有向图 $D=(V,E)$,$V=\{v_1,v_2,\cdots,v_n\}$,$w(v_i,v_j)=w_{ij}$ 。若 Q 为一个顶点 u 至 v 的有向路径,则 $w(Q)=\sum_{e\in Q}w(e)$ 就被称为路径 Q 的长度。由于顶点 u 至 v 的有向路径不一定是唯一的,因此必须有一个有向路径 Q^* 。

$$w(Q^*) = \min\{w(Q) \mid Q \text{为} u \text{至} v \text{路径}\}$$

我们将 Q^* 称为 u 至 v 的最短路径,将 $w(Q^*)$ 称为 u 至 v 最短路径的长度,并将其表示为 $d(u,v)$ 。

在指定有向图中找到最短路径的问题称为最短路径问题。迪杰斯特拉算法、逐次逼近算法、Floyd 算法等通常用于获得最短路径。

- **迪杰斯特拉算法(Dijkstra 算法)**

迪杰斯特拉算法是用于计算从一个节点到所有其他节点的最短路径的典型最短路径算法。主要特征是起点以外层为中心,直到它延伸到终点。迪杰斯特拉算法可以导出最短路径的最优解,但是它是低效的,因为它需要遍历计算许多节点。其基本思想是,不断地做贪心选择来增加顶点集合 S 。当且仅当已知从源到顶点的最短路径长度时,顶点才属于集合 S 。

初始时,S 中仅含有源。设 u 是 G 的某个顶点,从源到 u 且只经过 S 中顶点的路径被称为特殊路径,使用数组 dist 来记录当前对应的每个顶点的最短特殊路径长度。每次迪杰斯特拉算法从 $V - S$ 中获取具有最短特殊路长度的点 u 时,它会将 u 添加到 S 中并对数组 dist 进行必要的修改。一旦 S 包含了 V 中的所有点,dist 将记录从源到其他所有顶点的最短路径长度。

用 python 实现的具体步骤如下:

(1)创建三个散列表(graph,dist,PATH);

第一个 graph 实现图的结构。

第二个 dist 代表了起点到每个点最短路径的长度。

第三个 PATH 用来存储节点的父节点。

(2)找出具有最短路径的节点,遍历相邻节点,检查它们是否有更短的路径,并更新信息;

(3)重复过程,直到图中所有节点都完成了上述操作;

(4)计算最终路径。

迪杰斯特拉算法可用于解决有权图的单源最短路问题,代码实现如下:

```
##首先找到 dist 最小的节点
def find_lowest_dist_node(dist):
    lowest_dist = float('inf')
    lowest_dist_node = None
    for node in dist:  ##遍历所有的节点
        value = dist[node]  ##得到节点对应的值
        if (value < lowest_dist and node not in add):
            lowest_dist = value
            lowest_dist_node = node
    return lowest_dist_node  ##返回了最小的节点
##接下来处理这个节点
```

```
def handle(dist):
    while True:
        node = find_lowest_dist_node(dist)  ##得到未处理的节点中 dist 最小的
节点
        if node is None:  ##如果节点不存在
            break
        for i in graph[node]:  ## node 节点遍历相邻的节点
            if (dist[node] + graph[node][i] < dist[i]):  ## graph[node][i]表
示权重值
                dist[i] = dist[node] + graph[node][i]  ##更新 dist
                PATH[i] = node  ##更新父节点
        add.append(node)  ##记录下这个节点,表示已经被处理
    print("dist: ", dist)
    print("PATH: ", PATH)
##构建图
graph = {}
graph['a'] = {}
graph['a']['b'] = 6
graph['a']['c'] = 2
graph['b'] = {}
graph['b']['d'] = 1
graph['c'] = {}
graph['c']['d'] = 5
graph['c']['b'] = 3
graph['d'] = []  ##表示后面没有其他节点
##为了能够代表起点到每个点最短路径的长度,构建 dist{},dist[],
dist = {}
dist['a'] = 0  ##把 A 作为起点,起点到起点的距离为 0
x = float('inf')  ## float('inf')表示正无穷,其他顶点 dist 设置为无穷大
dist['b'] = 6  ##初始化与起点相邻两节点的 dist 为权重
dist['c'] = 2
dist['d'] = x
##构建 PATH{},PATH 用来存储节点的父节点
PATH = {}
PATH['a'] = -1
PATH['b'] = 'A'  ##初始化与起点的邻节点为 A
PATH['c'] = 'A'
PATH['d'] = -1
add = []  ##记录被处理过的节点
```

```
add.append('A')  ##已初始化过,因此不用再次检查 A
print("原 dist:{}".format(dist))
print('原 PATH:{}'.format(PATH))
handle(dist)
输出:
原 dist:{'a': 0, 'b': 6, 'c': 2, 'd': inf}
原 PATH:{'a': -1, 'b': 'A', 'c': 'A', 'd': -1}
dist:  {'a': 0, 'b': 5, 'c': 2, 'd': 6}
PATH:  {'a': -1, 'b':'c', 'c':'A', 'd':'b'}
```

15.3.3 最大流问题

网络中的流量被广泛使用,例如,运输系统中的交通流量,供水、电力系统中的水流量,经济现金流,供应链系统中的物流以及控制系统中的信息,流都与网络中的流量相关。通常人们需要知道通过给定网络的最大流量,这构成了最大的流量问题。

15.3.3.1 基本概念

容量网络——由于每个弧在容量网络中具有容量限制,因此整个网络中的流量必然受到限制。

- 容量限制条件:对 D 中的任意一条弧 v_{ij} ,$0 \leqslant f_{ij} \leqslant c_{ij}$;
- 平衡条件:对于 D 中的任何中间点 v_i ,要求中间点的总流入量等于总流出量,即 $\sum_j f_{ij} = \sum_k f_{ki}$;

对于源和汇,要求从源发出的流量必须等于汇接收到的流量,即 $\sum_j f_{ij} = \sum_k f_{kT}$ 。

可行流——可行流就是满足上述两个条件的流量集合 f_{ij} ,可以表示为 $f = \{f_{ij}\}$ 。显然可行流一定存在。

可增广链——若 f 作为一个容量网络 D 的可行流且满足

$$\begin{cases} 0 \leqslant f_{ij} < c_{ij}, & (v_i, v_j) \in Q^+ \\ 0 < f_{ij} \leqslant c_{ij}, & (v_i, v_j) \in Q^- \end{cases}$$

则 Q 就是关于 f 从 v_S 到 v_T 的可增广链。

割集——容量网络 $D = (V, E, C)$,以及 v_S 和 v_T 为源和汇,如果有弧集 $E' \subset E$ 存在,则将网络 D 分为两个子图 D_1 和 D_2,其顶点集合分别为 S 和 $\bar{S}$,$S \cup \bar{S} =$

V , $S \cap \bar{S} = \phi$, v_S 和 v_T 为别属于 S 和 $\bar{S}$,则称弧集 $E' = (S,\bar{S}) = \{(u,v) \mid u \in S, v \in \bar{S}\}$ 为 D 的一个割集。

15.3.3.2　最大流最小割定理

定理 15.1　设 f 为网络 $D = (V,E,C)$ 中任何一个流量为 W 的可行流,$(S,\bar{S})$ 为分离 v_S 到 v_T 的一个割集,则有 $W \leqslant C(S,\bar{S})$ 。

定理 15.2　(最大流—最小割集定理)任何一个容量网络 $D = (V,E,C)$ 中,从源 v_S 到汇 v_T 的最大流的流量等于分离 v_S 、v_T 的最小割集容量。

• Ford-Fulkerson 方法(E-F 算法)

首先,介绍一下残留网络(residual capacity):

容量网络-流量网络=残留网络

具体而言,就是假定一个源点为 s 、汇点为 t 的网络 $G = (V,E)$ 。f 是 G 中对应 u 、v 的一个流。在不超过边容量即 $C(u,v)$ 的情况下,可以从 u 、v 间额外推送的网络流量,就是边 (u,v) 的残余容量。

残余网络 Gf 可能会包含 G 不存在的边。为了增加总流量,算法对流量进行操作并缩减特定边上的流量。我们将边 (u,v) 加入到 Gf 中来表示对一个正流量 $f(u,v)$ 的缩减,且 $cf(v,u) = f(u,v)$ 。也就是说,一个边所被允许的反向流动最多可以抵消其前向流动。

残存网络中的这些反向边允许算法发回已经发送出来的流量。从同一边向后发送回去相当于减少这个边的流量,这是一种在很多算法中都存在和使用的操作。

Ford-Fulkerson 算法的实现过程如下:

(1)开始,对于所有结点 $u,v \in V$, $f(u,v) = 0$,给出的初始流值为 0;

(2)在每次迭代中,通过在剩余网络中找到增强路径来增加流值。使用的方法是将 BFS 算法遍历到剩余网络中的每个节点,然后将相等的流值添加到增强路径中的每个边缘;

(3)虽然 Ford-Fulkerson 方法每次迭代都会增加流值,但是有必要或不增加特定边缘的流量。

(4)重复此过程,直到其余网络中没有其他扩充路径。最大流量最小割定理将表明在算法结束时获得最大流量,该算法的本质是为程序提供纠正的机会。

• Edmonds-Karp 算法(E-K 算法)

如果使用广度优先来找到增强路径,则可以提高 Ford-Fulkerson 算法的效率,即,每次选择的增强路径是从 s 到 t 的最短路径。根据边的数量,计算每条边的权重。其运行时间为 O(VE^2)。值得注意的是,E-K 算法适用于提高 F-F 算法的效率,并且边缘的重量只能是容量限制。每侧的重量具有容量限制,并且单位流量损失是两个值。

15.3.4 最小费用最大流问题

在研究网络流量时,有必要注意流量的可行性、效率和经济性。实际网络中的流量必须是可行的流量,其流量不能超过最大流量的流量。网络以最低成本通过可行流的问题是最小成本流问题。

成本最低和最大流量的问题是经济和管理的典型问题。在网络中的每个路径都有两个“容量”和“成本”限制的情况下,对这些问题的研究试图找出:从 A 到 B 流量,如何选择路径并通过路径分配流量,人们可以在最大流量时实现最低成本要求。例如,n 辆卡车需要将物品从 A 运输到 B。由于每个路段必须支付不同的费用,因此每条道路可容纳的车辆数量是有限的。最低成本的最大流量问题是如何分配卡车的出发路径以实现最低成本并交付物品。

为了解决最小成本和最大流量的问题,通常有两种方法。一种方法是使用最大流量算法计算最大流量,然后根据边际成本,检查在流量平衡条件下是否可以调整侧流量,从而降低总成本。只要有这个可能,就进行这样的调整。调整后,得到一个新的最大流。然后,在这个新流的基础上继续检查、调整。迭代继续,直到不再进行进一步调整,并获得最小成本最大流量。这个想法是保持问题的可行性(始终保持最大流量)并前进到最优。另一种解决方案类似于上述最大流算法的思想。通常,首先给出零流作为初始流,并且流的成本为零,这必须是最小成本。然后找到沉降器流的源链,但要求流必须是所有链中最便宜的。如果可以找到流动链,则流动链上的流动增加以获得新的流动,将此流视为初始流并继续查找流链增加。此迭代继续,直到找不到流,并且此时的流是最小成本最大流。该算法的思想是保持解的最优性(每次获得的新流是最便宜的流)并逐渐接近可行解到最大流。

15.4 社交网络分析

社交网络模型的许多概念都来自图论,因为社交网络模型本质上是一个由节点(人)和边(社交关系)组成的图。

在线社交网络分析(Online Social Network Analysis),是随着在线社交服务(Social Network Service,SNS)的出现而诞生。在线社交服务有四种类型:即时消息类应用(QQ、微信、WhatsApp、Skype 等),在线社交类应用(QQ 空间、人人网、Facebook、Google 等),微博应用(新浪微博,腾讯微博,Twitter 等),共享空间应用(论坛,博客,视频分享,评估共享等)。它有四个特点:速度、传染、平等和自组织。由于这些特点,几十年来,它在互联网上拥有数十亿用户,并对现实世界的各个方面产生影响。在 2016 年美国总统大选中,当选总统特朗普充分利用 Twitter 作为宣传工具;在国内,从“魏泽西事件”到“酒店毛巾门事件”,两者都迅速在社交网络上发酵,最终影响了现实世界。而且,这种在线影响的趋势正变得越来越明显。

除了社会网络对社会和经济的积极影响外,它还有许多负面影响。从 Facebook 和 YouTube 上的暴力恐怖主义到微博微信上的大量谣言和虚假新闻,这些有害信息迅速传播通过社交网络的特征,往往带来无法控制的后果。

为了利用好社交网络的特点来创造价值,消除危害,出现了社会网络分析科学。

首先了解一下社交网络的网络特性:

(1)小世界现象:小世界现象意味着地理上遥远的人可能具有较短的社交关系间隔。早在 1967 年,哈佛大学心理学教授 Stanley Milgram 就通过一项信函传递实验,总结并提出了“六度分割理论(Six Degrees of Separation)”,也就是说,任何两个人都可以通过平均五个熟人相联系在一起。1998 年,Duncan Watts 和 Steven Strogatz 在《自然》杂志上发表了里程碑式的文章 *Collective Dynamics of “Small- World” Networks*,文章正式提出了小世界网络的概念,并建立了一个小世界模型。

小世界现象已在在线社交网络中得到充分证明。根据 2011 年 Facebook 数据分析团队的一份报告,Facebook 的约 7.2 亿用户中任意两个用户之间的平均路径长度仅为 4.74。而这一指标在推特中为 4.67。可以说,在五个步骤中,任何两个网络上的个体可以彼此连接。

(2)无标度特性:大多数真正的大规模社交网络在大多数节点上具有少量边缘。一些节点具有大量边,并且它们的网络缺乏统一的度量并且显示出异质性。我们将这种分布程度的属性称为无分布范围的有限度量。无标度网络的度分布以幂律分布为特征,这是这种网络的无标度特征。

在社交网络中进行数据可视化,最常见的就是诸如信息传播轨迹和词云图等等。社交网络信息的可视化使我们能够直观地看到对于制作公众舆论报告和新闻报道有用的事实,如图 15-7 和图 15-8 所示。

15.4.1 社交网络数据的采集

“社交网络数据的采集”,是使用互联网搜索引擎技术来实现对用户兴趣、

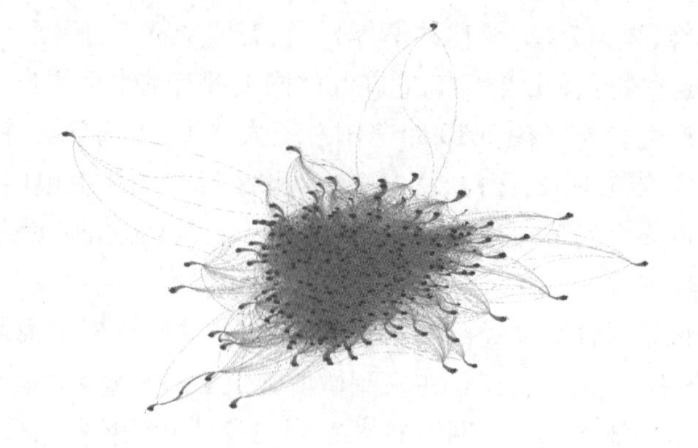

图 15-7　微博用户关注网络图

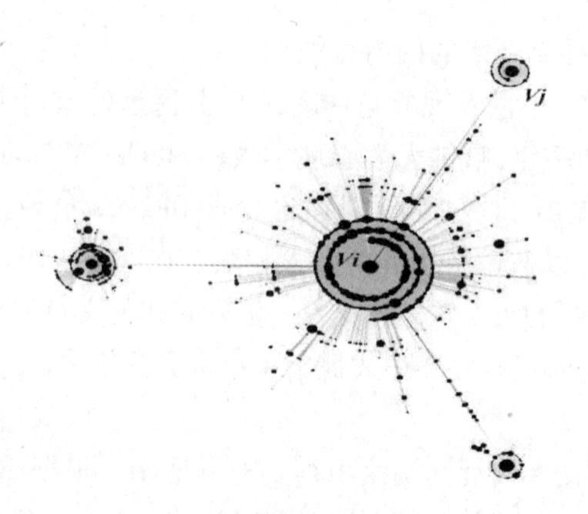

图 15-8　社交网络挖掘示意图

爱好、活动、人际关系等数据的捕获,以及根据一定的规则和筛选标准对数据进行分类并形成数据库文件的过程。

社交网站上有很多公共数据为研究人员测试理论模型提供了很多便利。例如,斯坦福大学的社交网络分析项目共享许多相关数据集。社交网站经常开展各种合作项目,如腾讯的“Rhinoceros 项目”,除用于自己开发外,还通过 Kaggle 竞赛与 Facebook 等公司的研究人员共享数据。

但是,有时研究人员不得不自己收集数据。由于网站本身的信息保护和研究人员自身的编程水平,在捕获互联网数据的过程中仍存在许多问题。我们可以通过以下三种途径运用 Python 进行数据抓取:直接获取数据、模拟登录捕获数据,以及基于 API 接口捕获数据。

15.4.2 数据可视化实例

通过百度指数平台获取网民关于“雾霾”关键词的百度搜索量趋势，分析发现：2012 年以前网民对“雾霾”一词的搜索量与之后相比可忽略不计；2012-2013 年期间出现骤增，此后至今日每年春季和冬季的搜索量都远高于其他时间段，如图 15-9 所示。

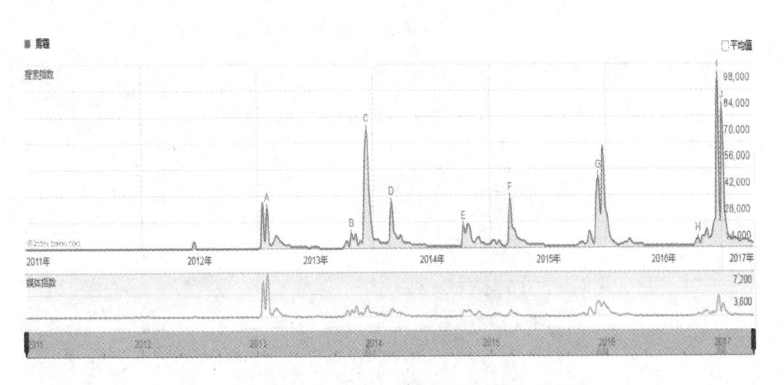

图 15-9 “雾霾”百度指数搜索量趋势

2011 年，美国驻华大使馆曾在新浪微博的官方帐号持续播报北京 PM2. 5 指数，此行为引发了我国社会关注，当时关于“PM2. 5”的激烈讨论在网络上展开，推动了舆论的发展。“雾霾问题”已经持续受到人民的广泛关注并呈现突发性激增情况，截至 2017 年 4 月近半年的百度指数搜索量趋势如图 15-10 所示。

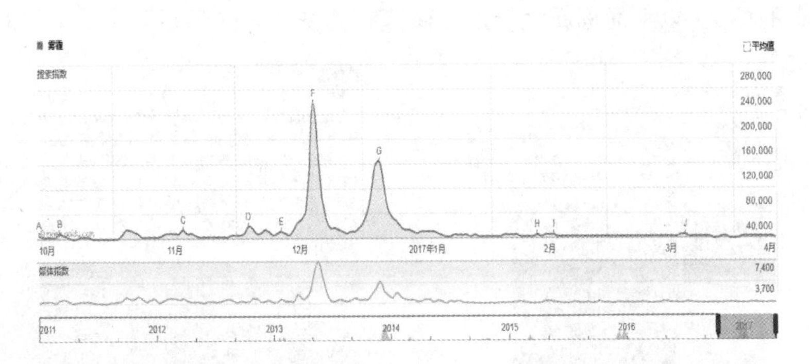

图 15-10 “雾霾”百度指数搜索量趋势（截至 2017 年 4 月的数据）

由此可以发现，2016 年 12 月关于“雾霾”一词的搜索量骤增，经调查：我国华北大部分地区在此时间段内出现持续雾霾天气，12 月 16 日至 22 日超过 5 天的红色预警空气污染指数使得关于“雾霾”的搜索量出现激增。根据全网媒体的数据搜索结果显示，关于“最严重雾霾”的网络舆情事件的传播和发展媒介，微博占比最高。

实验采集 2016 年 12 月 1 日至 2017 年 1 月 31 日期间的微博数据，共计 34 742条。由图 15-11 可明显看 出，整个事件的首次爆发点是 2016 年 12 月 18 日，转发类型的数据较为突出，加上原创和媒体的关注，将事态发展推向高点。

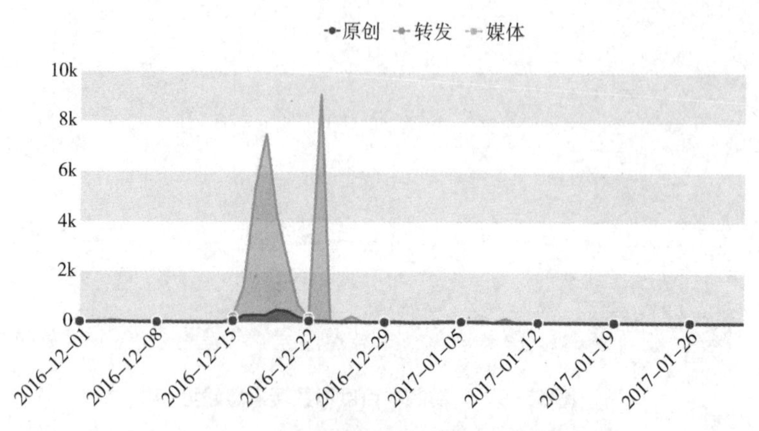

图 15-11　“最严重雾霾”舆情事件发展趋势

选择 2016 年 12 月“最严重雾霾”舆情事件转发量在前两名的微博内容进行分析，分别为：头条新闻官方微博于 2016 年 12 月 17 日上午 8 时 32 分发布的博文（以下简称头条新闻微博）和新浪资讯台于 2016 年 12 月 17 下午 17 时 59 分发布的博文（以下简称新浪资讯台微博），如图 15-12 所示。

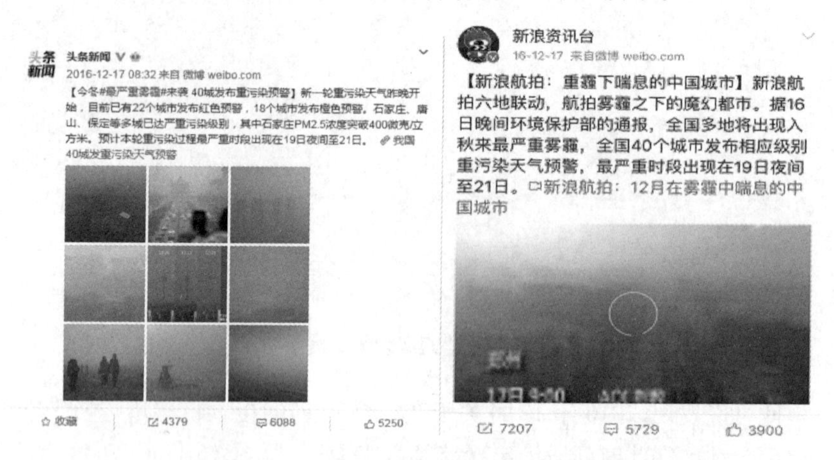

图 15-12　“最严重雾霾”微博热门话题内容

头条新闻和新浪资讯台作为官方认证微博，粉丝量分别为 5 100 万多和 790 万多。头条新闻微博的转发量为 4 379，点赞数 5 250，评论数 6 088，阅读数 2 610 万多；新浪资讯台微博的转发量为 7 207，点赞数 3 900，评论数 5 729，阅读数 697 万多。

通过转发评论时间趋势图（图 15-13、图 15-14），可发现在发布当日受到意见领袖的评论和转发影响，网民的关注度会直线上升并迅速达到峰值，随后逐渐呈现减弱的趋势。

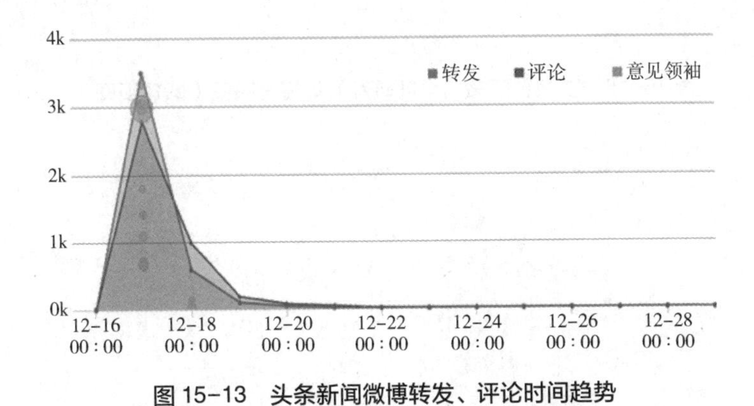

图 15-13 头条新闻微博转发、评论时间趋势

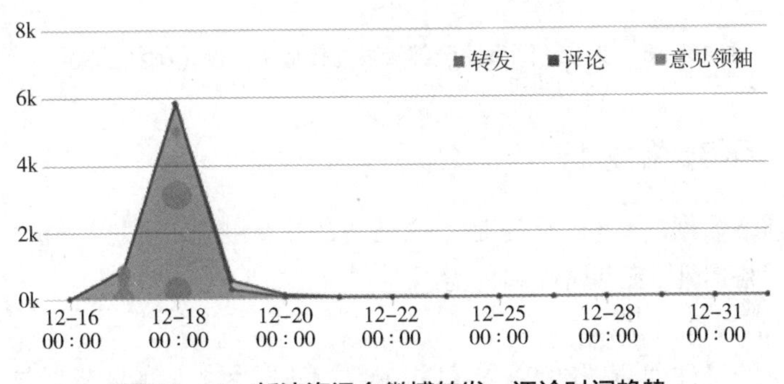

图 15-14 新浪资讯台微博转发、评论时间趋势

以头条新闻微博为例，使用北京大学 PKUVIS 微博可视化工具以及微博提供的数据分析接口，做进一步传播关系的分析，如图 15-15 和图 15-16 所示。

图 15-15 和图 15-16 的阈值设定为 50，主要以节点的转发数量设定节点的大小。从中可看出，头条新闻微博的传播关系主要有 4 个核心节点，其中一级转发占比最高，为 63%，二级转发占比 34%。共有 6 级转发，随层级增加而呈现转发数量减少的趋势。

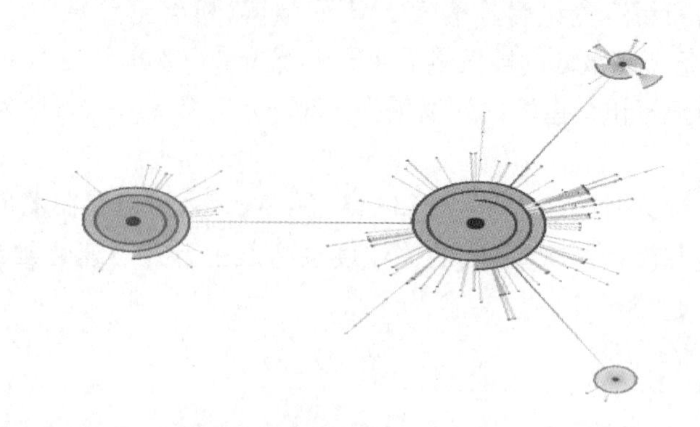

图 15-15　头条新闻微博全部转发的传播关系图（圆环视图）

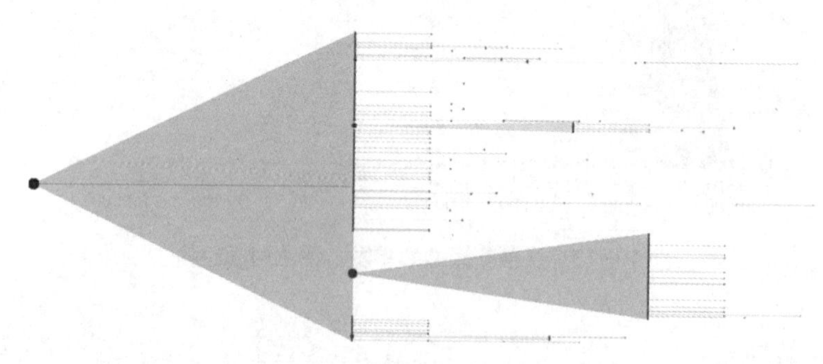

图 15-16　头条新闻微博全部转发的传播关系图（树状视图）

15.4.3　网络数据分析

对于网络数据的分析，首先是一些网络的统计指标。根据分析的单位，可将它分为网络属性、节点属性和传播属性。

(1)节点属性

就节点的属性而言，我们首先关注节点之间的距离。测量节点与网络中所有其他节点之间的距离，其中最大距离是节点的偏心率。网络的半径(radius)就是最小的节点离心度；网络的直径(diameter)就是最大的节点离心度。然而，偏心率的计算需要将定向网络转换为无向网络。

另外一个方面，我们关心节点的中心程度。常用的测度包括：节点的度(degree)、接近度(closeness)、中间度(betweenness)。

网络研究一个非常重要的方面是关注网络的分布程度。现实生活中大多数网络节点的程度高度异构，即某些节点的程度较大，大多数节点的程度较小。度表示的是相关性，联合度分布即是相邻节点之间度的关系。这个数值用于表示靠近的两个节点可能会互相连接的程度。因此,联合度分布为节点的出度和入度的平均值。以新浪微博的应用关注数为出度,粉丝数为入度。计算公式为:

$$K_{nn} = \frac{\sum k_{out} k_{in}}{k_{out}}$$

其中, K_{nn} 为联合度分布, k_{out} 为出度值, k_{in} 为入度值。在微博中节点就是突发事件的用户, k_{out} 是这些用户的关注量, k_{in} 该用户的粉丝数。

从图 15-17 显然可知,节点的联合度分布同节点出度均值的变化是递减的。这和新浪微博的网络大 V 推荐相关,关注度小的一般用户都会自然地关注度大的网红,由此形成意见领袖。所以在微博中突发事件没有明显的核心网络,让突发事件变成舆论甚至大规模舆情的是一般用户,也就是人民的力量。由此可知,大 V 们要是在微博散布谣言或者其他有爆炸性消息,可以迅速在普通民众当中扩散开来,对网络安全和社会安定有极大的影响。

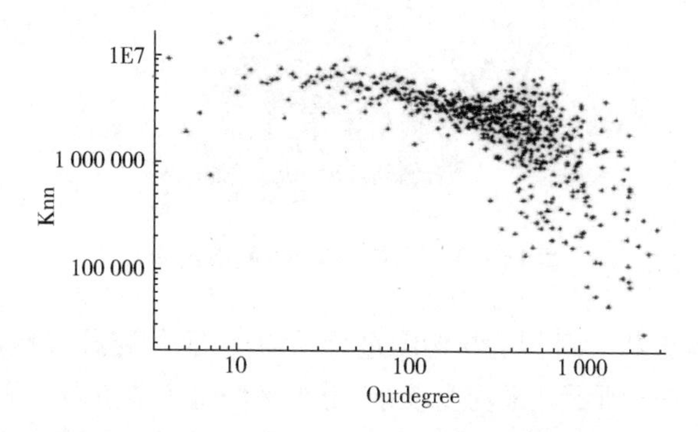

图 15-17 联合度分布随节点出度均值的变化

(2)网络属性

我们可以使用 Networkx 轻松计算网络级属性。节点数和链路数可用于了解网络密度(实际存在的链路数和给定节点数量与可能具有链路数量的比值),或者也可以使用 nx. info( )函数。

如果网络密度关注的是网络中的链接,那么传递性(transitivity)关注的则是网络中的三角形的数量,因此,传递性也被定义为存在的三角形数量与三元组的数量的比值再乘以 3(因为一个三角形构成三个未闭合的三元组)。

还可以基于节点所在的闭合三角形的数量来计算节点的集聚系数。我们知道,对于没有权重的网络而言,节点的度(D)越高,可以占用的三角形数量就越高。使用 nx. triangles(G)函数可以计算出每个节点所占有的三角形数量,结合节点的度,就可以计算出节点的集聚系数。当然了,节点集聚系数也可以直接使用 nx. clustering(G)得到。计算所有网络节点的集聚系数,并取网络集聚系数的平均值。另一个网络统计指标是匹配的,网络节点度的匹配度为负,即小度节点与大度节点连接,正值相反。

(3)传播网络结构

以 2017 年具有代表性的经济领域的舆情热点事件“雄安新区”为例,分别从其传播趋势以及传播网络结构等方面对其进行分析及探究。对具有代表性的微博数据用 Gephi 可视化得到的传播网络结构图如图 15-18 所示。图中主要有“头条新闻”“新京报”这两个源节点用户,其余节点都是它们的直接或间接转发。

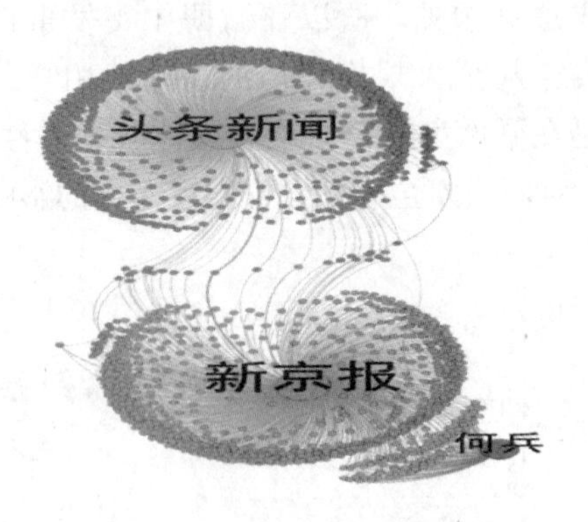

图 15-18 “雄安新区”网络结构

①**整体结构分析**。对传播结构图进行平均度、平均路径等基本整体指标的计算结果如表 15-1 所示。平均度较小,说明平均每个节点的度为 1.113。图密度为 0.001,说明网络较分散。平均聚类系数较小说明节点间的聚集程度较小,较分散。平均路径较小,一个节点发布的消息要通过 1 个节点才可到达另一个节点,传播范围小。网络直径较小,传播范围较小。模块度较大,说明用户社区划分质量高,共分为 5 个社区。

表 15-1 “雄安新区”网络结构基本指标汇总表

平均度	图密度	平均聚类系数	平均路径长度	模块度	网络直径
1.113	0.001	0.038	1	0.516	1

②**中心度分析**。

a)入度出度分析

从图 15-19 中可以看出,大量节点都只是转发一个节点的微博,入度大于 1 的节点分布较多,说明他们转发了多个不同节点的微博,此类节点对事件关注度尤其高。

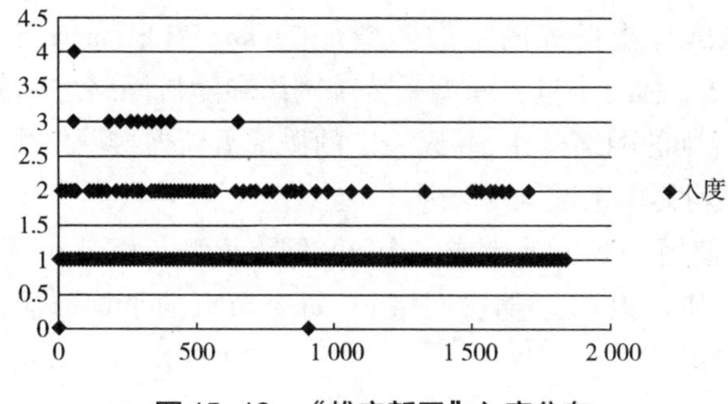

图 15-19 “雄安新区”入度分布

从图 15-20 可以看出大量节点转发微博后再也无人转发,只有少量节点的微博被转发。出度越大,说明其影响力越大,越能扩大事件的传播,可能是该事件的意见领袖。

b)介数中心度分析。

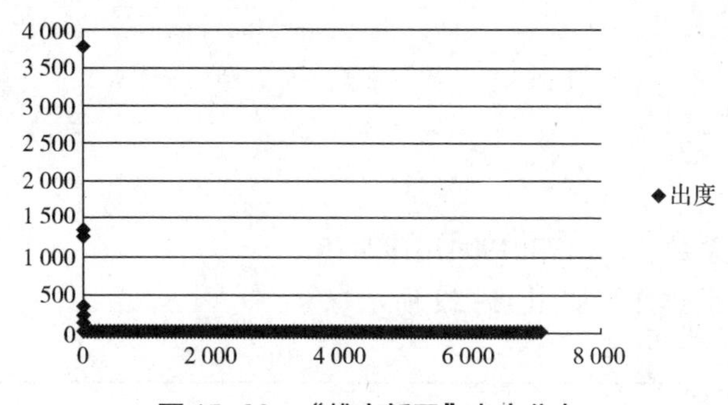

图 15-20 “雄安新区”出度分布

从图 15-21 中可看出,大量节点介数中心度为 0,说明他们的微博没有被再次转发,对该事件的传播影响力较小,转发层级不多,传播范围较小。

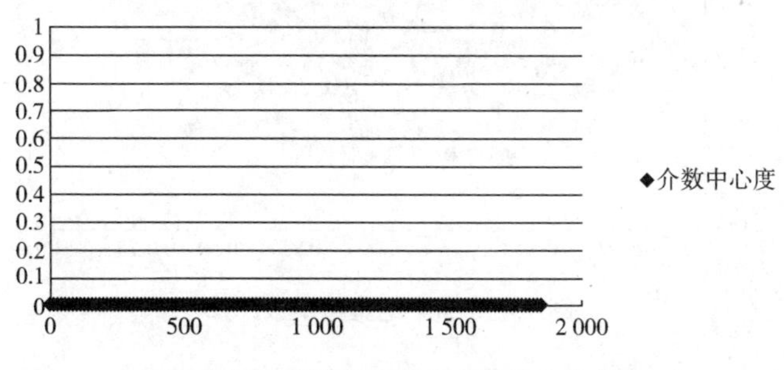

图 15-21 “雄安新区”介数中心度分布

15.4.4 WS 模型计算示例

WS 模型是解释小世界网络的模型，由 Watts 和 Strogatz 于 1998 年提出。WS 模型基于一个假设：小世界模型是传统网络和随机网络之间的网络。因此，该模型以完全规则的网络开始，并以一定的概率重新连接网络中的连接。

(1)计算平均集聚系数

首先，我们使用 Networkx 生成一个 WS 网络模型。概率 p 设置为 0.1(接近规则网络)、0.4 和 0.9(接近随机网络)。每个节点的平均邻居设为 5。python 代码如下：

```
import matplotlib.pyplot as plt
import networkx as nx
plt.figure(figsize=(15,10))
##生成一个包含二百节点数的 WS 网络,平均邻居数为 5,概率 p 为 0.9
WS = nx.random_graphs.watts_strogatz_graph(200, 5, 0.9)
print( nx.average_clustering(WS) )##计算平均聚集系数
nx.draw_networkx(WS,pos=nx.spring_layout(WS),nodesize = 10, width = 0.8,
with_labels = False, node_color = 'b', alpha = 0.6)
plt.show()
```

平均集聚系数:0.021726190476190475

平均集聚系数计算如图 15-22 所示。

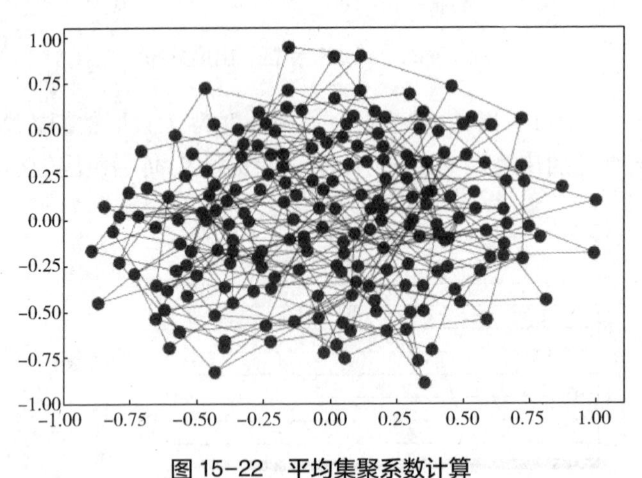

图 15-22 平均集聚系数计算

(2)计算平均最短路径长度

```
import matplotlib.pyplot as plt
import networkx as nx
plt.figure(figsize=(15,10))
##生成一个包含二百节点数的 WS 网络,平均邻居数为 5,概率 p 为 0.1
WS = nx.random_graphs.watts_strogatz_graph(200, 5, 0.1)
print (nx.average_shortest_path_length(WS)) ##计算平均最短路径长
nx.draw_networkx(WS,pos=nx.spring_layout(WS),nodesize = 10, width = 0.8,
with_labels = False, node_color = 'g', alpha = 0.6)
plt.show()
```

平均最短路径长度:6.165125628140704

平均最短路径计算如图 15-23 所示。

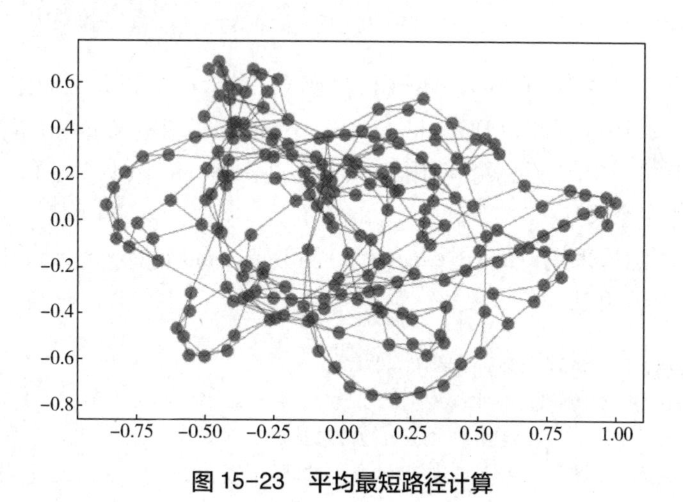

图 15-23　平均最短路径计算

15.5　Networkx 工具包

Networkx 是一种用 Python 语言开发的图论和复杂网络建模工具。Networkx 支持创建简单的无向图、有向图和多图;内置许多标准的图论算法,节可以是任何数据;支持任何边界值维度,功能丰富且易于使用。除了 Networkx 之外,还有 igraph、graph-tool、Snap.py 等其他类库。

15.5.1　Networkx 功能介绍

(1)导入扩展包并创建多重边有向图

```
import networkx as nx
DG = nx.DiGraph()
```

图形对象主要包括点和边,Networkx 创建图包括:Graph 无多重边无向图、DiGraph 无多重边有向图、MultiGraph 有多重边无向图、MultiDiGraph 有多重边有向图共四类。

(2)采用序列来增加点

```
DG.add_nodes_from(['A', 'B', 'C', 'D'])
增加点可以通过 G.add_node(1)、G.add_node("first_node")函数增加一个点,也可以调用
DG.add_nodes_from([1,2,3])、DG.add_nodes_from(D)函数批量增加多个点。删除点调用
DG.remove_node(1)或 DG.remove_nodes_from([1,2,3])实现。
```

(3)采用序列来增加多个边

```
DG.add_edges_from([('A', 'B'), ('A', 'C'), ('B', 'D'), ('D','A')])
```

添加边可以调用 DG. add_edge(1,2)函数,表示在 1 和 2 之间添加一个点,并从 1 指向 2;还可以调用 DG. add_edge(*e)函数实现定义 e=(1,2) 边,*用来获取元组(1,2)中的元素。使用 DG. add_edges+from([(1,2), (2,3)])函数来实现添加多个边。

同理,删除边采用 remove_edge(1,2)函数或 remove_edges_from(list)实现。

(4)访问点和边

```
DG.nodes()   ##访问点,返回结果:['A', 'C', 'B', 'E',]
DG.edges()   ##访问边,返回结果:[('A', 'B'), ('A', 'C'), .... , ('D', 'A')]
DG.node['C']            ##返回包含点和边的列表
DG.edge['B']['D']    ##f 返回包含两个 key 之间的边
```

(5)查看点和边的数量

```
DG.number_of_nodes()  ##查看点的数量,返回结果:4
DG.number_of_edges()  ##查看边的数量,返回结果:6
DG.neighbors('A')      ##所有与 A 连通的点,返回结果:['B', 'C', 'D']
DG['A']  ##所有与 A 相连边的信息,{'B': {}, 'C': {}, 'D': {}},未设置属性
```

(6)设置属性

将各种属性可以被分配给图形、点和边,其中权重属性是最常见的,例如权重,频率等。

```
DG.add_node('A', time='7s')
DG.add_nodes_from([1,2,3],time='7s')
DG.add_nodes_from([(1,{'time':'5s'}), (2,{'time':'4s'})])  ##元组列表
DG.node['A']  ##访问
DG.add_edges_from([(1,2),(3,4)], color='red')
```

15.5.2 draw 绘图

绘制图只要调用 draw(G)函数,比如:nx.draw(DG,with_labels=True, node_size=900, node_color = colors)。

参数 pos 表示布局,包括 spring_layout、random_layout、circular_layout、shell_layout 四种类型,如 pos=nx.random_layout(G);参数 node_color='b' 设置节点颜色;edge_color='r' 设置边颜色;with_labels 显示节点;font_size 设置大小;node_size=10 设置节点大小。

circular_layout:节点在一个圆环上均匀分布。

random_layout:节点随机分布。

shell_layout:节点在同心圆上分布。

spring_layout:用 Fruchterman-Reingold 算法排列节点。

15.5.3 Networkx 操作示例

(1)无向图

首先引入画无向图的包,

```
import networkx as nx
import matplotlib.pyplot as plt
```

在图中画出一个点,结果如图 15-24 所示。

```
G = nx.Graph()
G.add_node(1) ##这个图中增加了 1 节点
nx.draw(G, with_labels=True)
plt.show()
```

图 15-24 增加一个节点

接下来我们以十个点为例,画一下点,结果如图 15-25 所示。

```
G = nx.Graph()
H = nx.path_graph(10)
G.add_nodes_from(H)
H = nx.path_graph(10)
G.add_nodes_from(H)
nx.draw(G, with_labels=True)
plt.show()
```

图 15-25　增加十个节点

点的位置随机,数字序号也是随机的。

接下来我们将边导入,画出无向图。

```
G=nx.Graph()
##导入所有边,每条边分别用 tuple 表示
G.add_edges_from([(1,2),(1,3),(2,4),(2,5),(3,6),(4,8),(5,8),(3,7)])
nx.draw(G,with_labels=True, edge_color='b', node_color='g', node_size=
1000)
plt.show()
```

结果如图 15-26 所示。

知道如何给图添加边和节点之后,我们来构造环,结果如图 15-27 所示。

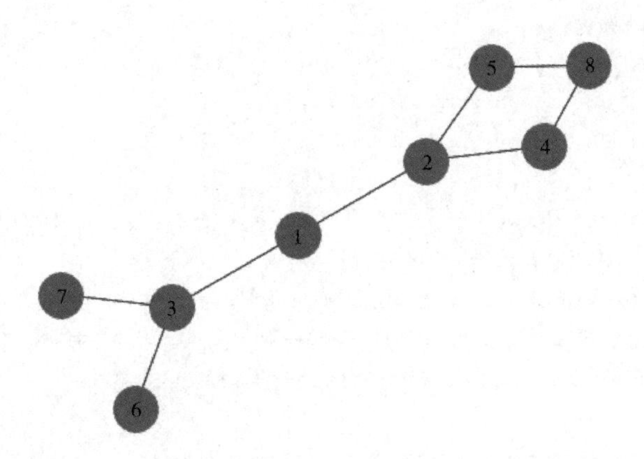

图 15-26 添加边和节点

```
H = nx.path_graph(10)
G.add_nodes_from(H)
G = nx.Graph()
G.add_cycle([0,1,2,3,4,5,6,7,8,9])
nx.draw(G, with_labels=True)
plt.show()
```

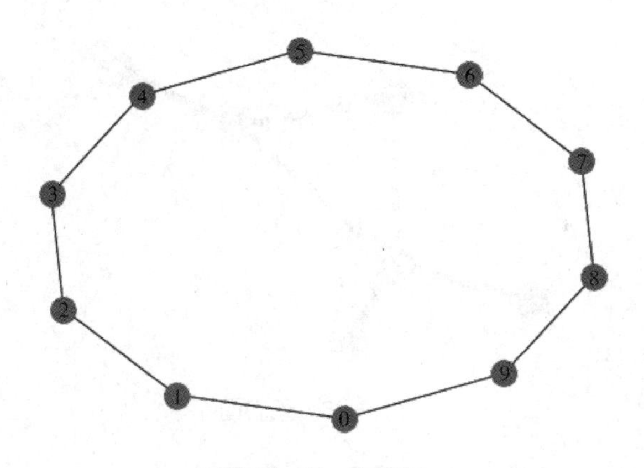

图 15-27 构造环

给图中的边加入权重,最后结果如图 15-28 所示。

```
G = nx.Graph()
G.add_edge('a', 'b', weight=0.6)
G.add_edge('a', 'c', weight=0.2)
G.add_edge('c', 'd', weight=0.1)
G.add_edge('c', 'e', weight=0.7)
G.add_edge('c', 'f', weight=0.9)
G.add_edge('a', 'd', weight=0.3)
elarge = [(u, v) for (u, v, d) in G.edges(data=True) if d['weight'] > 0.5]
esmall = [(u, v) for (u, v, d) in G.edges(data=True) if d['weight'] <= 0.5]
pos = nx.spring_layout(G)  ## positions for all nodes
## nodes
nx.draw_networkx_nodes(G, pos, node_size=700)
## edges
nx.draw_networkx_edges(G, pos, edgelist=elarge, width=6)
nx.draw_networkx_edges(G, pos, edgelist=esmall,width=6, alpha=0.5, edge_
color='b', style='dashed')
## labels
nx.draw_networkx_labels(G, pos, font_size=20, font_family='sans-serif')
plt.axis('off')
plt.show()
```

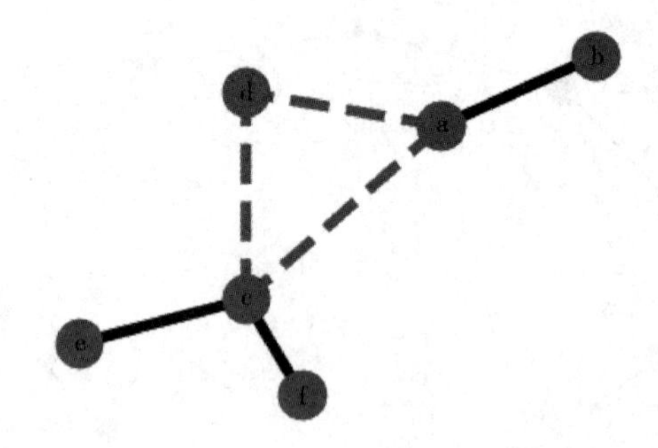

图 15-28　无向图

(2)有向图

在无向图的基础上,接下来画有向图,结果如图 15-29 所示。

```
from __future__ import division
import matplotlib.pyplot as plt
import networkx as nx
G = nx.generators.directed.random_k_out_graph(10, 3, 0.5)
pos = nx.layout.spring_layout(G)
node_sizes = 40
M = G.number_of_edges()
nodes = nx.draw_networkx_nodes(G, pos, node_size=node_sizes, node_color='red')
edges = nx.draw_networkx_edges(G, pos, node_size=node_sizes, arrowstyle='->', arrowsize=10, edge_color='blue', edge_cmap=plt.cm.Blues, width=2)
## set alpha value for each edge
for i in range(M):
    edges[i].set_alpha(edge_alphas[i])
ax = plt.gca()
ax.set_axis_off()
plt.show()
```

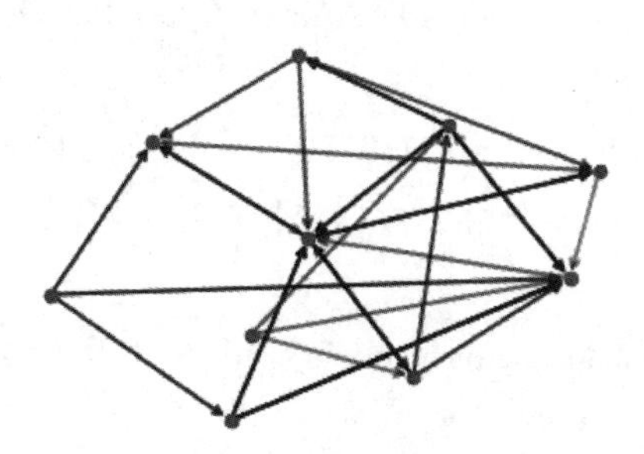

图 15-29 有向图

本章首先介绍了图论与网络模型的历史和基本概念,并用编程实例展示了有向图、多重图的绘制。介绍了图的集聚系数,可运用 Python 中 Networkx 库中的一些函数进行计算。继而,列举了一系列常见的网络优化问题及其算法:最小支撑树问题、最短路问题、最大流问题及最小费用最大流问题等。通过社会网络分析,从数据的抓取、数据的预处理、网络数据可视化及网络数据分析这四个角度系统性地介绍了网络数据可视化的应用。最后,详细介绍了 Python 中 Networkx 库的详细使用方法。

参考资料

[1]米洛万诺维奇.Python 数据可视化编程实战[M].颛清山,译.北京:人民邮电出版社, 2015.

[2] Peter harrington. Machine Learning in Action[M].New York: Manning Publications Co, 2012.

[3]李航. 统计学习方法[M]. 北京:清华大学出版社, 2012.

[4]Trevor Hastie, RobertTibshirani, Jerome Friedman. The Elements of Statistical Learning Data Mining,Inference,and Prediction Second Edition[M]. Berling: Springer, 2008.

[5] YoshuaBengio,Ian Goodfellow, Aaron Courville. 深度学习[M]. 北京:人民邮电出版社, 2017.

[6]https://blog.csdn.net/u013719780/article/details/48828513

[7]希尔皮斯科.Python 金融大数据分析[M],姚军,译.北京:人民邮电出版社,2015.

[8] https://baijiahao. baidu. com/s? id = 1594654125138224284&wfr = spider&for=pc

[9]徐俊明.图论及其应用[M],合肥:中国科学技术大学出版社,2010.

[10]Kirthi Raman. Mastering Python Data Visualization[M], Birmingham: Packt Publishing, 2015.

[11] Hadley Wickham, GarrettGrolemund, R for Data Science[M], New York:O'Reilly, 2017

[12]Julie Steele, Noah Iliinsky. 数据可视化之美[M].祝洪凯,李妹芳,译.北京:机械工业出版社,2011.

[13]https://blog.csdn.net/kMD8d5R/article/details/79674666

[14]https://www.jianshu.com/p/25f64137505b

[15] http://www. nytimes. com/interactive/2015/03/04/us/gay-marriage-state-by-state.html

[16]http://charts.animateddata.co.uk/wimbledon/2016/matchtree/mens/

[17] http://gapminder.org/world
[18] https://www.freebuf.com/company-information/141409.html
[19] https://pyecharts.org